通向現代財政國家的路徑

和文凱 著　汪精玲 譯

通向現代財政國家的路徑

英國、日本和中國

香港中文大學出版社

《通向現代財政國家的路徑：英國、日本和中國》

和文凱 著

汪精玲 譯

國際統一書號 (ISBN)：978-988-237-131-6

出版：香港中文大學出版社

　　　香港　新界　沙田・香港中文大學

　　　傳真：+852 2603 7355

　　　電郵：cup@cuhk.edu.hk

　　　網址：cup.cuhk.edu.hk

Paths toward the Modern Fiscal State: England, Japan, and China (in Chinese)

By He Wenkai

Translated by Wang Jingling

Published by　The Chinese University of Hong Kong Press
　　　　　　　The Chinese University of Hong Kong
　　　　　　　Sha Tin, N.T., Hong Kong
　　　　　　　Fax: +852 2603 7355
　　　　　　　Email: cup@cuhk.edu.hk
　　　　　　　Website: cup.cuhk.edu.hk

Printed in Hong Kong

目 錄

插 圖 目 錄

中譯本序

　　承蒙香港中文大學出版社和北京生活·讀書·新知三聯書店的厚愛，*Paths toward the Modern Fiscal State: England, Japan, and China* 得以出版中文譯本。本書的主體部分，是我2007年在美國麻省理工學院政治學系完成的博士論文。博士畢業後，經過五年時間的修改，英文版於2013年由美國哈佛大學出版社出版。1999年開始攻讀政治學博士學位時，我無論如何也想不到，後來竟然會有野心去做不同時段的三個國家的歷史比較。

　　初進入麻省理工學院讀博士，我的專業方向是「科學、技術與社會」課程裏面的技術史，我當時對技術進步與經濟發展之間的關係，有着特別的興趣。濮德培 (Peter C. Perdue) 是我的指導教授，我跟着他念中國近現代社會經濟史和西歐經濟史。在他的建議下，我也開始學習日語，以便能夠閱讀日本歷史學家有關中國明清社會經濟史的研究。我在濮德培的課上初次接觸到彭慕蘭 (Kenneth Pomeranz)、王國斌 (R. Bin Wong)、李伯重教授等學者的研究，深受啓發之餘，也略感茫然。本系西方技術史的課程內

容，與中國近現代經濟發展關係不大，構擬博士論文的研究方向，讓我頭疼不已。後來到政治系修課，研讀有關國家引導工業化和技術進步的「後發」政治經濟理論，我的興趣也逐步轉向政治經濟學。三年後，我轉到政治系讀博士，研究國家在工業發展中的作用，選題方向則是考慮用西方理論來解釋中國近現代工業化或經濟發展的具體問題。

2001年夏天一個偶然的機會，我讀到了英國歷史學家布魯爾 (John Brewer) 的大作 *The Sinews of Power*，「震撼」兩字已經不足以形容當時的讀後感。十八世紀英國政府依靠國產稅局 (Excise Department) 的官員，從諸如啤酒等大眾消費品的生產和消費中，抽取巨額間接消費稅，用以支撐英國政府發行的長期國債，這一史實與社會科學中頗為流行的新歷史制度學派所宣揚的英國憲政體制，即地方鄉紳通過控制稅收來馴服國家機器，出入很大。這是我第一次意識到，西方社會科學家在創建理論時所依賴的西歐歷史知識，並不一定牢固可靠，甚至很可能滯後於西歐歷史學家的最新進展。而研讀日本經濟史學家速水融等編輯出版的《岩波日本經濟史》這套叢書的中譯本，我發現後發政治經濟學理論難以解釋日本後發工業化這一最為成功的案例。原因有二：其一，日本在被西方列強打開國門之前，本土已經發展出高度複雜的市場經濟體系，並非後發理論裏面所說的「落後經濟」；其二，日本在明治維新之後創建的國家，也不具備後發理論所強調的所謂「強國家」的一些制度特徵。由於新制度歷史主義學派的理論大多基於英國這一典型案例，我開始瘋狂地閱讀相關的英國史研究。與此同時，為了更好地吸收日本歷史學家在日本史研究上的成果，我特地去哈佛大學修了一年東亞系開設的「學術日語閱讀課」，並與日本文學專業的研究生一起，上了一年的古日語課。在大量閱讀英國史和日本史的過程中，我也在思考與中國近現代

經濟史研究相結合的選題。撰寫博士資格論文(Major Research Paper)時，我意識到國家財政制度的落後與市場經濟的不發達，二者性質截然不同，發達的市場經濟本身並不必然意味着國家財政制度的現代性。寫完這篇論文之後，我也萌發從歷史角度來比較研究中國、英國和日本財政制度變遷的思路。

這一研究計劃，在2004年幸運地得到了美國社會科學協會的博士論文研究獎學金(SSRC-IDRF)的資助，這使我有將近一年的時間在第一歷史檔案館裏查閱資料。雖然我研究題目的重點在晚清的財政變革，但閱讀清代財政金融的奏折對我來説是全新的挑戰，所以我有意選擇從雍正期開始提取微縮膠卷，先積累學習經驗，這一無意插柳的舉動，反而讓我有機會深入了解乾隆時期關於如何抑制錢貴的政策大辯論，這是理解晚清貨幣問題的重要背景。我當時按時間順序索取微縮膠卷，從雍正朝一盒一盒看到清末。因為複印服務手續煩瑣，主要依靠手抄，費時耗力，進度緩慢，但卻是消化史料難得的過程。我最大的收穫，是系統閱讀各省督撫針對中央政策提案的議復討論，這些政策討論的內容構成本書中國章節的主要部分。更重要的是，在閱讀這些議復奏折時，我對於歷史進程中的多種可能性，有了一些實在的感悟，而在學習社會科學理論時，雖然也遇到過對所謂「可能但卻沒有發生的歷史」的反事實討論，但大多抽象而空泛。大量閱讀檔案資料，也令我深化對「路徑依賴」這一理論的理解，因為我能在原始材料中辨析出可能但卻沒有實現的多重路徑。有了這樣的經驗，我在閱讀英國、日本的財政金融史研究時，也特別留心重要的政策辯論。這需要閱讀大量專門史的研究成果，如果尚存疑問，則還需要進一步查閱出版的史料匯編，如《大隈文書》、《五代友厚傳記資料》等。2009年夏天在日本東京大學教養學部訪問研究期間，我也有機會閱讀了沒有收入公開出版的《大隈文書》的微縮膠

卷部分。本書英文標題中的 Paths 即取自 path dependence，所以中文也譯為「路徑」，即「路徑依賴」的路徑。

本書從歷史制度主義的角度，研究英國、日本和中國三個國家財政制度的發展變遷。雖然理論框架是社會科學的歷史因果性與路徑依賴，研究的議題是國家形成與財政制度的關係，但具體個案部分，又是對中、日、英三個國家財政制度發展的細緻歷史研究。這給不熟悉相關歷史背景的讀者造成了一些閱讀困難。這樣的寫作，緣於自己內心深處長期存在的一些疑慮：難道歷史社會學家真的是對歷史學家談社會學，而對社會學家講歷史嗎？當社會科學家談論諸如事件性、偶然性、因果過程追蹤等問題時，可以忽視與事件歷史進程相關的種種歷史細節嗎？一個社會科學家，如何面對與自己理論相左的歷史研究成果？對新一代的歷史社會學家而言，在深入歷史過程的細節研究之後，再回到社會科學的議題，去找出藏在細節中的理論魔鬼，這是巨大的挑戰，但值得耗費心血。我在書中作了一些初步的嘗試，本書得到 2014 年美國社會學學會頒發的比較與歷史社會學的巴靈頓‧摩爾最佳著作獎 (Barrington Moore Book Award)，表明學界的初步認可。我今後的研究，希望繼續探索歷史研究與社會科學理論的「深度結合」，試圖將中國問題的研究植入更為廣闊的理論和歷史情境中。中國研究本身，不可避免地帶有比較的色彩，與其被動地接受建立在西方歷史研究基礎上的社會科學理論，不如推本求原，主動學習西方歷史家的研究成果，更有批判性地看待西方社會科學理論。當然，這樣的研究取徑，可謂「路漫漫其修遠兮」，難有立竿見影之功效。

本書的背後，凝結着很多人的支持與幫助。我的論文指導教授伯格 (Suzanne Berger) 引領我進入政治學的研究。我最初跟她提出這一課題時，她明顯持保留態度，但她的保留又不失建設性，

她與我討論最多的，即是這一選題研究的可行性。當我的初步研究使她認可開題報告之後，她反而以批判的方式來表示全力支持。針對論文的導論和理論章節，她的意見有時候甚至尖銳到令我徹夜不眠，苦苦思考回應。但她的批評與意見，又能讓我得以避免因細節干擾而失去論證的主要脈絡。沒有她的悉心指導，我從北京回到麻省理工學院後能用兩年時間完成論文，簡直不可想像。

濮德培是我在麻省理工學院學習技術史的指導教授，他向我展示了歷史研究與社會科學結合的魅力，但正因為如此，我最終決定轉到政治學系，以更為系統而全面地學習社會科學。當我向他陳述轉系的理由時，他極為大度地表示理解，並跟我講述他當年去密歇根大學跟蒂利（Charles Tilly）學習歷史社會學的一些往事。他的支持令我深受感動，因為讀博期間的轉系，在美國大學研究生院的人事關係上是敏感事宜。我在政治系讀博士期間，濮德培是我論文委員會的成員之一，但我從心裏認為他也是我的論文指導教授，而他也將我視為他的學生。

塞繆爾斯（Richard Samuels）是我論文委員會的第三位成員，他以研究日本當代政治而著稱，非常強調從歷史角度來看當代問題。他自己也曾從國家形成的角度對明治日本與意大利做過歷史比較研究。他雖然是美國人，但我跟他學習交往時，經常感覺他好像是一位要求嚴格、一絲不苟的日本教授。伍德拉夫（David Woodruff）教授在我論文的開題階段給予很多的指導，特別是在撰寫SSRC-IDRF申請資助的計劃書時。可惜他後來離開麻省理工學院，去倫敦政治經濟學院任教，我失去了在論文寫作中與他深入探討的機會。

在北京的第一歷史檔案館研究那一年，我的身份是北京大學歷史系的訪問學人。羅新教授在生活和工作上給我很多幫助，郭

潤濤教授在清代財政史和政治史方面給我指點良多。與茅海建教授頗有戲劇性的初次見面，則是在第一歷史檔案館的閱覽室。午餐時聽他講查檔的經驗體會，令我大開眼界。他在檔案館工作之勤奮，堪稱後輩楷模。在一檔館查檔期間，我認識了師從茅海建教授的北京大學歷史系的博士生任智勇，他研究晚清海關，跟我一樣，幾乎每天都泡在一檔館裏面，我們之間的交流和討論，是枯燥的查檔工作中最為愉快的經歷，沒有之一。中國社會科學院的王躍生教授也向我介紹過很多查檔的經驗。在北京工作期間，清華大學的老友彭剛和葉富貴也給我無私的幫助。

2007至08年在哈佛大學的費正清研究中心做「王安博士後」期間，我開始着手將博士論文修改出版。在修改過程中，歐立德（Mark C. Elliott）、包弼德（Peter K. Bol）和沈艾娣（Henrietta Harrison）等教授給我不少建議。費正清中心還資助我邀請奧布萊恩（Patrick O'Brien）、王國斌、濮德培、金世傑（Jack Goldstone）以及何漢威等教授來參加我的博士後工作坊，對論文的修改提出很多具體建議。奧布萊恩通讀了論文，並針對其中的英國章節，手寫了12頁的批評建議，令我感動不已。而當時我們尚未見面，僅靠電郵聯繫。何漢威教授對我論文的中國章節給予很多細心指導，甚至腳註中的錯字也難逃他的慧眼。2009年以後我有機會到台灣中央研究院歷史語言研究所訪問，有幸多次當面向何漢威教授請教，他知識之淵博與待人之謙和，令我油然而生敬意。

2008年在哈佛大學費正清中心做博士後期間，我幸運地結識了當時正在哈佛大學燕京學社訪問的三谷博教授。三谷博教授對幕末維新期日本政治史的研究，令我仰慕已久。能當面向他求教，我倍感榮幸。三谷博教授鼓勵我加強日語學習，以更好地吸收日本史的研究成果。在他的安排下，我於2009年夏天第一次訪問日本，在東京大學教養學部修改書稿的日本章節。三谷博教授

給予的悉心指導，終身難忘。東京大學社會科學研究所的中村尚史教授在資料方面也給我很多建議。早稻田大學的費伯 (Katalin Ferber) 教授通讀了我的博士論文，並給出具體的修改建議。國際基督教大學的斯蒂爾 (M. William Steele) 教授和達特茅斯學院的埃里克松 (Steven J. Ericson) 教授也幫助我改正日本章節中的一些錯誤。在東京訪學期間，岸本美緒教授和黑田明伸教授也對書稿的中國部分提出過意見。

在香港科技大學社會科學部任教期間，與龔啟聖教授的討論令我受益良多。時任人文與社會科學學院院長的李中清教授非常關心書稿的出版，他特別組織會議，邀請彭慕蘭和李伯重教授來給書稿的修改提意見。彭慕蘭教授仔細閱讀了書稿，提出很多寶貴建議。雖然我在書裏批評加州學派只重地區而忽視國家制度，並認為中國和英國在國家財政制度上的「大分流」，遠在因工業革命產生的人均所得「大分流」之前，但與彭慕蘭教授討論時，他的意見總是坦誠而具體，沒有絲毫門派之見。利特爾 (Daniel E. Little) 教授和梅慈樂 (Mark Metzler) 教授則以特別的方式給予我幫助，梅慈樂的意見更使我避免了一些史實方面的錯誤。傅漢斯 (Hans Ulrich Vogel) 教授作為期刊《近代中國》(*Modern China*) 的審稿人，對本書清代紙幣發行部分提出過很好的意見。由於與哈佛大學出版社的出版合同的簽約在文章正式發表之前，按照學界慣例，我將《近代中國》考慮刊發的文章撤回，但文章內容即是本書的第五章，因此我必須對傅漢斯教授的意見表示感謝。同時，我也要感謝與邱澎生、李卓穎、李新峰、馬世嘉 (Matthew W. Mosca)、卜永堅、張瑞威等學界同道好友切磋討論。

書稿的完成與出版離不開家人的理解和支持。我在美國攻讀博士學位，前後長達 11 年。過分漫長的求學，曾讓父母和永壽和

徐曉華感到困惑不解甚至不安，我非常感謝他們的寬容和理解。
母親在2005年來美國幫我照看出生不久的兒子，使我在北京能夠
全身心投入檔案研究。弟弟和勇在昆明替我盡到長兄照料父母的
責任。妻子馬艾倫 (Ellen McGill) 作為書稿的第一讀者，在寫作、
編輯、校對上付出了大量心血。

　　香港中文大學出版社的林穎以極大的熱情推動本書的中文翻
譯，我對此深表謝意。安徽師範大學汪精玲老師的譯稿認真細
緻，找出幾處日文名字的英文拼寫錯誤，汗顏之餘我必須向汪老
師致謝。在汪老師的譯稿基礎上，我進一步做了修訂，統一了專
業術語的譯法，並提供了中文史料的原文以及日文史料的中文翻
譯。如果譯稿中尚有舛誤，自然是我的責任。北京大學歷史系的
申斌博士，指出中文譯稿中的一些錯誤，特此致謝。

導言

政治和經濟的巨大變革，往往伴隨着新制度的創建和確立。然而，社會科學家對如何解釋新制度的創建過程卻並無良策。理性選擇的制度主義學派開發了強力的分析工具，有助我們深刻地理解制度是如何影響政策結果或塑造行為者的偏好，但這些理論工具卻不能用來解釋新制度產生過程的動態問題。[1] 此外，新制度從無到有的創建過程有一定的時間跨度，因此，涵蓋較短時段的方法或理論就不太適合用來解釋超過其時段的制度創新的前因後果。[2]

制度發展是高度政治化的過程，因為各種制度安排對利益再分配的影響截然不同。[3] 因此，新制度的建立過程，有着兩個方面之間密切的相互作用——其一是制度深植其中的社會經濟結構，其二則是具有不同思想理念、利益考量、以及制度藍圖的制度建設者。[4] 在制度發展過程中，這些相互作用不會指向唯一的結果，反而會導致很多可能的結果出現。[5] 如果我們把最後觀察到的結果作為必然，而忽略歷史過程中其他可能的結果，那麼，我們無疑就犯了小樣本個案研究中選擇偏差 (selection bias) 的錯誤。[6]

我們如何才能找到一種具備時間性的因果機制,既能面對不確定性的制度創新過程中出現的多種可能性結果,又能解釋在過程結束時某一具體新制度的出現和鞏固?本書通過考察現代財政國家的誕生來試圖回答這個問題。現代財政國家作為一項制度創新,其特徵是國家能夠用集中徵收的間接稅從市場調動長期的金融資源。我選擇三個時段的制度發展案例來進行比較歷史分析(comparative historical analysis):1642年至1752年的英國,1868年至1895年的日本,以及1851年至1911年的中國。雖然這三個制度變革案例發生的時間、地點及所處的國際環境都不盡相同,但其制度發展的順序特點卻有着出人意料的相似性。

首先,在制度創新過程展開之前,這三個案例在國家形成和市場經濟發展方面有許多重要的相似之處。[7]其次,由於既有的分散型財政制度不能適應社會經濟結構方面出現的巨大變化,三者都分別經歷了一段結構性的財政困難時期,英國出現在十七世紀初至十七世紀三十年代,日本在十九世紀的二十至六十年代,而中國在十九世紀的二十至四十年代。這些結構性財政困難的共同特徵是既有財政制度的功能嚴重失調,無法為國家提供足夠的收入來維持國內秩序和應對來自國外的威脅。結構性的財政困難是一系列重大事件發生的關鍵背景,即1642年爆發的英國內戰、1868年發生的明治維新、以及1851年興起的太平天國起義。因此,每段案例起始點的選擇,既非隨意武斷,也非僅圖方便。第三,這些重大事件之後產生的財政壓力,迫使每個案例中的國家當政者去積極尋求解決財政問題的新途徑和新辦法,而三個案例在探索過程中所嘗試的方法也有很多類似之處,如短期借款、徵收國內消費稅、發行包括紙幣在內的國家信用工具。在這三個案例中,來自國內消費稅和關稅的間接稅最終成為國家財政收入的支柱。

　　但三個案例制度發展的最終結果和過程順序卻各不相同。英國在十七世紀四十年代後首先轉型為建立在稅收基礎上的傳統財政國家。[8]從國家信用工具發展的順序上看,英國始於過度依賴短期信貸,而到了十八世紀三十年代,英國成功將其債務類型轉變成由集中徵收的間接稅(特別是國內消費稅)所擔保的永久債券,成為現代財政國家。而到了1752年,英國政府債務的主體是「年息3%統一公債」,即年息為3%的永久債券,這表明現代財政國家的制度創新在英國得到確立。日本政府在明治維新之後,嚴重依賴不兌換紙幣的發行,這些紙幣實質上構成日本政府的長期債務。到了十九世紀八十年代後期,日本政府通過集中徵收間接稅,發行長期國內公債及確保政府紙幣的可兌換性,從而成為現代財政國家。中國在1851年以後經歷了一系列重要的財政制度變革,例如國家財政日益依賴由領薪的政府官員所徵收的間接稅,匯兌方法也被納入國家財政制度的運作中,類似的制度變遷對英國和日本建立現代財政國家至關重要。但在中國,這些制度變革卻與傳統的分散型財政管理並存不悖,清政府既沒有發行可兌換紙幣,也沒有試圖募集長期公債。

　　這三個歷史案例,讓我們能夠考察新制度從產生至確立的完整過程,而這個優勢通常在研究當代正在展開的制度變遷中無法體現。因此,這項研究有助理解發展中國家和新興市場經濟體為建立有效的稅收制度以及管理國家財政而作出的努力。[9]作為現代財政國家的歷史比較研究,上述兩個不同類型的成功例子(英國和日本)和一個失敗案例(中國未能實現這一轉變),有助我們找出建立新制度的因果機制。[10]

現代財政國家

「國家」這一概念，在政治角度的定義為：在特定的地域內壟斷正當性強制力的政治組織。[11]但這一韋伯式的國家定義，並未涉及國家在財政方面的制度安排。從經濟的角度來看，韋伯用貨幣發行的壟斷權來定義現代國家，[12]但這樣的標準又過於苛刻。以英國為例，它毫無疑問是現代資本主義發展的領先國家。但是英國經濟在整個十八世紀嚴重缺乏小額貨幣，由此造成的惡果主要通過私人鑄造的銅幣及私人發行僅在當地流通的「代幣」得以緩解。[13]英國政府直到1816年實施《鑄幣法》之後才開始壟斷貨幣的供應。[14]

從財政的角度來看，研究國家形成的學者通常會區分財政國家 (fiscal state，或熊彼特所稱的「稅收國家」或「租稅國家」[tax state]) 和領地國家 (domain state) (也可以譯為領主國家或家產制國家)。前者的政府收入來自稅收，後者則主要來自諸如莊園、森林、礦山等王室財產。由於稅收重新定義了國家與社會的互動關係，從領地國家轉型為財政國家是早期現代歐洲最重要的政治發展之一。[15]即便如此，領地國家繼續以各種形式在二十世紀存在。從財政的角度來看，東歐和前蘇聯的國家社會主義國家實質上是「領地國家」的變種，因為政府收入來自直接經營國有企業。因此，後社會主義的轉型實質上是回歸稅收國家：即國家依靠稅務機構來收稅，而讓私人企業家在賺取利潤的同時，承擔經營企業的風險和機遇。有一些後發型的發展中國家，由於缺乏必要的行政機構來徵稅，國家往往不得不通過直接擁有和管理工礦企業以獲取財政收入。[16]這基本上也屬於領地國家的類型，但這只適用於擁有石油和天然氣等豐富自然資源的國家。[17]

　　財政國家或稅收國家，則從稅收獲取政府財政收入。然而，這個概念仍然過於寬泛，因為它包含了諸多不同的經濟類型。例如，財政國家所徵收的稅款，形式上可以是實物、金屬貨幣或紙幣。但顯而易見，國家與經濟之間的相互關係，在這三種財政國家的性質迥然不同。此外，政府收入取自稅收這一事實本身，並不涉及財政制度運作是集中還是分散。因此，我進一步將現代財政國家和傳統財政國家區別開來。

　　傳統財政國家的稅收主要用來滿足政府的經常性支出，而國家的稅收並不積極參與金融市場。傳統財政國家可以依靠分散的財政機構來將具體的收入項目用以滿足各項特定的政府需求。這一定義並不是靜態的；傳統財政國家在緊急情況下也可能會利用部分稅收來籌集短期貸款。但緊急情況結束之後，則可以通過清償債務而恢復原狀。相比之下，現代財政國家有兩個緊密相連的制度特徵。首先是國家集中管理稅收，這使國家可以從匯總的租稅收入來分配各項開支，大大提高了政府管理財政的效率。第二，現代財政國家可以將集中管理的稅收用作資本來從市場調動長期的金融資源，從而在利用稅款調動金融資源方面實現規模經濟效益。

　　現代財政國家的出現，取決於經濟的商業發展水平。首先，財政集中管理的必要條件是使用匯兌方法在中央和地方政府之間轉移所收稅款和政府支出，這樣，中央政府才能有效地把稅收所得匯總整理，然後再分配各項開支。相比之下，如果稅收以實物徵收，或者所徵收入以笨重的金屬貨幣形式運送到中央政府，那麼國家實行分散的財政運作就顯得更加合理，因為它能讓政府將稅收款項從具體的徵收地直接就近分配到支出的目的地，從而減少不必要的運輸成本。

其次，商品經濟的發展是國家得以徵收如關稅和國內消費稅等間接稅的必要條件。這種多元化的稅收來源，有助於維護國家的金融信用。此外，對酒類和煙草等消費品徵收的間接稅，徵稅的政治成本並不高。因為這些稅種並非直接落在消費者個人身上，而是由大生產商和批發商承擔。大宗消費品的生產商和批發商可以通過增加零售價格，將增稅的負擔轉移給普通消費者。因此，他們對政府增加消費稅並沒有強烈的抵抗動機。但普通消費者因為人數眾多，導致監督個人參與抗稅運動的成本十分高昂。然而，物價下跌卻是典型的具有包容性的「公共產品」，即那些沒有參加抗稅運動的消費者照樣可以享受這種利益。因此，普通消費者在政府增加消費稅率時面臨典型的「集體行動問題」的困境，難以組織持久的反對運動。[18] 相比之下，土地稅和財產稅等直接稅，要麼缺乏彈性，要麼徵收的政治成本過高，因為它們的徵稅對象通常是社會的政治經濟精英階層。

有鑒於此，現代財政國家不太可能出現在既沒有跨地區轉移資金的金融網絡，也沒有徵收間接稅基礎的傳統農業社會。然而，商品經濟的發展只是現代財政國家出現的一個必要而非充分條件。這在英國、日本和中國的歷史得到印證。

國家與市場發展

十八世紀之後中國和日本市場經濟發展的活躍程度，已經在經濟史的研究中得到了充分的肯定。它們的重要特徵包括：農業生產商業化程度的提高；經濟核心區（中國的江南和日本的畿內）出現的原初工業化；城鎮經濟規模的擴大；糧食、棉布、絲綢等主要商品跨區域長途距離貿易的增長，由此形成統一的全國市場又進一步促進了區域分工；勞動力跨地域流動成為實際常態；以

及商人階層的興起和經商致富的道德正當性得到社會的普遍接受。[19] 這些情形也是英國十八世紀中期以前早期現代市場經濟發展的基本特徵。[20]

英國在十七世紀四十年代已經形成以倫敦為中心的私人金融匯兌網絡。[21] 同樣，日本和中國市場經濟的發展也伴隨着金融市場的成長。十九世紀初，日本和中國的私人金融網絡連接了主要城市和集鎮，並能夠通過快捷的信貸工具（如匯票）跨時空調動資金。在十八世紀的日本，這些以大阪為中心的網絡逐步擴展到京都和江戶。[22] 在十八世紀的中國，包括錢莊在內的地方金融機構有了長足的發展 —— 從十九世紀三十年代開始，山西票號的匯兌網絡將國內的主要城市和市鎮連為一體。[23]

在十七世紀的英國，商業經濟部門的擴展成為國家徵收間接稅的重要稅基。在十九世紀六十年代的日本，非農業部門（商業、金融業、服務業等）在國內生產總值（GDP）所佔的比例估算約在50%。[24] 十九世紀四十年代的中國，進入國內長途貿易的主要商品，如穀物、棉花、茶葉等，其總價值估算高達3.87億兩白銀。[25]

工業革命發生之前西歐社會所經歷的重要經濟發展，並非全部都在十八世紀和十九世紀初期的中國和日本出現，例如在英國製造業的城鎮熟練技工高度密集以及興旺的工程文化等。[26] 然而，從研究現代財政國家產生的角度來看，1642年以前的英國、1868年前的日本和1851年前的中國都滿足了兩個必要條件：可供國家徵收間接稅的商業經濟的擴張，以及可供匯款的跨地區私人金融網絡。

同時，英國、日本和中國在國家形成方面都有着悠久且連續的歷史。[27] 十七世紀初，早期現代國家在英國的政治生活中已經完全成型。它具有以下特點：第一，中央政府是地方政治權力正當性的最高來源，在貨幣制度和外交事務中擁有主權；第二，政

治權力在地方的運用是通過高度非個人化和正規的方法由中央政府統一協調,這尤其體現在政府文件的簽發、傳遞和保存等各項程序上;第三,因中央政府組織日益制度化,政府的日常管理更多地由官員承擔,而非由國王或其私人侍從。國王作為「非個人化」國家的最高統治者,既受政府正式制度的制約,也受到一些非正式道德規範的約束,例如國王有義務聽取樞密院和議會的「諮詢意見」。[28]

這些早期現代國家的特徵 —— 即在最高政治權威協調下的單一司法和行政的政治權力網絡,同樣出現在十九世紀的中國和日本。官僚體制在中國有悠久的歷史。在十八世紀,清政府通過由六部和軍機處組成的高度制度化行政機構來協調政治權力在各省的運用。依照軍機處的規定,督撫或布政使直接送交皇帝的奏折在傳送過程是保密的,即所謂的「密折制度」。[29]但是,在奏折制度下展開的政策辯論卻不是秘密的。當中央要求各省督撫就某一奏折提出的政策建議發表意見時,他們都有機會閱讀抄錄原奏折的內容,然後在此基礎上討論所提議的政策變更是否適用於本省的具體情況。皇帝收到督撫的議復之後,通常會要求相關內閣成員和軍機大臣集體審議。重要政策通常都是經過這樣的合議後才啟動,而非僅憑皇帝的個人意願。專業性較強的財政金融政策的制定過程尤其如此。

儘管清政府通常以「因地制宜」的方針准許各省督撫調整中央政策以適應當地情況,但中央的許可代表着至高的政治權威。例如,為了更好地滿足地方經濟對小額貨幣的需求,一些省份會鑄造含量和成色與戶部標準不同的銅錢,但前提是必須得到中央的批准。[30]為了應對市場上制錢的嚴重短缺,1749年9月5日下發的上諭允許福建、浙江、直隸等各省作為權宜可行之計,使用私鑄銅錢甚至外國銅幣以方便民間交易。[31]然而,當制錢短缺在十八

世紀七十年代得到緩解後，清政府便要求各省督撫用政府鑄造的制錢來替換市場上流通的私鑄銅錢。[32]清政府在法律上明確規定，使用私人鑄造的銅錢是在貨幣制度上侵犯國家主權的行為。[33]

日本早期現代國家的發展可以追溯到十六世紀末和十七世紀初。在十八世紀，儘管京都的天皇是名義上的君主，但在行政治理方面，江戶（今天的東京）的德川幕府對各個大名領主的政治權威不斷上升。雖然大名領主，尤其是日本西部那些不受幕府指派的外樣大名，在自己的領土上有相當程度的自治權，但是其法律不能違背幕府所頒布的法律，而且各大名領主必須服從幕府的軍事調遣。[34]幕府不僅壟斷了外交事務，而且成為地方政治權力正當性的最高仲裁者。[35]隨着行政和法律事務的日益複雜，幕府作為凌駕於各大名領主之上的公共權力機構（即所謂的「公儀」）變得更加制度化。[36]在享保改革（1716–1736）中，行政和法律先例的使用日益正規和系統化；幕府的公共治理和將軍的私人事務是分離的。[37]

十八世紀日本統一的貨幣制度更讓人印象深刻。1636年，幕府開始鑄造官方貨幣，並禁止在日本使用外國貨幣（主要是中國銅錢）。[38]1736年，幕府通過貨幣改鑄（元文改鑄），穩定了金、銀、銅幣之間的法定換算比例。[39]1772年，幕府開始鑄造有明確面額的計量銀幣（南鐐二朱銀），並將這些新鑄的計量銀幣逐漸流通到以大阪為中心的關西經濟圈內，取代該地區過去一直使用的丁銀、豆銀等稱量銀幣。[40]各大名領主於十八世紀在幕府的許可下可以發行稱為「藩札」的紙幣，但這些紙幣是以幕府所鑄的金屬貨幣為單位，大多用以緩解本地交易小額貨幣的短缺。[41]

雖然早期現代國家的要素都出現於英國、日本和中國，它們的政府收入來源有着很大的差異。英國政府在1336年至1453年的時期頻繁求助於直接稅和間接稅，有邁向稅收國家的明顯趨勢，但在十六世紀形成的早期現代國家卻是領地國家。[42]王室的

通常收入來自王室擁有的土地、關稅和國王的一些封建權利，例如監護權和供應權（即王室以低於當前市價的價格獲取供應的特權），而不是來自常規的國內稅收。[43]政府的通常收入不僅保證王室的日常開支，而且支撐政府的運作及和平時期國家的治理、國內秩序和司法的維護。英國王室的個人支出和政府的經費之間也缺乏制度上的區分，即使在1697年王室的正常收入被王室年俸（Civil List）取代之後依然如此；這樣的局面一直延續到1830年。[44]只有在諸如入侵或對外戰爭等緊急情況下，國王才能要求議會提供「特別收入」，即對民眾財產和收入徵收的費用。這些「特別收入」的徵收理由是臣民在緊急情況下有援助國王的特別義務，但這些費用本質上不同於稅收。「國王應該靠自己的收入生活」，這句話體現了領地國家的基本財政特徵。[45]日本在十八世紀是不完全的財政國家，幕府建立了統一的國內貨幣體系，但只對其直接治理的地域徵稅，儘管它有權命令各大名領主分擔治河工程、飢荒救濟、國防等方面的公共支出。[46]中國在十八世紀則是財政國家或稅收國家，其稅收大部分來自田賦、鹽稅和榷關稅。[47]

儘管這三個早期現代國家的政府收入來源各不相同，但它們的財政運作體系都是分散的——即具體的收入款項直接用於特定的經費目的地，而不需要先轉交給中央政府。在斯圖亞特王朝早期，英國政府經常將個別的收入直接派給支出的所在地，並不要求將所有收入都匯往倫敦。[48]同樣，在十八世紀的日本，幕府相當一部分的收入被直接分派到特定開支目的地，而不是送交到幕府。[49]十八世紀的中國在經歷了雍正帝（1723–1735）的財政改革之後，財政制度在政治上高度集中；戶部監督、審計各省的收支年度賬目。[50]然而，實際的財政運作卻是分散的，因為中央把大量的國庫收入存留在各省甚至地處要衝的府、州和縣。清政府通過協餉制度，經常將稅收從徵收地直接分配到支出地。[51]

　　這三個早期現代國家在分散財政體制下得以順利運行的重要
政治條件，是建立在保護公共福祉基礎上的「家長式」國家權力的
正當性。[52]這樣的國家權力正當性，體現在各項具體的「社會政
策」，如飢荒救濟、交通改善、水利設施維護以及治河工程等。[53]
這些政策明確了國家有保護社會的義務，為國家從社會汲取費用
提供了道德合理性，從而在政府財政中注入了「公共性」的要素。
正是基於這樣的道德基礎，中央政府可以要求地方政府分擔費
用，而地方政府也可以反過來向中央索取資金支持。[54]然而，一
些認為戰爭是國家建設驅動力的學者，往往忽視早期現代國家在
提供公共物品方面的重要作用。[55]

　　當既有的分散型財政制度不能適應新的社會經濟環境時，國
家便難以維持其自主性和治理能力，在這樣的局面下，這三個早
期現代國家都經歷了深刻的財政危機。[56]例如，十五世紀五十年
代至十七世紀五十年代英國的價格革命及十九世紀二十至六十年
代日本的價格革命都嚴重削弱了各自政府的財政基礎。中國的情
況稍微特殊。海外流入的白銀在十八世紀造成了輕微但持續的通
貨膨脹。但十九世紀二十至五十年代出現的白銀短缺在國內引發
了長期的通貨緊縮，造成普遍的稅款拖欠和失業。[57]在上述三個
時空，國家面對來自國外的新威脅時都需要增加軍事開支，讓本
來已經惡化的財政狀況雪上加霜。當財政制度無法再為國家自主
性和治理提供必須的財力基礎時，國家變得相當脆弱。[58]因此，
重大事件在國家財政枯竭之時發生絕非巧合：1642年英國內戰爆
發；1868年明治維新推翻德川幕府；1851年中國的太平天國起義
引發全國性內亂。[59]

　　在這些重大動蕩之後，每個國家當政者都開始為重建國家自
主性和治理尋找新的財政制度基礎。行政和政治成本較低的稅收
來源成為重點，這三個國家都開始依靠諸如關稅和國內消費品稅

這樣的間接稅去增加政府收入。此外，它們都嘗試過各種手段，利用稅收從市場募集金融資源，甚至都出現過一些類似的失誤，使國家發行的信貸工具在市場上的信用大打折扣。在每一個制度發展過程中，我們都觀察到國家政權和私人大金融商之間的密切互動。儘管這三個國家的政治歷史各不相同，但都出現了與政府關係密切的有財有勢的政治商人（在中國和日本一般稱為「政商」）。然而，在這三個國家，制度變遷的順序和最終結果卻各不相同。

英國在十七世紀四十年代末到五十年代，從領地國家轉變為傳統財政國家。[60]徵收關稅和酒稅的中央官僚機構，分別於1672年和1683年成立。1688年光榮革命之後，英國與法國及其盟國持續進行耗資巨大的戰爭。儘管早在十七世紀九十年代初就有人提出發行紙幣的選項，英國政府主要還是依靠借款來維持開支。1713年以後，英國政府開始將毫無指定稅款擔保的短期債務轉換為利息較低但保證利息按期支付的長期債券。十八世紀二十年代，可以在二級市場上買賣的永久年金開始成為政府借款的主要手段，現代財政國家從此誕生。集中徵收的關稅和國內消費稅，使英國政府能夠確保這些年金在利息支付上的信用。到了十八世紀五十年代，英國的現代財政國家制度已經完全鞏固。

英國在建立現代財政國家之前對短期融資嚴重依賴，與之形成鮮明對比的是，1868年成立的日本明治政府一開始就求助於不兌換紙幣的發行，以滿足其財政需要，這些不兌換紙幣實質是國家的一種長期債務。由於西方列強強加的不平等條約將日本的關稅固定為5%，日本政府很難通過提高關稅稅率來增加收入。從十九世紀七十年代末開始，明治政府主要從清酒、煙草、醬油等主要消費品中獲取稅收。到了1880年，中央政府已經可以集中管理全國的酒稅徵收。現代財政國家於十九世紀八十年代中期在日

本形成，集中管理的財政制度不僅使日本政府可通過新建立的日本銀行來發行可兌換紙幣，而且還能夠在國內發行長期債券。到了1895年，現代財政國家在日本牢固確立。

中國的情況表明，在財政上的類似試驗並不一定會導致現代財政國家的出現。清政府在1853年至1863年期間發行紙幣，以支付鎮壓太平天國起義的軍費。然而，這次貨幣試驗並沒有像在日本那樣推動清政府去集中管理政府財政，而是以災難性的失敗告終。儘管如此，十九世紀七十年代以後，清政府在財政上仍然有了一些重要的制度發展。與英國和日本一樣，關稅和國內消費稅（即從批發商徵收的釐金）成為政府財政的支柱。各省督撫越來越多地與民間銀行家合作，以匯票來匯兌稅收和政府支出。但是，中央政府的財政運行仍然分散，大量具體的稅收款項被中央直接指派到各地，用於具體的開支，而沒有匯總到北京的戶部。清政府的分散型財政管理始終沒有能力從市場調動長期的金融資源。

現代財政國家的重要性

現代財政國家的制度，大大增強了國家能力和自主性。在以往很長的一段時間裏，學界都認為十八世紀的英國是官僚制度不成熟、自由放任的國家，其治理必須依靠地方鄉紳。但新近的研究顛覆了這些看法，表明十八世紀的英國是擁有高效稅務官僚機構的「強國家」。[61] 對於稅務官僚機構在十八世紀英國那場著名的「金融革命」所發揮的關鍵作用，我們現在有了更清晰的認識。這場革命使英國政府能夠承擔起為發動戰爭所募集的巨額長期債務。[62]

英國政府在金融市場上的信用很大程度取決於其榨取稅收的能力，這使得英國成為十八世紀歐洲稅收負擔最重的國家之一。[63] 英國財政體制高度集中，地方稅在十八世紀七十年代以前只佔中

央稅收的10%。[64]隨着對間接稅依賴程度的不斷加深,英國稅收的構成發生了重大變化。在十八世紀關稅和消費稅收入大體佔到政府年收入總額的70%至80%。消費稅收入在政府總收入中所佔的比例,更是從1696年至1700年的26%上升到1711年至1715年的36%,再增加到1751年至1755年的51%。[65]

正如奧布萊恩指出,間接稅的大幅增長不僅是經濟發展也是行政革命的結果。[66]布魯爾進一步證明,由領薪官員組成的高度集中化官僚機構,使英國政府能夠從關稅和消費稅中獲得有彈性且可靠的收入。這一時期英國政府中最大的部門就是國產稅局,它非常接近韋伯所說的理想型「理性官僚制」(rational bureaucracy),確保了行政管理的可靠性和可預測性。[67]界定理性官僚制的特徵包括:考試錄用、專業培訓、細緻的簿記、以消費稅評估和徵收的標準化官僚程序為基礎的集中化監督,以及論資排輩的晉升。[68]英國消費稅的徵收尤其集中化,全國各地徵稅官員的賬簿和記事本必須定期送往倫敦總部接受定期檢查。[69]集中徵收的消費稅,使英國政府能夠按時向永久年金債權人支付利息,而這對在市場發行長期債券的成功可謂至關重要。相比之下,地方鄉紳牢牢控制着土地稅的徵收,土地價值的人為低估、偷稅漏稅和管理不善等弊端比比皆是。[70]

英國政府在十八世紀徵收關稅和消費稅方面的高效及其從市場募集長期金融資源的卓越能力,為其國家能力和自主性提供了堅實的基礎。英國政府通過中央集中管理的官僚機構來徵收絕大部分的稅收,比那些不得不依靠地方官員或地方鄉紳來收稅的國家享有更多的自主性。從十八世紀四十年代開始,英國政府主要利用永久年金債券來面向公眾籌集長期借款,從而不必仰少數大金融商之鼻息。[71]因為土地財富不承擔日益增加的稅收負擔,這些新的財政制度也大大緩解了土地所有者與政府之間以及土地

所有者與金融階級之間的利益衝突。這些制度還使政府的行政部門得以利用薪酬豐厚的閒職和養老金收買議員，從而建立廣泛的政治庇護網絡以操縱議會，因此在十八世紀下半葉形成了穩定而腐敗的寡頭政權。[72]

我們該如何描述十八世紀英國財政制度的特徵呢？約翰·布魯爾提出的「財政—軍事國家」(fiscal-military state) 一詞，形象地反映了財政制度發展與1689年至1815年間英國經歷耗費巨大戰爭之間的密切聯繫。然而，這一概念主要針對的是國家財政資源的使用。布魯爾認為財政部管控的中央財政體系有能力「全面核算政府總收入和總支出」，是英國與其他歐洲國家在財政制度方面最大的分別。[73]然而，他高估了當時英國政府支出管理的集中程度。例如，財政部在十八世紀中葉之前無法獲得陸軍和海軍（兩個最大的開支部門）支出的細目信息，只能根據它們提出所需支出的總額來撥款。[74]因此，集中化管理並不是十八世紀英國政府財政制度的總體特徵。

正如奧布萊恩和亨特 (Philip A. Hunt) 指出，從十八世紀二十年代起，英國國家能力的強大得益於兩個相互關聯的發展，即徵收間接消費稅高度集中的官僚制度，及按時支付在市場發行的永久債務利息的金融制度。[75]中央稅收和國家長期債務信用之間的制度性聯繫，使英國政府能夠利用稅收調動金融資源，從而支付昂貴的戰爭費用，儘管政府開支方面普遍存在着浪費和腐敗，特別是在陸軍和海軍。[76]

現代財政國家在英國的出現有其非常特殊的歷史背景，即連續不斷的對外戰爭和大西洋貿易的巨大擴張。而在明確了現代財政國家的制度特徵之後，就易於將十八世紀的英國納入更寬廣的比較視野中。比如，日本在十九世紀八十年代後期也建成了現代財政國家，利用集中徵收的稅收保障了紙幣的價值，由日本銀行

發行的紙幣是經濟體內的法定貨幣。日本在尚處於世界資本市場的邊緣而且沒有發動任何大規模對外戰爭的情況下，取得了這項制度成就。不同於十八世紀英國的長期借貸，明治政府的永久性負債從一開始便以紙幣形式出現。

關注「後發展」的政治經濟學家長期以來都把明治時期的日本看成是一個國家主導經濟發展成功的典型案例，即一群專注於經濟發展的政治領導人建立強大國家，通過有效的政府干預而將西方的經濟發展模式移植到一個落後的經濟體。[77]然而，這種觀點完全忽視了日本本土在1858年開國之前市場經濟已經高度發達。另一方面，明治政府初期的財政和政治基礎非常薄弱，主要政治家之間沒有所謂「集團凝聚力」，相互衝突的制度變革方案在他們中間產生十分嚴重的分歧。[78]明治政府最初參與工礦企業的主要目的，是希望通過直接擁有和管理紡織業、礦業和鐵路建設來獲取政府收入。[79]然而，這些官營企業管理不善、效率低下。[80]由此產生的巨額財政赤字，迫使明治政府不得不出售長期虧損的官營企業但保留黃金開採等少數盈利業務。[81]

相比之下，十九世紀八十年代建立起來的集中管理財政制度，為日本經濟的現代化作出了巨大貢獻。[82]例如，以日本銀行為中央銀行的現代銀行系統，將商業、服務業、金融業等非農業部門的閒置資金調用於工業發展；這是十九世紀末至二十世紀初日本工業投資的主要來源。[83]儘管日本政府的總支出在1888年至1892年這一時期間僅佔國民生產總值（GNP）的7.9%，但日本政府在促進工業投資方面依然發揮間接而有效的作用。[84]例如，股份制公司在十九世紀八十年代末的過熱發展導致了1890年嚴重的金融恐慌，但日本銀行繼續對那些接受主要鐵路公司股份作為抵押的銀行票據進行貼現。這項政策極大地鼓勵了鐵路建設的投資和資本形成。[85]

從稅收的構成來看，明治時期日本政府轉向徵收酒類間接稅的做法取得了驚人的成功。對清酒和燒酒生產徵取的稅收，在政府年度稅收總額所佔的比例從1878年的12.3%上升到1888年的26.4%，而到了1899年這一比例達到38.8%（4,900萬日圓），首次超過土地稅所佔的比重（35.6%，4,500萬日圓）。[86]與英國國內消費稅的徵收一樣，日本的酒稅也是由大藏省派出的官員統一徵收。[87]到了1880年，酒類間接稅的徵收已經高度集中。1882年之後，明治政府要求新成立的日本銀行統一管理全國各地的政府財政資金，這進一步提高了財政管理的集中程度。[88]日本政府授予日本銀行發行紙幣的壟斷權，這是日本銀行早期最重要的業務。財政集中化管理也極大地提高了日本政府發行長期國內公債的能力。例如，為了實現海軍現代化，日本政府於1886年在國內成功地發行了1,700萬日圓的海軍公債，為期長達50年，年利率為5%。[89]現代財政國家在日本的興起，為其成為亞洲強國鋪平了道路。

中國的情形則從反面表明現代財政國家的重要性。中國長期以來就是傳統財政國家。清政府在十八世紀的歲入中白銀的比例高達80%。清政府的財政結構在十九世紀後半葉發生了重大變化，其中許多與我們在英國和日本看到的情況相似。例如，每年稅收的規模從十九世紀三十年代的4,000萬兩上升到十九世紀九十年代初的9,000萬兩左右，增加了一倍多。隨着國內外貿易在十九世紀六十年代以後的增長，稅收構成變得更加多樣化。田賦佔政府年收入的比例，在十九世紀四十年代之前一直超過70%，到了八十至九十年代則下降到40%左右，而關稅、國內消費稅（釐金）、鹽稅等間接稅的比重同期上升到50%左右。[90]

在英國和日本，通過信貸票據快捷地匯兌稅收和政府資金，政府得以建立集中管理的財政制度。在中國，民間匯票從十九世

紀六十年代開始也越來越多地用來匯兌政府稅收。1875年至1893年，從各省解往北京的稅收中，約有三分之一由山西票號通過匯票匯兌，特別是來自四川、福建、廣東和浙江的稅收，以及福建、浙江和廣東的關稅。[91]政府資金在各省之間的轉移，也大多依靠民間私人銀行家來完成。

在十九世紀末的中國，關稅和釐金由領薪官員徵收。清政府僱傭的西洋官員，把新成立的海關總稅務司管理成高度集中和有效的官僚機構。[92]同時，大部分徵收釐金的官員是從候補官員中招募的釐金委員。戶部要求各省定期上報釐金委員的姓名及徵收業績。有良好徵收業績的釐金委員在官僚體系中優先得到晉升。[93]這與十八世紀英國國產稅局管理的基本原則類似。與英國一樣，軍事需求推動了清政府借款；十九世紀六十年代至八十年代，清政府4,400萬兩白銀的短期貸款中，約有77%用於軍事目的，這些借款大多是以關稅和釐金收入作為擔保。[94]這些制度變革使清政府得以建立強大的西式海軍，其軍力足以遏制日本在十九世紀八十年代對朝鮮的侵略企圖；[95]清政府也能夠承擔1873年至1883年間耗資巨大的收復新疆之戰，以及1884年至1885年中法戰爭期間的陸海衝突。

儘管如此，與英國和日本形成強烈對比的是，間接稅的增加和用匯兌來轉移政府稅收的制度變革在中國並沒有促使財政進一步集中化管理。在財政事務方面，清廷的權威足夠保證其能協調各省督撫和海關稅務司以確保按時償還外國借款。[96]但是，清政府並沒有試圖籌集長期金融資源。1895年之前的鐵路鋪設和現代海軍的建設，全部由國家有限的財政盈餘來支持，而非像日本明治政府那樣，通過政府發行長期公債來從市場調動金融資源。由於缺乏調動長期金融資源的能力，清政府在1895年被日本打敗，在1911年最終垮台。由此看來，任何對十九世紀晚期中國國家能

力的評價，都需要能夠同時解釋清政府在間接稅徵收和短期貸款借貸方面業已取得的成功，以及在財政集中管理和國家長期信貸發展方面的缺陷。

如何解釋現代財政國家的興起

為什麼現代財政國家在英國和日本出現，而中國卻沒有呢？比較的視角有助於我們從一開始就排除一些可能的解釋。首先，現代財政國家不是工業經濟的產物。比如，它出現在十八世紀三十年代的英國，即在第一次工業革命(通常可追溯到十八世紀四十年代)發生之前。同樣，十九世紀九十年代初的日本經濟還遠沒有實現工業化。從這個意義上說，十九世紀中國工業化的舉步維艱，並不是中國未能成為現代財政國家的原因。

近年來，經濟史學家一直強調選擇地域面積大小作為比較單位的重要性，這麼做不無道理。例如，彭慕蘭、王國斌和李伯重等認為，把中華帝國晚期經濟最發達的江南地區與十八世紀歐洲領先經濟體之一的英國比較更為合理。但這樣基於區域的比較研究，忽視了國家財政制度在經濟和政治發展中的重要作用。由於現代財政國家的特點是集中徵稅與國家長期負債擔保之間的制度性聯繫，稅收和債務的相對規模並不重要，關鍵在於稅收是否能集中徵收並用來支持國家的長期債務。這大大簡化了對三個地域大小不同國家的比較研究。

例如，中國的疆域比英國或日本大得多。然而，到了十九世紀下半葉，山西票號已經在國內建立了連接主要城市和市鎮的金融匯兌網絡；經由這些網絡匯兌各地的稅收和官款，數額巨大。在英國和日本，類似的私人金融網絡對集中徵稅和建立現代財政國家至關重要。官方資金的快速匯款，也為清政府的財政集中管

理準備了必要的技術手段。由此可見,現代財政國家創建的成功或失敗,並不簡單地決定於領土面積的大小。

現代財政國家的建立也可以有不同的時序。比較中國和英國就會發現,傳統財政國家的悠久歷史並沒有為向現代財政國家的轉型帶來什麼優勢。中央政府政治集權歷史的長短,也與建立集中管理的財政體制無關;日本在1880年之前就實現了這一目標,而中國卻沒有。英國在十八世紀二十年代以後將巨額借款轉換成永久債務,但其建立集中徵收關稅和消費稅的官僚機構卻在此之前就已經完成。相比之下,日本政府在集中徵稅之前就以發行不兌換紙幣的形式承擔了大量的長期債務。對外戰爭既不是建立現代財政國家的充分條件,也不是必要條件。例如,日本在1868年至1894年沒有發生過大規模的對外戰爭。相反,財政困難迫使明治政府在這一時期盡量避免與俄國和中國發生軍事對抗。[97]而中國在1866年至1883年間,在西北地區展開了耗費巨大的軍事行動,在1884年至1885年間又與法國爆發過戰爭。然而,現代財政國家出現在日本而非在中國。

議會制度也不是建立現代財政國家的必要條件。雖然英國在現代財政國家興起之前就有議會,但日本在1891年國會開設之前就已經建成現代財政國家。這迫使我們重新審視政治代議制度與稅收之間的關係。新制度經濟學派經常用議會來解釋十八世紀英國政府收入的迅速增加。在利維(Margaret Levi)看來,國會確保了納稅人的「準自願服從」(quasi-voluntary compliance),從而降低了稅收的交易成本,促進了稅收的增加。[98]然而,當時的英國議會主要由土地所有者控制,而增加的稅收主要來自關稅和消費稅。普通消費者對高昂的消費稅深惡痛絕,要說議會議員能代表他們的利益,實在過於牽強。消費稅的不斷攀升,絕非出於英國民眾的同意。[99]

由於英國政府依靠自己的領薪官員來收取關稅和消費稅，所以地方精英不太可能像羅森塔爾 (Jean-Laurent Rosenthal) 所說的那樣，通過稅收來控制政府。[100] 貝茨 (Robert Bates) 和連大祥認為，十七世紀的英國有產者有更多的權力與政府討價還價，因為他們可以向稅務官員隱瞞自己的流動資產來增加政府徵稅的交易成本，從而迫使政府作出政治讓步，以換取更多的徵稅收入。[101] 但是，當時英國主要消費品生產規模之大，使得業主很難逃過政府稅務人員的檢查。不過，大生產商和批發商可以將高稅收的負擔轉嫁給消費者，如前所述，消費者在組織抗稅運動時不得不面對「集體行動問題」的困境。因此，政治代議權不是間接消費稅增收的必要條件。

有些制度經濟學派利用政治精英的利益計算來解釋制度變遷。例如，阿西莫格魯 (Daron Acemoglu) 和羅賓遜 (James A. Robinson) 認為，政治勢力強大的集團在知道經濟變革會使其潛在政治對手得益，從而削弱其權力基礎時會反對經濟增長。[102] 卡盧瑟斯 (Bruce Carruthers) 和斯塔薩維奇 (David Stasavage) 都認為，輝格黨 (Whig Party) 代表了英國國家債權人的利益；輝格黨於1714年至1746年在政治上佔主導地位，大大降低了國家債務違約的風險，從而促進了英國金融革命的成功。[103] 然而，這一時期英國政府不斷增長的長期借款的利息支付，主要來自從普通消費者那裏收取的間接稅款。地主精英並沒有承受沉重的稅收負擔，而國家的債權人從按時支付的利息中受益，國家支出能力也大大提高。有鑒於此，我們有什麼理由去相信一個由地主階層組成的英國政府一定會在長期借款的利息支付上違約？

國家權力與普通消費者在間接消費稅徵收方面存在着特殊的政治權力不對稱，意味着政治精英應該有充分的理由來擁抱現代財政國家制度，不管他們是來自地主還是金融階級。從利益分配

的角度看，十九世紀末的清政府完全可以成為現代財政國家，因為它已經依靠領薪官員從間接稅中收取其年收入的一半，並且在1895年之前在償還巨額的短期借款方面保持着良好的信用。由此看來，英國、日本和中國在制度變革最終結果上的差異，不能用國家和地主精英在稅收問題上的利益衝突來解釋，因為這三個國家都用領薪官員來徵收大量的間接稅。

回顧這三個案例，現代財政國家的制度特徵為國家能力研究提供了新的視角。十八世紀的英國和十九世紀的日本都表明，在擁有大量商業部門和金融網絡的經濟體中，間接消費稅遠比土地稅更為重要。日本的情況說明利用集中徵收的稅款來調動長期金融資源，哪怕僅僅從國內市場募集借款，也遠比直接徵收土地稅更能提升國家能力。因此，對於十九世紀的日本和中國而言，國家權力滲透到鄉村甚至農戶來徵收土地稅，並不是衡量國家能力的適當尺度。[104]

現代財政國家確立的募集長期金融資源的制度，也極大地提高了國家支付能力，這在國家之間的權力競爭方面是一個顯著優勢。因此，現代財政國家對國家能力的重要性，為我們考察十八世紀末中國和英國之間的「大分流」，以及十九世紀末中國衰落與日本迅速崛起，都提供了新的視角。

同時，考慮到國家稅收的規模和穩定性，國家稅款進入市場會對金融發展產生極大的影響。在大眾媒體出現之前的早期現代社會，有關國家信用的信息可以傳播到社會的眾多角落；相比之下，即使是主要的私人金融機構，其聲譽信息也常常局限於特定的交易網絡。因此，現代財政國家的出現，極大地刺激了紙幣、國債等長期信貸工具的發展，這是走向以信用為基礎的現代經濟的關鍵階段。現代財政國家的興起，代表了國家與經濟關係上的一場「大變革」(great transformation)。

　　鑑於現代財政國家對國家能力的重要貢獻，以及國家與普通消費者之間權力的嚴重不對稱，國家可以在民眾心不甘情不願的情況下仍然榨取高額的間接稅。這樣看來，商業化經濟社會中的國家當政者，都應該接受這些新制度。那麼，該如何解釋現代財政國家出現在英國和日本，而沒有在中國呢？制度創新過程中的高度不確定性和可能出現的多種結果，說明無論是英、日兩國的成功，還是中國的失敗，都不能在其各自制度變革的初始時段找到所謂第一原因。通向現代財政國家並沒有一條單一線性的路徑。

　　為了解釋制度發展的實際軌跡，本書構建了一個與過程相關的因果機制，這種機制是由適當的社會經濟環境與國家過度發行信貸工具而造成的信用危機相互作用的結果。由於這樣的信用危機威脅到國家的信譽，因此，對任何上台的政治人物來說，這都構成緊迫的問題。由於中央承擔着兌現這些信貸工具的全部風險，國家當政者——無論其政治目標或利益代言如何不同——都有強烈的動機去尋求集中稅收和保障這些信貸工具價值的方法和手段。在之後展開的探索和試錯學習過程中，解決信用危機的共同問題導致有效制度要素和知識的不斷積累，最終形成新的制度。而其他可能的替代方案，則由於無法解決信用危機而在過程中被淘汰。這一機制將社會經濟結構、事件偶然性和個人能動性整合成一個連貫的路徑依賴因果敘述，不僅可以用來解釋英、日兩國不同的成功故事，也能解釋中國未能實現這種轉變的原因。我在下一章詳細闡述這一因果機制。

註釋

1　關於研究制度變遷和發展的重要性，參見Kathleen Thelen and Sven Steinmo, "Historical Institutionalism in Comparative Politics," in Sven Steinmo,

Kathleen Thelen, and Frank Longstreth, eds., *Structuring Politics: Historical Institutionalism in Comparative Politics* (Cambridge and New York: Cambridge University Press, 1992), pp. 16–22; Kathleen Thelen, "Historical Institutionalism in Comparative Politics," *Annual Review of Political Science* 2, no. 1 (1999): 369–404; Paul Pierson, *Politics in Time: History, Institutions, and Social Analysis* (Princeton, NJ: Princeton University Press, 2004), p. 103; Barry R. Weingast, "Rational Choice Institutionalism," in Ira Katznelson and Helen V. Milner, eds., *Political Science: The State of the Discipline* (New York: W. W. Norton, 2002), p. 675.

2　Paul Pierson and Theda Skocpol, "Historical Institutionalism," in Ira Katznelson and Helen Milner, eds., *Political Science: The State of the Discipline* (New York: W. W. Norton, 2002); Pierson, *Politics in Time*, chapter 3; and Andrew Abbott, *Time Matters: On Theory and Method* (Chicago: University of Chicago Press, 2001).

3　Jack Knight, *Institutions and Social Conflict* (Cambridge and New York: Cambridge University Press, 1992); Kathleen Thelen, *How Institutions Evolve: The Political Economy of Skills in Germany, Britain, the United States, and Japan* (Cambridge and New York: Cambridge University Press, 2004), pp. 31–33.

4　關於制度的嵌入性，參見 Suzanne Berger and Ronald Dore, eds., *National Diversity and Global Capitalism* (Ithaca, NY: Cornell University Press, 1996); Peter A. Hall and David W. Soskice, eds., *Varieties of Capitalism* (Oxford and New York: Oxford University Press, 2001).

5　Avner Greif, *Institutions and the Path to the Modern Economy: Lessons from Medieval Trade* (Cambridge and New York: Cambridge University Press, 2006), pp. 14–20; Pierson, *Politics in Time*, chapter 5; Ira Katznelson, "Structure and Configuration in Comparative Politics," in Mark Irving Lichbach and Alan S. Zuckerman, eds., *Comparative Politics: Rationality, Culture, and Structure* (Cambridge and New York: Cambridge University Press, 1997), pp. 93–94; Peter A. Hall, "Aligning Ontology and Methodology in Comparative Research," in James Mahoney and Dietrich Rueschemeyer, eds., *Comparative Historical Analysis in the Social Sciences* (Cambridge and New York: Cambridge University Press, 2003), pp. 382–384; Charles Tilly, "Mechanisms in Political Processes," *Annual Review of Political Science* 4, no. 1 (2001): 25.

6　有關社會科學中因使用二手歷史文獻造成選擇偏差的相當精彩的討論，參見 Ian S. Lustick, "History, Historiography, and Political Science: Multiple Historical Records and the Problem of Selection Bias," *American Political Science*

Review 90, no. 3 (September 1996): 605–618. 關於定性研究中選擇偏差的更多內容，參見David Collier and James Mahoney, "Insights and Pitfalls: Selection Bias in Qualitative Research," *World Politics* 49, no. 1 (1996): 56–91.

7　十七世紀的大不列顛以及十八世紀的日本和中國都可以稱為帝國，即它們都包括行政和法律制度各不相同的地區：英國的蘇格蘭、愛爾蘭；清代中國的蒙古、滿洲、青海、新疆和西藏；日本德川時期的蝦夷地（即今天的北海道）。我使用的「國家」一詞，僅指英格蘭（而不是大不列顛帝國）、日本列島和中國本部。財政的重大制度變革，都在這些「國家」領域之內發生。

8　Patrick K. O'Brien and Philip A. Hunt, "England, 1485–1815," in Richard Bonney, ed., *The Rise of the Fiscal State in Europe, 1200–1815* (Oxford and New York: Oxford University Press, 1999).

9　有關新興市場經濟體缺乏有效的稅務機構和金融機構而造成後果的討論，參見David Woodruff, *Money Unmade: Barter and the Fate of Russian Capitalism* (Ithaca, NY: Cornell University Press, 1999); John L. Campbell, "An Institutional Analysis of Fiscal Reform in Postcommunist Europe," *Theory and Society* 25, no. 1 (February 1996): 45–84.

10　James Mahoney and Gary Goertz, "The Possibility Principle: Choosing Negative Cases in Comparative Research," *American Political Science Review* 98, no. 4 (November 2004): 653–669.

11　Max Weber, "Politics as a Vocation," in H. H. Gerth and C. Wright Mills, eds., *From Max Weber: Essays in Sociology* (Oxford: Oxford University Press, 1958), p. 78.

12　Max Weber, *Economy and Society: An Outline of Interpretive Sociology*, vol. 1, (Berkeley: University of California Press, 1978), p. 166.

13　Peter Mathias, "The People's Money in the Eighteenth Century: The Royal Mint, Trade Tokens and the Economy," in *The Transformation of England: Essays in the Economic and Social History of England in the Eighteenth Century* (London: Methuen, 1979).

14　有關英國和其他歐洲國家的政府在壟斷小面額貨幣供應的漫長旅程的討論，參見Thomas J. Sargent and François R. Velde, *The Big Problem of Small Change* (Princeton, NJ: Princeton University Press, 2002).

15　有關領地國家的討論，參見Richard Bonney, "Revenues," in Richard Bonney, ed., *Economic Systems and State Finance*, (London: Oxford University Press, 1995), especially pp. 447–463. 有關西歐從領地國家向財政國家過渡的詳細案例研究，參見Richard Bonney, ed., *The Rise of the Fiscal State in Europe,*

1200–1815 (Oxford and New York: Oxford University Press, 1999). 關於瑞典、丹麥和一些德語國家（如十七世紀和十八世紀的符騰堡和黑塞 - 卡塞爾）等領地國家，參見 Niall Ferguson, *The Cash Nexus: Money and Power in the Modern World, 1700–2000* (New York: Basic Books, 2001), pp. 54– 55. 關於十八世紀至二十世紀初領地國家在普魯士的延續，參見 D. E. Schremmer, "Taxation and Public Finance: Britain, France, and Germany,"in Peter Mathias and Sidney Pollard, eds., *The Cambridge Economic History of Europe*, vol. 8 (Cambridge: Cambridge University Press, 1989), pp. 411–455.

16   Kiren Aziz Chaudhry, "The Myths of the Market and the Common History of Late Developers," *Politics and Society* 21, no. 3 (September 1993): 252.

17   二十世紀的石油輸出國是典型的領地國家，參見 Terry Lynn Karl, *The Paradox of Plenty: Oil Booms and Petro-States* (Berkeley: University of California Press, 1997).

18   有關「集體行動問題」困境的經典論述，參見 Mancur Olson, *The Logic of Collective Action: Public Goods and the Theory of Groups* (Cambridge, MA: Harvard University Press, 1965).

19   有關中國，參見 Kenneth Pomeranz, *The Great Divergence: China, Europe, and the Making of the Modern World Economy* (Princeton, NJ: Princeton University Press, 2000), chapters 1 and 2; R. Bin Wong, *China Transformed: Historical Change and the Limits of European Experience* (Ithaca, NY: Cornell University Press, 1997), 13–14; 李伯重：《江南的早期工業化（1550–1850）（北京：社會科學文獻出版社，2000）。有關日本，參見 Edward E. Pratt, *Japan's Protoindustrial Elite: The Economic Foundations of the Gono* (Cambridge, MA: Harvard University Asia Center, 1999); David L. Howell, *Capitalism from Within: Economy, Society, and the State in a Japanese Fishery* (Berkeley: University of California Press, 1995); 速水融・宮本又郎編：『経済社会の成立：17–18世紀』（日本経済史1）（東京：岩波書店，1988）。

20   有關早期現代英國市場經濟的特徵的討論，參見 John Hicks, *A Theory of Economic History* (Oxford: Oxford University Press, 1969).

21   Eric Kerridge, *Trade and Banking in Early Modern England* (Manchester: Manchester University Press, 1988).

22   鹿野嘉昭：「江戸期大坂における両替商の金融機能をめぐって」，『経済学論叢』，第52卷，第2期（2000），頁205–264。

23   關於錢莊的作用，參見 Susan M. Jones, "Finance in Ning-po: The Ch'ien-chuang," in W. E. Willmott, ed., *Economic Organization in Chinese Society* (Stanford, CA: Stanford University Press, 1972), pp. 47–77. 有關晉商建立的

國內金融網絡，參見黃鑒暉：《山西票號史》（修訂版）（太原：山西經濟
出版社，2002），頁137–145。

24　參見斎藤修：「幕末維新の政治算術」，近代日本研究会編：『明治維新
の革新と連続』（東京：山川出版社，1992），年報・近代日本研究，第
14卷，頁278。

25　參見吳承明：《中國資本主義與國內市場》（北京：中國社會科學出版
社，1985），頁251。

26　Jack A. Goldstone, "Efflorescences and Economic Growth in World History:
Rethinking the 'Rise of the West' and the British Industrial Revolution," *Journal
of World History* 13 (2002): 323–389; Jean-Laurent Rosenthal and R. Bin Wong,
*Before and Beyond Divergence: The Politics of Economic Change in China and
Europe* (Cambridge, MA: Harvard University Press, 2011).

27　愛德華・希爾斯將這些「舊國家」與二十世紀殖民主義結束後才形成的
許多新國家區分開來。Edward Shils, *Political Development in the New States*
(Paris: Mouton, 1968).

28　Michael J. Braddick, *State Formation in Early Modern England, c. 1550–1700*
(Cambridge and New York: Cambridge University Press, 2000), chapter 1.

29　Beatrice S. Bartlett, *Monarchs and Ministers: The Grand Council in Mid-Ch'ing
China, 1723–1820* (Berkeley: University of California Press, 1991).

30　黑田明伸：「乾隆の銭貴」，『東洋史研究』，第45卷，第4期（1987年3
月），頁692–723。

31　中國第一歷史檔案館編：《乾隆朝上諭檔》（北京：檔案出版社，2000年
第二版），第二卷，頁332。

32　乾隆十四年七月二十日上諭：「（關於使用外洋銅錢）此在內地鼓鑄充
裕，市價平減，自應嚴行查禁，以崇國體。」《宮中朱批奏折》，第60
盒，第2443–2444號。乾隆三十四年六月二十八日上諭：「照小錢分量
折中，定價按數收買，凡給價交官之錢，即入爐鎔化。」《宮中朱批奏
折》，第61盒，第2482–2484號。

33　乾隆五十六年四月二十五日上諭，「小民私用小錢，已干法禁。」《宮中
硃批奏折》，第63盒，第75–77號。

34　有關幕府作為凌駕各大名領主之上的「公儀」權威，參見藤井讓治著：
「十七世紀の日本－武家の国家の形成」，朝尾直弘等編：『岩波講座日
本通史』（東京：岩波書店，1994），第12卷（近世2），頁3–34。

35　關於幕府在十八世紀開始成為日本的中央政權，參見Mary Elizabeth
Berry, "Public Peace and Private Attachment: The Goals and Conduct of Power
in Early Modern Japan," *Journal of Japanese Studies* 12, no. 2 (Summer 1986):

237–271; Eiko Ikegami, *The Taming of the Samurai: Honorific Individualism and the Making of Modern Japan* (Cambridge, MA: Harvard University Press, 1995), chapters 7 and 8; James W. White, "State Growth and Popular Protest in Tokugawa Japan," *Journal of Japanese Studies* 14, no. 1 (Winter 1988): 1–25.

36 有關德川幕府的科層化以及十八世紀上半葉司法體系的法典化的簡要介紹，參見Tsuji Tatsuya, "Politics in the Eighteenth Century," in John Whitney Hall, ed., *The Cambridge History of Japan*, vol. 4, *Early Modern Japan* (Cambridge and New York: Cambridge University Press, 1991), pp. 432–456.

37 大石学：「享保改革の歴史的位置」，藤田覚編：『幕藩制改革の展開』（東京：山川出版社，2001），頁31–51。

38 安国良知：「貨幣の機能」，朝尾直弘等編：『岩波講座日本通史』（東京：岩波書店，1994），第12卷（近世2），頁155–156。

39 新保博、斎藤修：「概説：19世紀へ」，新保博、斎藤修編：『近代成長の胎動』（日本経済史）（東京：岩波書店，1989），第2卷，頁27。

40 三上隆三：『円の誕生：近代貨幣制度の成立』（東京：東洋経済新報社，1989），頁59–63。

41 新保博、斎藤修：「概説：19世紀へ」，頁26–31。

42 G. L. Harriss, "Political Society and the Growth of Government in Late Medieval England," *Past and Present* 138 (February 1993): 40; and W. M. Ormrod, "England in the Middle Ages," in Richard Bonney, ed., *The Rise of the Fiscal State in Europe, 1200–1815* (Oxford and New York: Oxford University Press, 1999), particularly pp. 27–33.

43 關稅的地位有些模糊，因為它一方面屬於王室的通常收入，但另一方面也是一種常規的稅收。關於都鐸王朝早期的領主收入對國家的重要性，參見B. P. Wolffe, *The Crown Lands, 1461 to 1536: An Aspect of Yorkist and Early Tudor Government* (London: Allen and Unwin, 1970), p. 25; Wolffe, *The Royal Demesne in English History: The Crown Estate in the Governance of the Realm from the Conquest to 1509* (London: Allen and Unwin, 1971), chapter 1; Penry Williams, *The Tudor Regime* (Oxford: Clarendon, 1979), p. 58; G. R. Elton, *England under the Tudors*, 3rd ed. (London: Routledge, 1991), pp. 47–57.

44 Basil Chubb, *The Control of Public Expenditure: Financial Committees of the House of Commons* (Oxford: Clarendon Press, 1952), pp. 9–10.

45 有關常規收入與非常規特殊供給性質截然不同的討論，參見Richard W. Hoyle, "Crown, Parliament, and Taxation in Sixteenth-Century England," *English Historical Review* 109, no. 434 (November 1994): 1192–1196.

46 有關幕府徵稅的不完全性，參見Mark Ravina, *Land and Lordship in Early*

Modern Japan (Stanford, CA: Stanford University Press, 1999), pp. 24–28. 有關幕府指派大名領主的藩政府承擔國家公共事務開支的政治權力，參見大口勇次郎：「幕府の財政」，新保博、斎藤修編：『近代成長の胎動』（日本経済史）（東京：岩波書店，1989），第2卷，頁152–154。

47 Wang Yeh-chien, *Land Taxation in Imperial China, 1750–1911* (Cambridge, MA: Harvard University Press, 1973), pp. 8–11.

48 Patrick K. O'Brien and Philip A. Hunt, "The Rise of a Fiscal State in England, 1485–1815," *Historical Research* 66, no. 160 (June 1993): 141–142.

49 大口勇次郎：「幕府の財政」，頁132。

50 Madeleine Zelin, *The Magistrate's Tael: Rationalizing Fiscal Reform in Eighteenth-Century Ch'ing China* (Berkeley: University of California Press, 1992); 陳鋒：〈清代前期奏銷制度的政策演變〉，《歷史研究》，第2期（2000），頁63–74。

51 Wang, *Land Taxation in Imperial China*, 12–18; 彭雨新：〈清代田賦起運存留制度的演進〉，《中國經濟史研究》，第4期（1992），頁124–133。明代中國的分散型財政運作，後來為清朝所繼承，參見Ray Huang, *Taxation and Governmental Finance in Sixteenth-Century Ming China* (London and New York: Cambridge University Press, 1974), particularly pp. 268–279.

52 Quentin Skinner, "The State," in Terence Ball, James Farr, and Russell L. Hanson, eds., *Political Innovation and Conceptual Change* (Cambridge and New York: Cambridge University Press, 1989), pp. 117–118.

53 有關政府通過增加支出來改進早期現代英國的社會福祉，從而確立國家權力正當性的相關討論，參見Braddick, *State Formation in Early Modern England*, chapter 3; Steve Hindle, *The State and Social Change in Early Modern England*, c. 1550–1640 (New York: Palgrave Macmillan, 2000), chapters 2 and 6. 有關十八世紀日本的情況，參見大口勇次郎：「幕府の財政」，頁153–157。有關十八世紀中國的情況，曾小萍（Madeleine Zelin）強調政府支出對促進公共福利的作用，參見Zelin, *The Magistrate's Tael*, p. 304. 有關十八世紀中國的飢荒救濟，參見Pierre-Étienne Will, *Bureaucracy and Famine in Eighteenth-Century China*, trans. Elborg Forster (Stanford, CA: Stanford University Press, 1990); Pierre-Étienne Will and R. Bin Wong, *Nourish the People: The State Civilian Granary System in China, 1650–1850* (Ann Arbor: Center for Chinese Studies, University of Michigan Press, 1991).

54 關於早期現代國家在保障社會福祉方面所起作用的討論，參見Michael J. Braddick, "The Early Modern English State and the Question of Differentiation, from 1550 to 1770," *Comparative Studies in Society and History* 38, no. 1

(January 1996): 92–111; and Stephan R. Epstein, "The Rise of the West," in John A. Hall and Ralph Schroeder, eds., *An Anatomy of Power: The Social Theory of Michael Mann* (Cambridge and New York: Cambridge University Press, 2006), p. 247.

55 關於對戰爭在國家建設中的作用的（過分）強調，參見Charles Tilly, ed., *The Formation of National States in Western Europe* (Princeton, NJ: Princeton University Press, 1975); Tilly, *Coercion, Capital, and European States, A.D. 990–1992*, rev. ed. (Cambridge, MA: Blackwell, 1992); and Brian Downing, *The Military Revolution and Political Change* (Princeton, NJ: Princeton University Press, 1992).

56 有關英國價格革命的綜述，參見C. G. A. Clay, *Economic Expansion and Social Change: England 1500–1700*, vol. 1, *People, Land, and Towns* (Cambridge: Cambridge University Press, 1984), chapter 2. 有關十九世紀二十年代後日本物價上漲的趨勢，參見新保博：『近世の物価と経済発展：前工業化社会への数量的接近』（東京：東洋経済新報社，1978）。

57 Wang Yeh-chien, "Secular Trends of Rice Prices in the Yangzi Delta, 1638–1935," in Thomas G. Rawski and Lillian M. Li, eds., *Chinese History in Economic Perspective* (Berkeley: University of California Press, 1992), pp. 35–68; Lin Man-houng, *China Upside Down: Currency, Society, and Ideologies, 1801–1856* (Cambridge, MA: Harvard University Asia Center, 2006), chapters 2 and 3.

58 有關財政機構對於國家自主性和國家能力的重要性的討論，參見Theda Skocpol, "Bringing the State Back In: Strategies of Analysis in Current Research," in Peter B. Evans, Dietrich Rueschemeyer, and Theda Skocpol, eds., *Bringing the State Back* (Cambridge and New York: Cambridge University Press, 1985); Michael Mann, *The Sources of Social Power* (Cambridge and New York: Cambridge University Press, 1986).

59 強調財政破產是國家崩潰的必要條件的討論，參見Theda Skocpol, *States and Social Revolutions: A Comparative Analysis of France, Russia, and China* (Cambridge and New York: Cambridge University Press, 1979); and Jack A. Goldstone, *Revolution and Rebellion in the Early Modern World* (Berkeley: University of California Press, 1991).

60 關於英國內戰對英國財政國家興起的重要影響，參見Patrick K. O'Brien, "Fiscal Exceptionalism: Great Britain and Its European Rivals from Civil War to Triumph at Trafalgar and Waterloo," in Donald Winch and Patrick K. O'Brien, eds., *The Political Economy of British Historical Experience, 1688–1914* (Oxford: Published for the British Academy by Oxford University Press, 2002), p. 246; and

Michael J. Braddick, *The Nerves of State: Taxation and the Financing of the English State, 1558–1714* (Manchester: Manchester University Press, 1996), p. 16.

61 類似的例子，參見 Weber, *Economy and Society*, vol. 2, pp. 1061–1064. 更多新近的例子，參見 Gabriel Ardant, "Financial Policy and Economic Infrastructure of Modern States and Nations," in Charles Tilly, ed., *The Formation of National States in Western Europe* (Princeton, NJ: Princeton University Press, 1975), p. 196; Tilly, *Coercion, Capital, and European States*, p. 159; and Bruce G. Carruthers, *City of Capital: Politics and Markets in the English Financial Revolution* (Princeton, NJ: Princeton University Press, 1996), p. 22.

62 英國政府的債務規模，在1688年幾乎為零，之後迅速上升到1697年的1,670萬英鎊，1748年的7,600萬英鎊以至1783年的2.45億英鎊。參見 John Brewer, *The Sinews of Power: War, Money and the English State, 1688–1783* (New York: Alfred A. Knopf, 1989), p. 114.

63 Peter Mathias and Patrick K. O'Brien, "Taxation in Britain and France, 1715–1810: A Comparison of the Social and Economic Incidence of Taxes Collected for the Central Governments," *Journal of European Economic History* 5, no. 3 (1976): 601–650; Patrick K. O'Brien, "The Political Economy of British Taxation, 1660–1815," *Economic History Review*, new series., 41, no. 1 (February 1988): 1–32.

64 Peter Mathias, "Taxation and Industrialization in Britain," in *The Transformation of England: Essays in the Economic and Social History of England in the Eighteenth Century* (London: Methuen, 1979), p. 117.

65 引自表2，J. V. Beckett, "Land Tax or Excise: The Levying of Taxation in Seventeenth- and Eighteenth-Century England," *English Historical Review* 100, no. 395 (April 1985): 306.

66 例如，消費稅和印花稅從1685年的40萬英鎊增加到1720年的280萬英鎊；而按現行價格估算的國民收入，僅從1680年的4,176萬英鎊增加到1720年的5,392萬英鎊。參見 O'Brien, "The Political Economy of British Taxation," 3 and 9.

67 有關韋伯對理性官僚制度對資本主義發展的貢獻的討論，參見 *Weber, Economy and Society*, vol. 2, pp. 974–975 and 1393–1394.

68 Brewer, *The Sinews of Power*, p. 68. 國產稅局作為官僚機構為伯納德‧西爾伯曼的研究忽視，他將英國理性官僚制度的起源追溯到1790年左右。參見 Bernard S. Silberman, *Cages of Reason: The Rise of the Rational State in France, Japan, the United States, and Great Britain* (Chicago: University Press of Chicago, 1993), chapters 10–12.

69   Brewer, *The Sinews of Power*, pp. 102–111.

70   W. R. Ward, *The English Land Tax in the Eighteenth Century* (Oxford: Oxford University Press, 1953), particularly section II. 有關地方鄉紳對所收稅款的截留，參見L. S. Pressnell, "Public Monies and the Development of English Banking," *Economic History Review*, n.s., 5, no. 3 (1953): 378–397; and Colin Brooks, "Public Finance and Political Stability: The Administration of the Land Tax, 1688–1720," *Historical Journal* 17, no. 2 (1974): 281–300.

71   Brewer, *The Sinews of Power*, chapter 3.

72   J. H. Plumb, *The Growth of Political Stability in England: 1675–1725* (London: Macmillan, 1967). 關於十八世紀英國政府腐敗的嚴重程度，參見W. D. Rubinstein, "The End of 'Old Corruption' in Britain, 1780–1860," *Past and Present 101* (November 1983): 55–56.

73   Brewer, *The Sinews of Power*, p. 129.

74   J. E. D. Binney, *British Public Finance and Administration, 1774–92* (Oxford: Clarendon, 1958), pp. 140 and 151. 直到十九世紀下半葉英國政府部門統一採用複式記賬法之後，財政部才實現全面集中管理政府支出。

75   O'Brien and Hunt, "England, 1485–1815," p. 65.

76   有關十八世紀英國海軍大量貪污腐敗的詳情，參見Daniel A. Baugh, *British Naval Administration in the Age of Walpole* (Princeton, NJ: Princeton University Press, 1965), particularly chapters 8 and 9. 英國政府遲至十九世紀才開始清除政府腐敗的體制改革，參見Philip Harling and Peter Mandler, "From 'Fiscal-Military' State to Laissez-Faire State, 1760–1850," *Journal of British Studies*, 32, no. 1 (January 1993): 44–70; and Philip Harling, *The Waning of "Old Corruption": The Politics of Economical Reform in Britain, 1779–1846* (Oxford: Clarendon Press, 1996).

77   G. C. Allen, *A Short Economic History of Modern Japan*, 4th ed. (London: Macmillan, 1981). 關於國家在後發工業化中的作用，參見Alexander Gerschenkron, *Economic Backwardness in Historical Perspective* (Cambridge, MA: Belknap Press of Harvard University Press, 1962.

78   Michio Umegaki, *After the Restoration: The Beginning of Japan's Modern State* (New York: New York University Press, 1988). 有關明治維新領導者的「集體凝聚力」，參見Ellen K. Trimberger, *Revolution from Above: Military Bureaucrats and Development in Japan, Turkey, Egypt, and Peru* (New Brunswick, NJ: Transaction Books, 1978).

79   有關明治早期產業政策的財政目的及其與領地國家概念的聯繫，參見山本弘文：「初期殖産政策とその修正」，安藤良雄編：『日本経済政策史

論（上）』（東京：東京大学出版会，1973）；永井秀夫：『殖産興業政策の基調－官営事業を中心として』；原載於『北海道大学文学部紀要』第10期（1969年11月）；重印為永井秀夫：『明治国家形成期の外政と内政』（札幌：北海道大学図書刊行会，1990）。

80　參見Yamamura Kozo, "Entrepreneurship, Ownership, and Management in Japan," in Peter Mathias and M. M. Postan, eds., *The Cambridge Economic History of Europe*, vol. 7, *The Industrial Economies Capital, Labour, and Enterprise, Part 2: The United States, Japan, and Russia* (Cambridge: Cambridge University Press, 1978), pp. 226–230; S. McCallion, "Trial and Error: The Model Filature at Tomioka," in W. Wray, ed., *Managing Industrial Enterprise: Cases from Japan's Prewar Experience* (Cambridge, MA: Council on East Asian Studies, Harvard University, 1989).

81　Thomas C. Smith, *Political Change and Industrial Development in Japan: Government Enterprise, 1868–1880* (Stanford, CA: Stanford University Press, 1955), chapter 8.

82　有關財政在十九世紀末對日本經濟現代化的重要貢獻，參見中村隆英：「マクロ経済と戦後経営」，西川俊作、阿部武司編：『産業化の時代（下）』（日本経済史）（東京：岩波書店，1990），第5卷；Henry Rosovsky, "Japan's Transition to Modern Economic Growth, 1868–1885," in Henry Rosovsky, ed., *Industrialization in Two Systems: Essays in Honor of Alexander Gerschenkron* (New York: John Wiley & Sons, 1966); and Richard Sylla, "Financial Systems and Economic Modernization," *Journal of Economic History* 62, no. 2 (June 2002): 277–292.

83　有關非農業財富對日本明治工業投資的貢獻，參見寺西重郎：「金融の近代化と産業化」，西川俊作、阿部武司編：『産業化の時代（下）』（日本経済史）（東京：岩波書店，1990），第5卷，頁63。

84　在同一時期，政府支出佔國民生產總值的比例，法國為16.2%，意大利為13.2%，瑞典為12.5%，就此看來，日本這一比例就相當低了。引自Yasukichi Yasuba, "Did Japan Ever Suffer from a Shortage of Natural Resources before World War II?" *Journal of Economic History* 56, no. 3 (September 1996): 549.

85　Ishii Kanji, "Japan," in Rondo Cameron, V. I. Bovykin, and B. V. Anan'ich, eds., *International Banking: 1870–1914* (New York: Oxford University Press, 1991), p. 226; Steven J. Ericson, *The Sound of the Whistle: Railroads and the State in Meiji Japan* (Cambridge, MA: Council on East Asian Studies of the Harvard University Press, 1996), pp. 174–189.

86　引自藤原隆男：『近代日本酒造業史』（京都：ミネルヴァ書房，1999），頁2。有關1868年後日本間接稅重要性日益上升的討論，參見林健久：『日本における租税国家の成立』（東京：東京大学出版会，1965）。

87　藤原隆男：『近代日本酒造業史』（京都：ミネルヴァ書房，1999），頁101–108。

88　深谷德次郎：『明治政府財政基盤の確立』（東京：御茶の水書房，1995），頁110–111。

89　室山義正：『近代日本の軍事と財政：海軍拡張をめぐる政策形成過程』（東京：東京大学出版会，1984），頁133–134。

90　周育民：《晚清財政與社會變遷》（上海：上海人民出版社，2000），頁239。

91　宋惠中：〈票商與晚清財政〉，中央研究院近代史研究所社會經濟史組編：《財政與近代歷史：論文集》（2冊）（台北：中央研究院近代史研究所，1999）。

92　值得注意的是，清帝國海關的西方官員只是關稅徵收的代理人，沒有權力或權威來決定如何支出徵收到的關稅。這一問題上，跟北京大學歷史系的任智勇的討論，對我很有啓發。

93　有關領薪官員在釐金徵收中的重要作用，參見Susan Mann, *Local Merchants and the Chinese Bureaucracy, 1750–1950* (Stanford, CA: Stanford University Press, 1985), p. 104; 羅玉東：《中國釐金史》（上海：商務印書館，1936），第一卷，頁84–85。釐金稅徵收的管理將在第六章詳細討論。

94　周育民：《晚清財政與社會變遷》（上海：上海人民出版社，2000），頁282–283。

95　高橋秀直：『日清戦争への道』（東京：東京創元社，1995），頁119–120。

96　馬陵合：《晚清外債史研究》（上海：復旦大學出版社，2005），頁43、53。

97　坂野潤治：「明治国家の成立」，梅村又次、山本有造編：『開港と維新』（日本経済史）（東京：岩波書店，1989），第3卷，頁73–85。

98　Margaret Levi, *Of Rule and Revenue* (Berkeley: University of California Press, 1988), pp. 97 and 118.

99　英國社會對消費稅普遍不滿的例子，參見Peter Mathias, *The Brewing Industry in England: 1700–1830* (Cambridge: Cambridge University Press, 1959), p. 345; Edward Hughes, *Studies in Administration and Finance, 1558–1825* (Manchester: Manchester University Press, 1934), pp. 327–328 and 332–333.

100　Jean-Laurent Rosenthal, "The Political Economy of Absolutism Reconsidered," in Robert H. Bates, ed., *Analytic Narratives* (Princeton, NJ: Princeton University Press, 1998).

101 Robert Bates and Da-Hsiang Donald Lien, "A Note on Taxation, Development, and Representative Government," *Politics and Society* 14, no. 1 (1985): 53–70.

102 Daron Acemoglu and James A. Robinson, "Economic Backwardness in Political Perspective," *American Political Science Review* 100, no. 1 (February 2006): 115–131.

103 從政治角度來解讀英國金融革命的兩個突出例子，參見Carruthers, *City of Capital*, chapter 6; David Stasavage, *Public Debt and the Birth of the Democratic State: France and Great Britain, 1688–1789* (Cambridge and New York: Cambridge University Press, 2003), chapter 5.

104 有關國家能力的定義，參見Joel S. Migdal, *Strong Societies and Weak States: State-Society Relations and State Capabilities in the Third World* (Princeton, NJ: Princeton University Press, 1988), chapter 2. 將土地稅的徵收作為衡量十九世紀晚期日本和中國國家能力的主要標準，其例參見Thomas C. Smith, *The Agrarian Origins of Modern Japan* (Stanford, CA: Stanford University Press, 1959); Prasenjit Duara, *Culture, Power, and the State: Rural North China, 1900–1942* (Stanford, CA: Stanford University Press, 1988); and Philip A. Kuhn, *Origins of the Modern Chinese State* (Stanford, CA: Stanford University Press, 2002), chapter 3.

第1章

現代財政國家興起中的信用危機

　　在制度發展的研究中，理性選擇制度主義學派和歷史制度主義學派都試圖用有關制度的功能及分配效應的理論，來解釋社會經濟環境的改變如何導致現有制度的變化。[1]權力擁有者之間政治權力的變動，也可能導致現有制度的變化。[2]然而，在新制度的功能及分配效應尚不清楚的情況下，這種處理制度發展的內生式理論並不能令人滿意地解釋新制度的創建。相比之下，外生制度變遷理論則強調諸如戰爭或外國佔領等外部衝擊在根本性制度創新中的作用。[3]

　　儘管如此，現有制度崩潰後的最初階段，通常具有高度的不確定性；因為行為者不再有「路線圖」來指導他們尋找最佳替代方案。[4]新制度往往在黑暗的探索過程中誕生，而這個過程並非僅有一種可能的結果。因此，制度創新過程的特殊性，使這類制度發展與關鍵節點理論（critical junctures）中所討論的制度發展也有所不同，後者主要討論在關鍵節點形成的具體制度安排，如何隨着時間的推移而不斷自我鞏固，最終導致新的制度結果出現。[5]

　　那麼，面對新制度創建過程中高度的不確定性和可能出現結果的多樣性，我們如何解釋某些具體新制度的興起呢？現代財政國家的建立，涉及到兩個密切相關的財政革新：其一是集中收取間接稅的制度，其二是利用集中匯總的稅收以國債或紙幣形式調動長期財政資源的金融制度。這不是簡單地從現有制度中調配或重組各種既有要素就能完成的制度創新。[6]因此，我們可以將其作為個案研究用以明瞭新制度出現並得以鞏固的因果機制。

　　在每個案例的變革開始之前，國家的當政者都面臨嚴重的財政困難：即十七世紀初至三十年代的英國，十九世紀二十年代至六十年代的日本，以及十九世紀二十年代至四十年代的中國。儘管如此，在這些歷史悠久的早期現代國家，中央和地方在維護社會政治秩序上的共同利益，會使得已經出現功能失調的體制在實際運作中具有相當的慣性。這一政治條件，使得中央能夠將與公共利益相關的國家事務支出轉移到地方政府甚至社區，例如，要求它們為社會福祉、基礎設施維護，甚至國防等方面提供開支。

　　雖然面對極大的財政困難，但在每個案例中，國家當政者都沒有積極地尋找替代方案。因此，既有制度在歷史重大事件中的崩潰，無論是1642年的英國內戰、1868年的明治維新，還是1851年的太平天國起義，都成為解決歷史因果過程中無窮倒退難題的手段。換句話說，現代財政國家興起的原因，不太可能出現在這些事件之前。[7]既有的分散型財政制度，根本無法為行為者提供構想現代財政國家所需的信息，比如準確評估商業部門應有的納稅規模，或政府可能獲取的潛在信貸資源。細緻的歷史考察可以凸顯歷史行動者在每個創新過程中不得不認真面對的高度不確定和多種可能的具體制度方案，而現有的制度發展理論都未能滿意地分析這些因素。

財政困難的制度背景

正如導言所述，這三個早期現代國家的財政基礎差別很大：英國是領地國家，日本是不完全財政國家，中國則是傳統財政國家。然而，這三個國家都因現有的財政制度不適應社會經濟環境的巨大變化，而經歷了一段財政困難時期。這些變化包括：國家權力日益明顯地滲入社會各個方面、人口增長和流動、經濟生活貨幣化程度不斷加深、區域間貿易和金融網絡擴大、城鎮經濟出現。特別是價格波動——無論是通貨膨脹還是通貨緊縮——不僅對社會而且對國家財政產生了廣泛而深遠的影響。

政府收入的傳統支柱，就像英國斯圖亞特王朝早期的領地收入，以及十九世紀初日本和中國的土地稅，要麼變得枯竭，要麼失去了彈性。再者，這些國家都還沒有發展出在商業經濟開發新稅基的制度能力。由於在現實上難以削減國防、維持政治秩序和提供諸如災害救濟等社會福利的必要開支，這三個早期現代國家因此面對長達數十年的財政惡化困局。

英國到了十六世紀中葉形成領地國家，當年政府財政不是依靠常規的國內稅收，而是從王室土地莊園、關稅和國王的封建權利獲得經常性收入。在十六世紀三十年代，教會擁有英國約20%至25%的土地，當都鐸王朝的君主可以掠奪教會的巨額財富時，似乎沒有必要在國內徵稅。[8]在1534年至1547年間，由傳統資源和新近佔領的修道院土地徵收所得，佔了王室政府總收入約60%，而由課稅和教會稅所得僅佔30%。[9]儘管如此，由於與法國的戰爭耗費巨大，迫使王室政府在1540年至1552年間出售了許多曾經屬於修道院和教會的土地，這帶來的收入相當於戰爭總支出約350萬英鎊的32%。[10]這當然是沒有可持續性的財政戰略。從1588年到1603年，出售王室土地只能承擔英西戰爭和愛

爾蘭殖民戰爭軍費開支的 13%，而 71% 則來自平民和教會的補貼資助。[11]

然而，政府的支出持續上升。十六世紀中葉之後，西歐的「軍事革命」導致戰爭開支不斷攀升。[12] 除此之外，1450 年至 1649 年間也出現了「價格革命」。在這一時期，英國糧食的平均價格上漲了 700% 左右，工業品價格上漲了大約 210% 左右。[13] 不斷上漲的物價直到 1650 年才慢慢穩定下來。如此劇烈的價格變動與諸如人口增長、城市經濟擴張、貨幣化程度提高等社會經濟環境的變化密切相關。[14] 不過，王室通常收入總額的名義價值，僅從 1547 年的 17 萬英鎊上升到 1603 年的 30 萬英鎊，意味着其實質收入下降了 40%。[15] 因此，斯圖亞特王朝初期，政府的通常收入賬目甚至也開始出現持續性赤字。[16] 正如羅素（Conrad Russell）強調，維持國家所必需的開支與通常收入萎縮之間日益擴大的鴻溝，是早期斯圖亞特政府「功能崩潰」的主要原因。[17]

斯圖亞特王朝初期的當政者，意識到有兩種財政改革方案可供選擇：一種是通過削減政府支出、提高王室通常收入來挽救這個領地國家；另一種是通過將議會的供給從緊急情況下的特殊收入轉變為定期的稅收，為政府提供無論處在和平還是戰爭時期所需要的資金，從而轉型為稅收國家。由於王室土地面積縮小已經不可逆轉，而且如監護稅和遺產稅等封建收入已漸漸被廢棄，後一種選擇似乎很現實。[18] 早在 1593 年，就有人提議每年徵收 10 萬英鎊的土地稅來資助戰爭。[19] 然而，在 1610 年代的「大協議」（Great Contract）談判，王室政府與議會在如何用全國性的土地稅來取代王室主要封建收入這一問題上未能達成一致。[20] 許多議員認為，這樣的稅收是不能接受的。地主階級對徵收全國性土地稅的做法尤為敵視。[21] 由於地方鄉紳牢牢控制了議會供給這一特殊收入的評估和徵收，王室政府對於議會收入的嚴重低估和普遍規避幾乎無能為力。[22]

儘管如此，「大協議」的失敗並不意味着王室與議會之間存在根本性衝突。雙方都認可領地國家的財政原則，把王室的通常收入與議會在緊急情況下提供的特殊收入正式區分開來。雙方都試圖通過回顧十五世紀末至十六世紀初領地國家的鞏固歷史，來獲取克服當前財政困難的靈感啓示。[23]王室政府希望通過更有效地管理自己的通常收入來獲得更多收益。為了從王室土地獲得更多收入，國王的理財官員努力去發掘本屬於王室的「隱藏」地租和土地，去砍伐森林、銷售木材，去抽乾沼澤地，甚至去侵佔公地。[24]王室還恢復了一些中世紀的封建特權，比如爵位授予和森林罰款，並出售普通赦免令以及男爵等貴族頭銜以獲取更多收入。[25]此外，王室官員還實施了「重商主義政策」，例如將壟斷權授予商業項目以期分享預期的商業利潤。[26]然而，這些拯救舊式領地國家的努力，在財政上毫無成效，在政治上也備受詬病。

羅素提醒我們，必須在雙方都共同接受的制度框架下看待王室政府與議會在這一時期的衝突。[27]例如，壟斷授予權的批評者擔心，濫用壟斷會造成社會不安，並認為君主和議員都有責任維護社會秩序。[28]作為回應，王室政府準備廢除許多無利可圖的項目，例如旅館、酒屋、金銀線的特許經營權；同時保留財政上盈利的項目，比如煙草專賣。[29]同樣，王室和議會在十七世紀二十年代於關稅問題上的爭議，也發生在雙方共同承認國王有增加過時的關稅稅率這一特權之上。[30]

在每年一度的「船費」（ship money）徵收問題上，議會和王室政府之間爆發過一場重大的憲法辯論。「船費」是一項非議會批准的收費，1635年從沿海郡區擴展到全國，用來資助新成立的職業皇家海軍。由於其徵收是基於每個郡和主要城鎮個人財富的直接評估，「船費」成為事實上的全國性直接稅。[31]然而，根據領地國家的財政憲法，「船費」不屬於王室的「通常收入」。因此，其徵收

只能是在緊急情況下且得到議會的批准後才能實施。可是英國在1634年至1635年這段和平歲月裏並沒有受到迫在眉睫的戰爭威脅。為了解釋其合理性，王室政府訴諸於其在新的海戰的形勢下保護王國的責任，即英國迫切需要建立一支職業海軍。[32]儘管其法律地位懸而未決，但「船費」的持續徵收，表明了領地國家的舊制度與社會經濟新現實之間的矛盾。

斯圖亞特王朝早期的領地國家制度的財政困境由多重因素造成。在1610年代，嚴重的財政困難迫使王室政府削減王室在家常日用、服飾、養老金、海軍船隊、軍備物資、衛戍部隊等方面的開支。這樣的緊縮一直持續到查理一世 (Charles I) 統治時期（1625年至1642年）。[33]雖然英國政府負擔不起代價高昂的進攻戰，但憑借英吉利海峽這一天然屏障，可以退出歐洲大陸的權力爭奪。防禦性戰略的成本不高，使得英國政府可以廢除一些繞過議會來增加軍費開支的手段，比如1626年至1628年的「捐助」和「強制借款」。[34]

更重要的是，英國政府將鞏固國防、實施濟貧法、維護社會秩序和基礎設施所需的大量費用轉移到了地方。[35]地方鄉紳則徵收各種「費用」來為他們所在地區的這些國家事務買單。[36]中央在財政分權中的作用主要是提供協調和指導。[37]只有當地方政府不願意嚴格執行中央政策時，例如為預防瘟疫而採取隔離和限制措施，中央政府才會進一步干預。[38]財政分權和地方鄉紳對議會供給和非議會收費（如船費）評估及徵收的實際控制權，在很大程度上遏制了中央和地方之間矛盾的激化。王室政府任何過度徵稅的意圖，都會因地方鄉紳的不合作而得到有效阻止。[39]由此看來，中央和地方精英維持社會秩序的共同目標，對於維持財政分權制度至關重要。

與十七世紀初英國的領地國家性質不同，十九世紀早期的日

本是依靠稅收的國家。不過，日本是不完全的財政國家，因為作為中央政府的幕府並不對全國徵稅，而僅在其直接管理的地區徵稅。這種狀況是由於日本國家形成的歷史所造成的。1603年德川幕府統一日本時，其政府收入的主要支柱不是稅收，而是對日本金銀生產的控制。十七世紀初日本是世界貴金屬的主要生產國，當時的金礦和銀礦的收益，幾乎相當於政府土地稅的收入。[40] 十七世紀中葉以後，隨着金、銀礦產量的下降，土地稅（年貢）成了幕府收入的主要來源。在享保改革期間（1716年至1736年），幕府試圖通過鼓勵開墾新土地、改變評估農業產量的手段及以固定利率徵收土地稅來激勵農民增產等措施，以提高土地稅的收益。[41]

　　在整個十八世紀，幕府的收入都不足以維持其作為中央政府的地位。可是，向全國徵稅必遭大名領主抵制，幕府沒有採用這一舉措，而是將日益增加的國家事務負擔，如治河工程、災難救濟、基礎設施維護等公共支出，轉移到作為地方政府的大名領主身上。這些措施包括用於河川整修的稅費（国役普請）以及將河道和防洪工程交給個別領主負責（御手伝い普請）。[42] 因此，十八世紀三十年代以後，德川日本財政制度的特點是幕府與大名領主共同承擔國家事務的開支。

　　1760年至1786年間，幕府在田沼改革中採取了積極的重商主義政策，開發包括外貿在內的非農業部門的稅收，並對清酒、醬油、水車徵收新稅。這些稅通過村莊、商業行會（仲間）、批發機構（問屋）、政府授權的特權公司（株仲間）等中介來徵收。為了緩解地方上大名領主的財政困境並同時賺取利潤，幕府還迫使大阪的富商向其提供低息貸款（御用金），然後再將這些錢貸給大名領主。幕府試圖增加收入的途徑，還包括對蝦夷地（今天的北海道）殖民商業開發，以及向中國和荷蘭商人出口諸如銅和海產乾貨等日本商品。

財政效率在很大程度上決定了這些政策的命運。由於向有壟斷權的城市商人徵稅導致了小生產者大規模騷亂，幕府被迫廢除對絲線、燈油、布匹的徵稅。由於資金的大量浪費，幕府不得不削減提供給大名領主的貸款以及蝦夷地的商業開發費用。[43] 雖然財政官員知道日本商品出口對於國家財政很重要，幕府還是在1787年為了滿足國內需求而限制了銅的出口。[44]

幕府實現稅基多元化的努力，卻遭遇到極度惡劣的環境。嚴重的自然災害，包括異常寒冷的天氣、乾旱、火山爆發，造成了廣泛的農作物歉收和嚴重飢荒。[45] 儘管土地稅收入銳減，作為中央政府的幕府責任卻沒有減輕，它需要提供用於飢荒救濟和恢復農業生產的資金，準備糧食和資金儲備以應對未來的災荒，並通過政府採購來防止大米價格下跌。[46] 1786年至1817年間，不斷增加的支出迫使幕府降低行政開支、減少將軍的家庭日常用度、動用現金儲備，並將水利工程和其他建設項目的大部分開支轉移給大名領主。[47]

十九世紀以降，在北部邊界與俄羅斯的爭端，以及英國軍艦在日本海域出現，迫使幕府急需增加在蝦夷地和東京灣地區的國防開支。[48] 厲行節儉已不再可行了。1818年，幕府開始通過貨幣貶值增加收入。到了1832年，幕府通過重新鑄幣獲得高達550萬兩的總利潤，以幕府當時不到100萬兩的年收入來看，這是一筆巨額收入。[49] 儘管對貨幣貶值屢有批評之聲，幕府財政官員似乎預期以這種形式增加貨幣投入，可以扭轉米價下跌並刺激經濟活動。他們主要改鑄小面額貨幣並增加了銅幣的鑄造。他們希望通過增加經濟交易來吸納貨幣投入，從而避免通貨膨脹。然而，從1818年到1838年物價上漲了75%，幕府被迫於1844年停止改鑄貨幣。[50]

鴉片戰爭（1840年至1842年）期間，日本觀察到英國的軍事優勢遠超中國。因此，日本在十九世紀四十年代一直在努力增加

國防開支。幕府試圖從土地稅中獲取更多收入，途徑是清查未徵稅的新開墾地，更準確地評估農業產量，尤其是更準確評估種植經濟作物的土地價值。但幕府並不具備完成這樣艱巨任務的行政能力。[51] 此外，農村的商業化在鄉村內部造成了顯著的社會分化。由於幕府依靠地主或富農來維持地方秩序和行政管理，因此難以從他們手裏榨取收入。[52]

然而，幕府並未因財政緊張而立即垮台。國防被視為日本的「公共」利益，而不是幕府的「私人」事務。作為中央政府，幕府可以動員大名領主購置西式大炮來加強日本海防。因此，增加國防開支的壓力便轉移到了各藩。[53] 1853年，佩里 (Matthew Perry) 的艦隊抵達後，幕府允許各大名領主保留本應移交給中央的資金用於加強地方防務，財政權力進一步下放。[54] 就像早期斯圖亞特王朝一樣，幕府和大名領主都十分關心國內穩定和國防問題，這對支撐既有的財政分權運作至關重要。

與英國斯圖亞特王朝初期的領地國家不同，十八世紀的中國是財政國家，絕大部分收入來自地丁和鹽稅。與日本德川幕府時代的不完全財政國家相比，清政府對其行政機構直接管轄的全境（即所謂中國本部）徵稅。清政府在1685年解除海禁後，生絲、茶葉、瓷器的出口吸引了大量的白銀進入中國。乾隆（1736年至1796年）年間，政府鼓勵私人投資國內貿易和礦業，並減少商業交易的稅收。[55]

國內經濟的大發展為國家提供了不斷擴大的稅基。雖然清政府限定了徵收土地稅的原額，而且經常對遭受自然災害的地區給予減稅甚至豁免，但中央政府的白銀儲備卻大幅度增加。儘管在中亞、西藏、緬甸進行了耗資不菲的軍事行動，到了1795年戶部存銀量卻高達8,000萬兩。[56] 當需要額外收入用以支付戰爭或治河工程時，中央政府經常訴諸封贈官銜的「捐納」，或者

向有銷售食鹽特許權或與洋商貿易特權商人收取所謂「報效」
金。[57]為了應對十八世紀緩慢而持續的通貨膨脹，在中央沒有相
應調整稅收和政府支出定額的情況下，督撫和州縣政府經常會在
正式稅費之外，收取附加費以應付地方政府的支出。[58]然而，
這些調整不足以解決由於貨幣制度缺陷而造成的清政府財政
困難。

在清代貨幣體系中，制錢是由國家鑄造的貨幣。制錢的單位
「文」，是市場交易中使用的最小單位（就像美國貨幣體系中的一
美分）。按官方標準，1,000文制錢等於1兩白銀。清政府沒有鑄
造銀幣，而是將白銀以銀兩的形式作為稱量貨幣使用。除了清朝
國庫使用的「庫平兩」標準，不同地區通常都有自己的銀兩標準。
白銀和銅錢在市場交易中具有各自獨特的作用，很難相互替代。
因此，清代的雙貨幣制度並不是通常定義下的平行複本位制度。
重量輕、價值高的白銀主要用於批發和跨區域貿易，但由於難以
將白銀切成碎塊，所以白銀很難作為零錢使用。相比之下，價值
較低而笨重的制錢為日常交易提供了小額貨幣，但銅錢太重，難
以在遠距離貿易中大量攜帶。由於白銀決定了商品的價值和銅錢
的鑄造成本，因此是事實上的本位貨幣。[59]在十九世紀二十年代
之前，以銅幣作為小額貨幣並非清代中國的特有現象。即使在那
些鑄造銀幣或金幣的國家，這種情形也很普遍；因為政府在技術
上不具備用金、銀鑄造小額貨幣的能力。[60]

因此，在中國這樣大國，海外輸入的白銀對擴大跨區域貿易
至關重要。據估計，在1680年至1830年來自國外的白銀使中國
白銀庫存增加了280%。[61]但從十九世紀二十年代開始，鴉片貿易
導致大量白銀流出中國。這一時期，中國對歐洲的出口蕭條及全
球白銀產量下降，美洲白銀進入中國的數量急劇減少，所有這些
導致了白銀短缺的進一步惡化。[62]十九世紀二十至五十年代，中

國國內白銀庫存估計下降了約40%。[63]這導致了國內嚴重的通貨緊縮。

白銀短缺使銀兩(庫平兩)和制錢(文)的市場兌換率遠遠高於官方規定的1：1000。兌換率在十九世紀三十年代達到了1200至1500，到了四十年代一些地區甚至更超過了2000，形成「銀貴錢賤」的現象。[64]白銀相對於銅錢價值飆升，帶來了深遠的經濟和社會影響。例如，農民和鹽商的實際稅負顯著增加，因為他們必須把銅錢兌換成白銀來納稅。因此，稅款拖欠和失業率上升等典型的經濟通貨緊縮特徵，在全國普遍出現。[65]

清政府最初的反應是減少甚至停止制錢的鑄造，希望透過減少銅錢的供給拉抬其價值，從而恢復市場上銀錢的官方匯價。然而，這一政策毫無效果。[66]在這種情況下，政府官員和經世學者開始討論替代貨幣政策，以解決白銀嚴重短缺的經濟問題，其中一個選項是鑄造具有一定面額的計量銀幣。十九世紀三十年代，江蘇、福建、浙江等省進行了鑄造銀幣的試驗。然而，清政府沒有把這些銀幣強制定為在經濟中流通的法定貨幣，這些鑄造計量銀幣的努力也沒有成功。[67]

另一個建議是在政府財政中放棄使用白銀，相當於以銅本位制取代銀本位制。然而，在中國這樣的大國，用價低、笨重的銅錢作本位貨幣並不適合跨區域貿易和財政的需要。為解決這一問題，一些官員和學者提出了兩項補充措施：鑄造面額價值較大的新銅錢，即「大錢」，比如「當五」、「當十」甚至「當千」文銅錢；或者發行以制錢計價的紙幣，即「行鈔」。[68]許多經世致用的學者和官員都認為，紙幣的發行是解決當前白銀短缺的重要途徑，但他們對於白銀是否應繼續用作貨幣以及如何實現紙幣兌換性意見紛紜。[69]不過，中國使用紙幣的歷史經驗喜憂參半。倡導者確信國家有能力確保紙幣的價值，並期待能夠出現南宋獲得的積極成

就。但反對者認為，國家根本不能強迫人們接受「虛」的紙鈔，並指出十四世紀末至十五世紀初由於紙幣發行過多引起了惡性通貨膨脹。[70]清政府不敢貿然改變貨幣制度。

從經濟學角度來看，十九世紀上半葉中國白銀大量外流，相當於對外貿易的長期逆差。為了避免國內通貨緊縮，對外貿易經常賬戶出現赤字的國家可以選擇貨幣貶值。在金屬貨幣時代，惡鑄貨幣其實是一種通過貨幣貶值來避免通縮的手段，即國家降低鑄幣中金銀等貴重金屬的含量和成色，同時維持其面值不變。然而，清政府並沒有鑄造自己的銀幣，而是將白銀作為一種稱量貨幣來使用，因此，無法以惡鑄銀幣的方式來實行貨幣貶值，從而緩解由於白銀外流而造成的國內通貨緊縮。中國在十九世紀二十年代至五十年代出現通貨緊縮的原因，與二十世紀兩次世界大戰之間那些對外貿易上長期赤字的國家仍堅持金本位制度而造成的通貨緊縮類似。[71]

嚴重的財政危機，迫使清政府進行了多次調整，包括盡量減少行政開支，動用戶部、內務府的白銀儲備，並經常通過捐納以增加收入。[72]在十九世紀三十年代，清政府還試圖讓鹽商不用獲得政府特許也能合法出售食鹽，希望通過對「私鹽銷售」徵稅來增加收入。[73]由於中央指撥的經費不足，各省政府越來越依賴從農業和商業收取附加費用。[74]為了減輕其負擔，中央政府鼓勵城鄉地方士紳參與當地糧倉管理和水利基礎設施維護。[75]然而，這些財政措施並未消除財政危機的根源，即國內白銀短缺導致的嚴重通貨緊縮。

崩潰和不確定性

在這三個制度變革案例中，每個重大事件發生之前的結構性財政危機，都有着深刻的制度根源。這些危機並非單純由統

治者的個人性格所造成，也不能通過他們的個人行為來解決。
正如詹姆斯一世（James I）和查理一世所發現的，獲得更多穩定
收入的願望在缺乏適當稅收制度的情況下很難實現。同樣，道
光帝（1820年至1850年）眾所周知的儉省作風卻也無法緩解國內
通貨緊縮。然而，某些新制度主義學者卻將稅收描述為君主
個人與社會之間或者王室與財產所有者之間的直接衝突，而不
考慮稅收制度的影響，這樣一種非制度性的解釋多少讓人有些
吃驚。[76]

　　事實上，維護國家權力並不要求中央盡可能多地集聚收入。
相反，中央和地方對維護社會和政治秩序的共同關注，在很大程
度上支撐着財政分權制度。這是財政負擔從中央向地方轉移必不
可少的政治條件。在每個案例中，我們都觀察到，國家相當成功
地通過動員地方政府甚至地方社區來分擔不斷增長的國家事務開
支，以減輕財政困難。地方參與減輕了中央政府日益增長的支出
負擔，這一過程又加劇了財政分權，並進一步降低了尋找替代制
度的緊迫性。財政分權和地方參與維護社會政治秩序之間的互補
在很大程度上穩定了社會政治秩序，無論事後看起來這樣的平衡
是多麼的脆弱。

　　在這種情況下，我們並沒有看到國家當政者尋求替代制度的
積極行動，即便他們可能有過一些設想。例如，英國樞密院在
1627年對法國和西班牙的戰爭期間建議在全國範圍內對啤酒、麥
芽酒和蘋果酒徵收非議會稅。由於戰爭於1628年結束，該提案遂
束之高閣。[77]日本的德川幕府在1844年至1853年間並沒有嘗試徵
收新稅，而是主要依靠土地稅和對城市商人的「強制借款」。在中
國，盛京將軍禧恩於1843年建議政府針對錢莊、當鋪、貨棧等商
業機構的淨利潤徵收10%的商稅。禧恩指出，這種徵稅除了每年
帶來大約數百萬兩白銀的收入外，其本身也是公正的；因為農民

稅重而商人稅輕違反了公平原則。然而，清政府認為檢查每個商鋪的賬目，從行政管理上來說難度太大。[78]

然而，既有制度調整的能力畢竟是有限的。強化財政分權削弱了中央政府的能力，從而使其更加脆弱。十七世紀三十年代的英國，船費和關稅是王室政府免於破產的兩個主要手段。[79]由於皇家海軍耗盡了船費，加上包徵商人控制了關稅的徵收，王室政府的借款能力十分有限。[80]因此，十七世紀三十年代的政府財政狀況平穩但並不牢靠。儘管缺乏財政資源，查理一世還是試圖強令英格蘭、蘇格蘭、愛爾蘭這三個相對獨立的王國接受統一的英國國教。1637年至1640年與蘇格蘭的宗教戰爭，為1640年愛爾蘭人的反叛提供了機會。這兩場戰爭嚴重削弱了他應付國內反對者的能力。查理一世和長期議會 (Long Parliament) 之間的互不信任日益增長，最終導致了雙方1642年的武裝衝突。[81]激進派利用統治階級內部的分裂，先是倡議議會主權，後來是人民主權。一場傳統意義上的反叛由此演變成偉大的共和革命。[82]

日本在1858年被西方打開大門，西方國家高昂的金價導致了日本黃金資源大量外流，幕府在1772年建立的日本金本位制度迅速崩潰。[83]為了避免通貨緊縮，幕府在1860年被迫降低其金幣的含金量。1861年至1868年間，幕府在鑄造4,700萬兩的銀幣 (萬延二朱金) 之外，只鑄造了面值為667,000兩的金幣 (萬延小判和一分金)，這使得銀幣實際上成了本位貨幣。[84]1860年至1867年間，幕府主要依靠鑄造銀幣和銅幣來增加收入，包括使用通過外貿獲得的墨西哥銀元作為鑄造銀幣的原料。[85]1863年，鑄幣的利潤佔幕府年收入的52.6%。[86]大多數大名領主缺乏有效的手段來滿足其增長的支出需要，只好轉向發行紙幣。有些藩尤其是薩摩藩 (1868年明治維新運動的領導者之一)，主要通過私鑄幕府貨幣來增加收入。[87]結果，1860至1867年間， 日本的貨幣量大約從

5,300萬兩增加到1.3億兩。[88]同期物價上漲200%以上。嚴重的通貨膨脹不僅削弱了幕府的財政能力，也損害了其權力的正當性。[89]這對於理解幕府的垮台至關重要。

與日本的通貨膨脹相比，清政府不能用貨幣貶值來緩解因白銀短缺造成的國內通貨緊縮。十九世紀三十年代末，清廷決定通過禁止鴉片貿易來限制白銀的外流，從而引發了中英鴉片戰爭。[90]中國戰敗後，國內通貨緊縮仍在繼續。清政府再次回到如何轉變為銅錢本位制的問題，官員和學者爭論不休卻未能達成共識。[91]這個財政枯竭的國家，在失業上升和社會混亂的影響下變得不堪一擊。結果，1851年爆發於偏遠之地廣西的太平天國起義，迅速蔓延為大規模的全國性內戰。[92]

1642年的英國內戰、1868年的明治維新、1851年的太平天國起義，這三大事件的發生引發了財政體制改革。隨之而來的戰爭，為國家當政者提供了實施前所未有、真正意義上的財政創新的機會，比如，徵收國內消費稅和大量發行包括短期借貸和紙幣在內的國家信用工具。然而，國家當政者事先無法預料到哪些制度實驗將為國家的自主性和能力提供堅實的基礎。在高度不確定的條件下，財政集權並不是必然會出現的結果。

例如在間接稅徵收，作為「委託人」的中央與徵收代理人之間，就存在三種不同的制度安排。第一種是包稅制：政府將徵稅事務承包給代理人（通常是一個大商人），以換取穩定收入（租金）。第二種是分享合同：政府根據與代理人的固定比例分享預期收入。第三種是集中化管理：政府把徵稅代理人變成領薪的官員。正如凱瑟（Edgar Kiser）指出，作為委託人的中央和作為「代理人」的徵稅官吏之間，存在着嚴重的信息不對稱問題。[93]徵稅代理人不會向中央透露有關有效徵收方式的「私人信息」，因為代理人會從這種信息不對稱中受益。在每個案例的制度發展初始階段，

中央都沒有能力準確地估計間接稅的潛在收益。如果集中徵收間接稅的信息成本過高，中央可能寧願選擇租包稅制，或與徵稅代理人簽訂分享合同。

因此，即使在國家開始依賴間接稅以後，財政分權也是很有可能出現的結果。例如，英國集中管理財政的努力，最早出現在十七世紀五十年代初。然而，王政復辟的初期（1660年至1667年）卻見證了回歸分散財政體制，其情形看起來與斯圖亞特王朝初期（1603年至1642年）非常相似。王室政府依靠包稅人來獲取政府通常收入和短期信貸。1868年後的日本，類似於聯邦制的財政分權制度和財政集中化，都是可能出現的結果。即使國家當政者在1871年以後決定把財政集中化，他們都意識到有兩種可能的節奏：一種是漸進而穩定，一種是激進而冒險。[94]在中國，分散型財政從十九世紀七十年代一直持續到九十年代，儘管來自國內消費稅（即釐金稅）和關稅的間接稅收幾乎佔政府年收入的一半。

間接稅收與國家參與金融市場之間的制度聯繫，也存在不同的可能。例如，清政府在十九世紀六十至九十年代依靠分散型財政制度處理了在緊急情況下借入的大量短期外債。即使國家建立了中央集權機構以徵收間接稅，也不必然最終都會走向現代財政國家。例如，英國在1683年開始集中徵收國內消費稅。然而，直到1720年集中徵稅才與支付英國政府長期借貸的穩定利息牢固地連繫起來。在1701年英國加入西班牙王位繼承戰爭之前，當權者更傾向清算所有短期信貸並恢復到無債務國家狀態，而不願承受發行永久債務帶來的風險和禍福難料的前景。[95]

由於可能結果具有不確定性和多樣性，而歷史因果有著起因與最終結果存在一定時間間隔的典型特徵，這使得如何尋找歷史因果解釋變得極為複雜。我們如何證明最終結果不是由於原因和結果之間出現的其他因素所造成？[96]通過從接近觀測結果的某個

關鍵點尋找原因，也許會避免虛假原因的出現。但是，縮短歷史因果關係的時間範圍又會增加遺漏因果要素的危險。[97]例如，如果只在1720年後的英國或1880年後的日本探討現代財政國家興起的原因，就會錯過之前重要的制度發展，比如英國在1683年和日本在1880年建立的間接消費稅集中徵收制度。

每一個制度變革都始於現有制度的崩潰，處於高度不確定和存在多種可能結果的關鍵時刻；對於拿出來試驗的各種制度方案，行動者也不能預知其功能或分配效應。[98]雖然行動者的主觀能動性空間很大，但並不具備設計出最佳的現代財政國家的理性能力。[99]新的政治行動者在取得權力後，可以啟動制度創新。[100]但是，既有財政體制的黏性，限制了國家當政者和民間人士構想或實施新替代方案的能力。因此，新的政治當權者(例如新興的商人階層)接管國家政權本身，並不足以消除制度創新的不確定性。

理念可以幫助國家當權者克服不確定性。[101]然而，當變革過程中的當權者有着完全不同、甚至相互矛盾的理念時，制度發展的理念模型就不能有力地解釋最終結果。有時候，學習外國經驗特別有助於消除建立新制度的不確定性。[102]然而，這種方式也有其局限。即使國家當權者在借鑒外國經驗上達成一致，不同的外國模式也可能提供相互衝突的經驗教訓。例如，在明治維新時期的日本，向西方學習的意願未必能降低不確定性的程度；因為西方國家有着各自不同的歷史的經驗，並非所有都適合日本的國情。[103]在財政方面，十九世紀的英國依賴稅收，而普魯士政府仍然嚴重依賴管理工業企業來獲取收入。美國的國民銀行(national banking)系統是分散的，但英格蘭銀行模式卻是高度集中。

制度的分配效應意味着，政治權力的使用是制度發展的重要組成部分。然而，在高度不確定的制度發展進程中，強有力的當

權者並不一定知道哪項制度安排最符合他們的利益。因此，政治權力使用本身並不能保證財政的各種試驗都能成功，例如強迫人們接受國家發行信用票據的面值。基於順序的因果機制讓人不禁要問：為什麼一個特定的順序，在因果關係上較其他產生不同結果的順序更為重要？[104] 反饋效應也不一定能決定制度發展指向某一特定方向，因為行動者的不同解釋和反應，可能導致走向完全不同的制度結果。[105]

什麼樣的因果機制可以隨着時間推移而減低不確定性程度，在過程中有別於其他選擇去解釋最終結果？進化理論和路徑依賴理論都旨在考慮到變化過程中的不確定性、偶然性以及多種可能結果的同時，還能解釋最後觀察到的結果。以變革者試錯學習經驗為基礎的進化理論，在理解技術或組織變革上非常有啟發作用。[106] 然而，在研究制度創新時，我們不應該假定在有着不同理念、制度偏好、利益和權力鬥爭的政治人物會自然而然地去實踐「集體學習」的過程。在制度試驗的過程中，較早的制度推動者可能遇到的失敗概率很高，他們因此不具有有些路徑依賴學者所強調的「先發優勢」，因為失去政治權力，往往是重大政策失誤要付出的代價。國家當權者在跟新的制度因素打交道時，特別是紙幣或長期信貸等風險較高的信用工具時，應該傾向於規避風險。因此，進化論路徑不足以解釋現代財政國家的興起，因為它不能告訴我們，國家當權者如何以及為何會不顧政治風險、既有動機，還有機會不斷嘗試各種新的制度安排，直到獲得最後觀察到的成功結果。

路徑依賴理論把偶然性事件、初始階段的多個可能結果、後期階段的不可逆轉性（即事前無法預測的最終結果），整合為一個統一的解釋。[107] 路徑依賴本身不是一種解釋性理論，而是對非線性動態過程的描述。在這個過程中，最終結果的概率分布，取決

於先前隨着時間流逝發生的事件，其深層的機制包括收益遞增、（或正或負的）界外效應、互補效應（或自我強化）、以及鎖定效應。[108] 作為具有多種均衡結果的「分支過程」，路徑依賴的解釋與「本該發生但卻沒有發生的」反事實論證緊密結合，即分支過程或會導向其他可能結果的替代路徑。[109] 然而，由於路徑依賴過程的非決定論性質，沒有任何理論能夠告訴我們，究竟哪些初始偶然事件或動因，會使路徑依賴過程從初始的多重均衡發展到那個「特殊的拐點」（damned point），而在此之後路徑便不可逆轉地朝着特定的結果發展。[110]

以英國向現代財政國家轉型為例。這個過程何時變得不可逆轉？在一項關於制度如何影響經濟活動的開創性研究中，諾斯（Douglass North）和溫加斯特（Barry Weingast）提出，1688年光榮革命確立的議會主權，是英國政府長期債務成功的關鍵，因為議會確保了英國政府保護債權人財產權的可信承諾。[111] 但是，這一理論難以解釋1689年至1697年的九年戰爭期間，無資金擔保的短期借貸佔主導地位，而此類借款佔政府債務總額的70%以上。[112] 諾斯和溫加斯特將1694年成立的英格蘭銀行作為政府長期信貸的制度基礎，但這家新的金融機構在早期並不穩定。正如布羅茲（J. Lawrence Broz）和格羅斯曼（Richard S. Grossman）闡述，議會可以通過將英格蘭銀行給政府貸款本金返還的方式，合法地收回英格蘭銀行的經營特許權。而實際上議會在與英格蘭銀行談判合同續約時，確實將此作為實實在在的威脅。[113] 因此，1688年的議會並不能解釋1714年後長期信貸在英國政府變得愈來愈重要。[114]

為了查找1688年至1714年之間的因果聯繫，諾斯和溫加斯特提出了動態的解釋。在他們看來，隨着新的議會君主制在保護財產權方面的「可預測性和可信承諾」愈來愈被社會熟知，人們意識到借錢給政府的風險降低，長期借貸在1693年後開始增加。[115]

然而，正如布魯爾所言，英國在建立以市場為基礎的長期借貸體系方面的成功，即便在1697年尚非顯而易見，也不能説是英國在1688年捲入了歐洲權力爭霸的必然結果。[116]根據尼爾（Larry Neal）的研究，英國政府直到1720年代才在市場上完全建立起其永久年金的信用。從那時起，按時支付其不斷增加債務的半年期利息的壓力，迫使英國政府必須確保從間接税有效地獲取收入，政府不可逆轉地走向以公債為主導，年金利率定為3%。[117]

不過，政府按時支付利息與市場對其長期信貸的信心增強，這兩者之間相互強化的過程為什麼沒有更早地出現？這個關於特定時機的問題尤其令人困惑，特別是考慮到集中徵收關税的官僚機構形成於1672年，而集中徵收國內消費税的國產税局（Excise Department）成立於1683年，兩者都發生在光榮革命之前，1688年後的議會並不能解釋這兩種制度創新。凱瑟和凱恩（Joshua Kane）把原因歸結為1688年之前出現的結構性變化，比如「有效的通訊、運輸和賬簿管理等方面的進展」。他們認為，這些變化提高了英國政府對集中徵收間接税的監督能力。[118]然而，這些社會經濟條件本身並沒有為政府集中徵税提供動機，使其尋找有效的手段來監督徵税官吏。因此，它們無法解釋集中徵收間接税出現的特定時機。

為了解釋歐洲中央財政官僚體制的演變，埃爾特曼（Thomas Ertman）強調了參與歐洲地緣戰爭時機的重要。在他看來，財政官僚化管理興起的必要條件，是教育和金融的先前發展已經培養了一批幹練並且受過良好教育的人才，國家可以從中招募財政官員。因此，如果國家在擁有這樣的人才資源之前（比如1450年之前）參加地緣戰爭，那它只有求助傳統的做法來滿足國家財政需要，例如「將官員職位作為產權出賣，徵用包税人，及金融商人兼任官員」。[119]然而，時機的因果效應在英國這個案例並不突出。正

如埃爾特曼本人承認，從十二世紀初到十五世紀八十年代，英國
參與了歐洲的地緣戰爭。他最後不得不用英國與荷蘭的兩場戰爭
(1665年至1666年、1672年至1674年) 期間得以強化的議會監督，
以解釋徵收關稅、消費稅的中央官僚機構的出現。[120] 然而，在此
期間，關稅和消費稅屬於王室的通常收入，議會無權干預這些稅
種的徵收和使用。[121] 從這個角度來看，時機可能會縮小選擇的範
圍，但其本身並不一定能解釋最後觀察到的制度結果。

　　為了抗衡起初的不確定性以及多種可能結果以解釋最終結
果，海杜 (Jeffrey Haydu) 認為，在一個共同問題迫使不同行動者
去尋求解決方案時，重申解決問題也許可以在不同時間段的事件
之間提供所需的因果聯繫。[122] 但他沒有說明，對於具有不同的利
益、理念和政治藍圖的政治人物來說，什麼樣的問題為何又如何
能成為他們必須共同面對的難題。此外，他提出的一些「有待解
決的問題」，包括僱主與工會的矛盾、勞動力流動和貧困等，都
是普遍的社會問題。處理這些問題的不同方法往往會導致不同的
結果，而不是匯聚到單一的制度發展方向。

　　要應用路徑依賴的洞見，最大的難題是其解釋能力不能追溯
到早期階段，因為變革的過程在這個階段仍然對各種可能的結果
開放。例如，在民主鞏固的研究，路徑依賴的可能來源——制度
密集度、巨額設置成本、協調效應、適應性預期——不足以在民
主轉型開始時導致不可逆轉的鞏固路徑。在這一階段，政治人物
仍然可能通過相互爭鬥以修改制度安排來促進其各自不同的利
益。[123] 對路徑依賴理論尤其致命的是，變革者在制度創新的初期
不太可能同時實施能夠彼此支持的制度要素。[124] 在這種情況下，
由於缺乏互補性安排，某一孤立的制度創新可能顯得無效。因
此，用來解釋制度得以鞏固的互補效應並不一定能解釋該制度是
如何出現的。

克服外生信用危機而產生的因果機制

現代財政國家興起的過程，有着起始階段高度不確定性和過程中可能出現多樣性結果等特徵。那我們該如何解釋現代財政國家在英國和日本而沒有在中國興起呢？這三個案例的制度發展共同具備以下幾個關鍵特徵：(1) 既有制度功能失調卻黏性十足；(2) 探索替代制度始於既有制度在重大事件中的崩潰；(3) 在不確定條件下進行各種制度安排的試驗。可能的結果包括在此過程中實際出現卻未持續下去的制度，如英國和日本的分散財政制度；或者本應該出現但卻沒有出現的制度，如中國的集中財政制度；或者國家決策者仔細考慮卻未執行的，如在英國將政府債務轉換成紙幣的方案。為了避免將歷史行動者事先無法獲得的信息或知識強加到他們的「理性計算」中，我在本書進行了「深度」的比較歷史分析，以重構歷史行動者在制定政策時實際考慮的目標和他們實際面對的約束條件和不確定性。

我在本書解釋現代財政國家興起的因果機制，是將適當的社會經濟條件與具體信用危機相結合。這種信用危機源於過度發行「空頭」信貸工具，如毫無稅收支持的債券或不兌換紙幣。信用危機的出現是事件或政策的偶然或意外的結果，因此對隨後展開的制度建設來說是外生性的。沒有一個國家的當權者是因為想要建立其所偏好的制度而發行這些危險的虛值信用工具。然而，這種因事件而產生的信用危機卻能深刻地影響着隨後的制度發展，它改變了歷史進程，並導致最終出現的制度結果。[125]

這樣一種對制度發展的事件式因果機制，其因果效用源自信用危機的特殊性。首先，信用危機威脅着國家的信譽，是一個無論誰上台執政都必須面對和解決的共同問題。由於發行信用工具的中央政府必須承擔保證信用工具價值的所有金融風險，因此，

它不能再把負擔轉嫁給地方政府。這從根本上改變了作為委託人的中央和作為「代理人」的地方政府以及收稅人之間的風險分布狀態，賦予中央以強烈的動機來想盡辦法更好地監督徵稅代理人的表現，從而打破分散財政制度的「鎖定」效應。故而，信用危機為實現財政集中化提供了必要的動力。其次，已發行空頭信用工具的規模嚴重限制了解決方案的選擇，它把註銷債務排除出選項。國家當權者也不能簡單地使用強制手段，確保其發行的空頭信用工具在市場的價值。如何在市場上救贖空頭信用工具的價值，成為評估進入考慮或試驗範圍的制度設計有效性的「硬性標準」，這在複雜且不透明的政治世界並不多見。[126]

克服信用危機的嘗試，為現代財政國家的出現提供了具有時間順序的因果鏈。行動者尋求制度解決方案所作的努力，導致一系列的試驗過程以及有效要素在過程中的不斷積累。克服信用危機的需要，為有才幹的財政官員創造了在尋求有效制度安排中發揮其主導作用難得的機會。不同國家的當政者面對同樣的信用危機，既可以從自己、也可以從競爭對手的成敗中吸取教訓。在這種情況下，有用的制度安排和具有專門知識的關鍵人員更有可能得以保留，即便這些制度和人員可能是主要政治競爭對手的遺產。因此，捍衛已發行空頭信用工具價值的艱苦努力，能夠在爭權奪利的政治人物之間產生一個事實上的「集體學習」過程，並導致有效的制度要素、方法、人員的不斷積累。

隨着有效的制度設計和人員的積累，國家當權者逐漸認識到長期債務與集中徵稅管理之間的相互促進關係。也就是説，集中間接稅徵收的可靠性增強了債權人對國家長期信用工具的信心；而維護國家信用工具信譽的壓力，又迫使國家決策者維持並提高集中徵稅的效率。這促使制度發展不可逆轉地走向現代財政國家，而這個最終結果很多人也沒法預測。

直到建立集中徵稅與國家長期債務信用之間的相互促進作用，適當的社會經濟條件對於支持行動者的試驗和學習，可謂必不可少。例如，既有的私人金融網絡在市場大量發行大打折扣的信貸工具，包括短期債券或是不兌換紙幣，可謂至關重要。如果市場上的經濟行動者乾脆拒絕持有這些信貸工具，那麼國家的當政者幾乎沒有機會去找到合適的制度安排來恢復這些信貸工具的價值。

社會經濟條件也深刻影響着國家當權者集中徵稅的努力以及特定形式的國家長期信用工具的可行性。例如，國內消費間接稅的集中徵收，與消費部門在經濟中的規模以及集中程度密切相關。主要消費品的生產和銷售越集中，國家集中收稅的成本就越低；因為只需要監督在城市地區數量有限的大型生產商和批發商。國家甚至可以特意鼓勵批發商或生產商形成壟斷，從而降低集中徵稅的成本。這樣的做法，實際上就是國家與這些大型生產商或批發商分享壟斷性利潤。相比之下，當主要消費品掌握在眾多小生產者或零售商手中時，要實現集中徵稅就相當困難。

將現代財政國家的興起視為克服因濫發信貸工具而造成的信用危機的動態過程，這一因果解釋，是建立在有效的制度安排和具備相應才能的財經官員不斷積累的基礎之上。這反過來又能逐漸減少不確定性並增加了多種替代方案中某種具體制度出現的可能。因而，現代財政國家的興起具有路徑依賴的一般特徵，即隨着時間推移，制度安排與行動者的行為模式以及認知框架之間的相互聯繫日趨增加，導致某種特定結果的出現概率越來越大。[127]社會經濟環境則是通向現代財政國家的路徑依賴制度發展的「邊界條件」。[128]

濫發信貸工具造成的嚴重信用危機與特定的社會經濟環境相結合，決定了在英國和日本觀察到的制度發展方向和不同的快

慢程度。對於中國而言，同樣的機制既解釋了十九世紀末業已
發生的制度發展，又能表明現代財政國家在中國興起具備現實的
可能。

　　就英國而言，1665年至1672年間政府發行的缺乏預期收入擔
保的巨額短期債券造成了信用危機。這強烈刺激了王室政府努力
集中徵收關稅和消費稅。荷蘭在1689年入侵英國，使英國陷入兩
場幾乎連續的戰爭：其一是與法國的九年戰爭（1688–1697），其
二是西班牙王位繼承戰爭（1702–1714）。這兩場戰爭耗資大，持
續時間長，出乎當時所有人的意料。1714年後，短期借貸和無指
定稅收擔保的長期借貸構成天文數字般的巨額債務，迫使英國政
府將其轉換成能夠被稅收支持的長期債務。在這個過程中，諸如
倫敦在英國經濟中的主導地位以及大倫敦地區以外的國內金融網
絡不發達的社會經濟條件，都顯著地影響了英國通往現代財政國
家的路徑，即英國政府沒有把債務轉換成可以在整個經濟體中流
通的紙幣，而是將其轉換成永久年金的低息國債。

　　就日本而言，信用危機源自於1868年明治維新時籌集推翻幕
府行動所需的軍費而發行的不兌換紙幣。由於明治新政府在稅收
制度建立之前就需要滿足其巨大的政府支出需要，在推翻幕府之
後最初的幾年間，它別無選擇，只能繼續依賴發行事實上的不兌
換紙幣。日本政府在1871年決定採用金本位制，這一決定不久即
導致嚴重的意外後果，因為1873年後國際市場黃金價值不斷上
升，大大加劇了紙幣兌換的壓力，並對中央政府的信用造成嚴重
威脅，這在很大程度上決定了財政集中化的軌跡和激進步伐，特
別是在1880年完成的中央對酒類生產間接稅的集中徵收。這一時
期日本活躍的國內經濟對貨幣有着強烈需求，這是支持不兌換紙
幣流通至關重要的社會經濟條件。儘管通過建立中央銀行以實現
紙幣可兌換性的這一制度發展方向，在十九世紀八十年代初期就

已經變得清晰起來，但明治政府與國會請願運動之間的對抗，使得日本現代財政國家誕生於1883年至1886年間嚴重通貨緊縮的經濟環境中。

　　中國的案例則說明必要社會經濟條件與信用危機脫節的後果。清政府於1853年發行紙幣以支付鎮壓太平天國起義的軍事開支，但這場毀滅性的長期內戰，嚴重擾亂了國內經濟和跨區域金融網絡，使政府財政更加分散。這些情況導致了紙幣發行的失敗。十九世紀六十年代中期內戰結束之後，儘管國內經濟和跨區域金融網絡在七十和八十年代得到恢復甚至擴張，但咸豐年間紙幣發行的慘敗使得清政府不願意在政府財政中重新引入信貸工具。由於中央政府在這一時期沒有遭受信用危機，分散型財政得以持續存在。然而，各省擔負着滿足中央緊急指撥命令的壓力，迫使他們尋求制度安排、管理方法和人員，以便加強對各省釐金徵收的監督。假設出現威脅到中央的信用危機，清政府會否利用這些資源將釐金的徵收集中化呢？為了回答這個問題，我把1895年甲午戰爭後對日本的賠償當作這種信用危機的模擬，並以清政府的賠款支付作為「自然實驗」來檢驗十九世紀末中國可能成為現代財政國家這一反事實論證。

註釋

1　Avner Greif and David D. Laitin, "A Theory of Endogenous Institutional Change," *American Political Science Review* 98, no. 4 (November 2004): 636; Kathleen Thelen, "How Institutions Evolve: Insights from Comparative Historical Analysis," in James Mahoney and Dietrich Rueschemeyer, eds., *Comparative Historical Analysis in the Social Sciences* (Cambridge and New York: Cambridge University Press, 2003).

2　Kathleen Thelen and James Mahoney, eds., *Explaining Institutional Change: Ambiguity, Agency, and Power* (Cambridge and New York: Cambridge University

Press, 2010).

3　Stephen D. Krasner, "Approaches to the State: Alternative Conceptions and Historical Dynamics," *Comparative Politics* 16, no. 2 (January 1984): 223–246.

4　有關制度作為行為者導向的認知作用，參見Douglass C. North, *Institutions, Institutional Change and Economic Performance* (Cambridge and New York: Cambridge University Press, 1990), p. 96; Paul J. DiMaggio and Walter W. Powell, "Introduction,"in Paul J. DiMaggio and Walter W. Powell, eds., *The New Institutionalism in Organizational Analysis* (Chicago: University of Chicago Press, 1991), pp. 1–40.

5　這方面一些具有代表性的研究包括：Ruth Berins Collier and David Collier, Shaping the Political Arena: Critical Junctures, the Labor Movement, and Regime Dynamics in Latin America (Princeton, NJ: Princeton University Press, 1991); Gregory M. Luebbert, Liberalism, Fascism, or Social Democracy: Social Classes and the Political Origins of Regimes in Interwar Europe (New York and Oxford: Oxford University Press, 1991). 有關將關鍵節點前的結構特徵與關鍵節點整合成連貫的因果敘述的嘗試，參見Dan Slater and Erica Simmons, "Informative Regress: Critical Antecedents in Comparative Politics," *Comparative Political Studies* 43, no. 7 (2010): 886–917.

6　關於現有制度的層面疊加和轉換，參見Kathleen Thelen, "How Institutions Evolve," pp. 225–230.

7　無窮倒推的因果陷阱，指的是因果鏈條上的任何一個環節，總能找到其之前的原因，反覆倒推，以至無窮。見James Fearon, "Causes and Counterfactuals in Social Science: Exploring an Analogy between Cellular Automata and Historical Processes," in Philip E. Tetlock and Aaron Belkin, eds., *Counterfactual Thought Experiments in World Politics: Logical, Methodological, and Psychological Perspectives*, (Princeton, NJ: Princeton University Press, 1996), pp. 39–67; and Gary King, Robert O. Keohane, and Sidney Verba, *Designing Social Inquiry: Scientific Inference in Qualitative Research* (Princeton, NJ: Princeton University Press, 1994), p. 86. 有關歷史制度主義中的基於時段的因果分析，參見Evan S. Lieberman, "Causal Inference in Historical Institutional Analysis: A Specification of Periodization," Comparative Political Studies 34, no. 9 (2001): 1011–1035.

8　參見W. G. Hoskins, *The Age of Plunder: King Henry's England, 1500–1547* (London: Longman, 1976), p. 121.

9　這些數字是根據下文中的表5.1計算得出，Peter Cunich, "Revolution and Crisis in English State Finance, 1534–47," in W. M. Ormrod, Margaret Bonney, and Richard Bonney, eds., *Crises, Revolutions, and Self-Sustained Growth: Essays in European Fiscal History, 1130–1830* (Stamford, UK: Shaun Tyas, 1999), p. 123.

10　Penry Williams, *The Tudor Regime* (Oxford: Clarendon Press, 1979), p. 69.

11　這些數字來源於Richard W. Hoyle, "Crown, Parliament, and Taxation in Sixteenth-Century England," *English Historical Review* 109, no. 434 (November 1994): 1193.

12　火藥的密集使用、重型武器、新型戰艦和圍城的戰術，使得早期現代歐洲的戰爭成本急劇上升。參見Clifford J. Rogers, ed., *The Military Revolution Debate: Readings on the Military Transformation of Early Modern Europe* (Boulder, CO: Westview Press, 1995). 關於十七世紀早期軍事革命對英國的影響，參見Conrad Russell, *Unrevolutionary England, 1603–1642* (London: Hambledon, 1990), p. 126.

13　C. G. A. Clay, *Economic Expansion and Social Change: England 1500–1700*, vol. 1, *People, Land, and Towns* (Cambridge: Cambridge University Press, 1984), p. 50.

14　有關十五世紀中葉至十七世紀中葉英國價格革命的概述，參見R. B. Outhwaite, *Inflation in Tudor and Early Stuart England*, 2nd ed. (London: Macmillan Press, 1982). 關於城市化對價格革命的貢獻，參見Jack A. Goldstone, "Urbanization and Inflation: Lessons from the English Price Revolution of the Sixteenth and Seventeenth Centuries," *American Journal of Sociology* 89, no. 5 (1984): 1122–1160. 關於增加貨幣投入導致價格革命，參見Douglas Fisher, "The Price Revolution: A Monetary Interpretation," *Journal of Economic History* 49, no. 4 (December 1989): 883–902.

15　Penry Williams, *The Later Tudors: England, 1547–1603* (Oxford: Clarendon, 1995), p. 147; Conrad Russell, *The Addled Parliament of 1614: The Limits of Revision* (Reading, UK: University of Reading, 1992), p. 10.

16　英國王室政府在1610年面臨40萬英鎊的債務，通常收入賬目的年度赤字為14萬英鎊。參見John Cramsie, *Kingship and Crown Finance under James VI and I, 1603–1625* (Woodbridge, UK, and Rochester, NY: Royal Historical Society / Boydell Press, 2002), p. 118.

17　這是早期斯圖亞特史「修正主義學派」的一篇重要論文。對「修正主義學派」文獻的簡要評述，參見Thomas Cogswell, Richard Cust, and Peter Lake, "Revisionism and Its Legacies: The Work of Conrad Russell," in Thomas Cogswell, Richard Cust, and Peter Lake, eds., *Politics, Religion, and Popularity in Early Stuart Britain* (Cambridge and New York: Cambridge University Press, 2002).

18 Eric N. Lindquist, "The King, the People and the House of Commons: The Problem of Early Jacobean Purveyance," *Historical Journal* 31, no. 3 (1988): 550–556.

19 Cramsie, *Kingship and Crown Finance under James VI and I*, p. 68.

20 Russell, *The Addled Parliament of 1614*; Eric N. Lindquist, "The Failure of the Great Contract," *Journal of Modern History* 57, no. 4 (December 1985): 617–651.

21 Lindquist, "The King, the People and the House of Commons," 561 and 565; Lindquist, "The Failure of the Great Contract,"645, particularly footnote 108, and 648.

22 Roger Schofield, "Taxation and the Political Limits of the Tudor State," in Claire Cross, David Loades, and J. J. Scarisbrick, eds., *Law and Government under the Tudors: Essays Presented to Sir Geoffrey Elton* (Cambridge and New York: Cambridge University Press, 1988); Conrad Russell, *Parliaments and English Politics, 1621–1629* (Oxford: Clarendon, 1979), pp. 49–51.

23 G. L. Harriss, "Medieval Doctrines in the Debates of Supply, 1610–1629," in Kevin Sharpe, ed., *Faction and Parliament: Essays on Early Stuart History*, (Oxford: Clarendon Press, 1978); Cramsie, *Kingship and Crown Finance under James VI and I*, p. 190.

24 Joan Thirsk, "The Crown as Projector on Its Own Estates, from Elizabeth I to Charles I," and Richard W. Hoyle, "Disafforestation and Drainage: The Crown as Entrepreneur?" Both in Richard W. Hoyle, ed., *The Estates of the English Crown, 1558–1640* (Cambridge and New York: Cambridge University Press, 1992).

25 Cramsie, *Kingship and Crown Finance under James VI and I*, pp. 141 and 147.

26 John Cramsie, "Commercial Projects and the Fiscal Policy of James VI and I," *Historical Journal* 43, no. 2 (2000): 345–364; Kevin Sharpe, *The Personal Rule of Charles I* (New Haven, CT: Yale University Press, 1992), p. 122.

27 Russell, *The Addled Parliament of 1614*, p. 18.

28 David Harris Sacks, "The Countervailing of Benefits: Monopoly, Liberty, and Benevolence in Elizabethan England," in Dale Hoak, ed., *Tudor Political Culture* (Cambridge and New York: Cambridge University Press, 1995), particularly pp. 280–281.

29 Cramsie, *Kingship and Crown Finance under James VI and I*, p. 177.

30 Michael J. Braddick, *The Nerves of State: Taxation and the Financing of the English State, 1558–1714* (Manchester: Manchester University Press, 1996), pp. 53–54.

31 Andrew Thrush, "Naval Finance and the Origins and Development of Ship Money," in Mark Charles Fissel, ed., *War and Government in Britain, 1598–1650*

(Manchester: Manchester University Press, 1991); Sharpe, *The Personal Rule of Charles I*, pp. 594–595.

32　有關這些辯論的詳細信息，參見Sharpe, *The Personal Rule of Charles I*, pp. 717–729; Glenn Burgess, *The Politics of the Ancient Constitution: An Introduction to English Political Thought, 1603–1642* (Basingstoke, UK: Macmillan, 1992), pp. 202–211.

33　Cramsie, *Kingship and Crown Finance under James VI and I*, pp. 160–162; and Kevin Sharpe, "The Personal Rule of Charles I," in Howard Tomlinson, ed., *Before the English Civil War: Essays on Early Stuart Politics and Government* (London: Macmillan Press, 1983), p. 60.

34　Russell, *Unrevolutionary England*, p. 135.

35　有關斯圖亞特王朝初年中央政府與地方鄉紳的相互依賴關係，參見Steve Hindle, *The State and Social Change in Early Modern England, c. 1550–1640* (New York: Palgrave Macmillan, 2000), chapter 1.

36　Conrad Russell, *The Causes of the English Civil War: The Ford Lectures Delivered in the University of Oxford, 1987–1988* (Oxford: Clarendon Press, 1990), p. 175.

37　關於斯圖亞特王朝初年中央在指導地方治理方面所起積極作用的評價，參見Michael J. Braddick, "State Formation and Social Change in Early Modern England." *Social History* 16 (1991): 1–17; Paul Slack, *From Reformation to Improvement: Public Welfare in Early Modern England* (Oxford: Clarendon Press; New York: Oxford University Press, 1999); and Michael J. Braddick and John Walter, eds., *Negotiating Power in Early Modern Society: Order, Hierarchy, and Subordination in Britain and Ireland* (Cambridge and New York: Cambridge University Press, 2001).

38　Michael J. Braddick, *State Formation in Early Modern England, c. 1550–1700* (Cambridge and New York: Cambridge University Press, 2000), pp. 124–128.

39　Richard Cust, *The Forced Loan and English Politics, 1626–1628* (Oxford: Clarendon Press, 1987), pp. 142–143; Russell, *Parliaments and English Politics, 1621–1629*, pp. 64–65.

40　大野瑞男：『江戶幕府財政史論』（東京：吉川弘文館，1996），頁32–33。幕府在十六世紀三十至六十年代的「鎖國」政策的主要考慮之一是防止白銀從日本流出，參見田代和生：「德川時代の貿易」，速水融、宮本又郎編：『経済社会の成立：17–18世紀』（日本経済史）（東京：岩波書店，1988），第1卷，頁130–164。

41　Furushima Toshio, "The Village and Agriculture during the Edo Period," in John Whitney Hall, ed., *The Cambridge History of Japan*, vol. 4, *Early Modern Japan* (Cambridge and New York: Cambridge University Press, 1991), pp. 495–498.

42　大口勇次郎：「幕府の財政」，新保博、斎藤修編：『近代成長の胎動』（日本経済史）（東京：岩波書店，1989），第2卷，頁152–155；Patricia Sippel, "Chisui: Creating a Sacred Domain in Early Modern and Modern Japan," in Gail Lee Bernstein, Andrew Gordon, and Kate Wildman Nakai, eds., *Public Spheres, Private Lives in Modern Japan, 1600–1950* (Cambridge, MA: Harvard University Asia Center, 2005), particularly pp. 155–176.

43　大口勇次郎：「幕府の財政」，頁141–144；John Whitney Hall, *Tanuma Okitsugu, 1719–1788: Forerunner of Modern Japan* (Cambridge, MA: Harvard University Press, 1955), chapter 4.

44　中井信彦：『転換期幕藩制の研究：宝暦・天明期の経済政策と商品流通』（東京：塙書房，1971），頁153–154。

45　See Conrad D. Totman, *Early Modern Japan* (Berkeley: University of California Press, 1995), pp. 238–240.

46　藤田覚：「十九世紀前半の日本」，朝尾直弘等編：『岩波講座日本通史』（東京：岩波書店，1995），第15卷（近世5），頁8–12。

47　大口勇次郎：「寛政－文化期の幕府財政」，尾藤正英先生還暦記念会編：『日本近世史論叢』（2卷）（東京：吉川弘文館，1984），第1卷，頁209–252。

48　1792年至1818年間日本對外國威脅的認識日益增加，參見Totman, *Early Modern Japan*, pp. 482–502.

49　新保博、斎藤修：「概説：19世紀へ」，新保博、斎藤修編：『近代成長の胎動』（日本経済史）（東京：岩波書店，1989），第2卷，頁31。對幕府在十九世紀三十年代年度收入的評估，引自：大山敷太郎：『幕末財政史研究』（京都：思文閣出版，1974），頁46。

50　新保博、斎藤修：「概説：19世紀へ」，頁30–31。

51　Thomas C. Smith, "The Land Tax in the Tokugawa Period," reprinted in Thomas C. Smith, *Native Sources of Japanese Industrialization, 1750–1920* (Berkeley: University of California Press, 1988), pp. 50–70.

52　大口勇次郎：「幕府の財政」，頁138–140、150–151。

53　關於幕府作為中央政府在組織國防中的作用，參見藤田覚：『幕藩制国家の政治史的研究』（東京：有斐閣，1987），頁213–214。將國防支出轉移給各藩政府的討論，參見大口勇次郎：「幕府の財政」，頁166；藤田覚：「天保改革期の海防政策について」，『歴史学研究』，第469期（1979），20–24。

54　大口勇次郎：「文久期の幕府財政」，近代日本研究会編：『幕末維新の日本』（東京：山川出版社，1981），頁54–55。

55 有關清政府鼓勵商業發展，參見高王凌：《18世紀中國的經濟發展和政府政策》(北京：中國社會科學出版社，1995)；張曉棠：〈乾隆年間清政府平准財政之研究〉，《清史研究集》，第7期 (1990)，頁47–59；許壇、經君健：〈清代前期商稅問題新探〉，《中國經濟史研究》，第2期 (1990)，頁87–100。

56 張曉棠：〈乾隆年間清政府平准財政之研究〉，《清史研究集》，第7期 (1990)，頁27。有關商業資源對十八世紀帝國戰爭及擴張的貢獻，參見 Peter C. Perdue, *China Marches West: The Qing Conquest of Central Eurasia* (Cambridge, MA: Belknap Press of Harvard University Press, 2005); and Dai Yingcong, "The Qing State, Merchants, and the Military Labor Force in the Jinchuan Campaigns," *Late Imperial China* 22, no. 2 (December 2001): 35–90.

57 許大齡：〈清代捐納制度〉，《明清史論集》(北京：北京大學出版社，2000)。

58 有關這些地方附加費在維持國家運作方面所起的補充作用，參見 Wang Yeh-chien, *Land Taxation in Imperial China* (Cambridge: Harvard University Press, 1973), p. 19; 岩井茂樹：『中国近世財政史の研究』(京都：京都大学学術出版会，2004)，頁43–62。

59 葉世昌：《鴉片戰爭前後我國的貨幣學説》(上海：上海人民出版社，1963)，頁6。

60 例如，十八世紀的英國是金本位制的，但小額貨幣仍然以銅幣的形式出現。只有在十九世紀二十年代之後，西方國家才擁有鑄造作為輔幣的小額貨幣技術。參見 Thomas J. Sargent and François R. Velde, *The Big Problem of Small Change* (Princeton, NJ: Princeton University Press, 2002).

61 數據引自下文中表1.2：Wang Yeh-chien, "Secular Trends of Rice Prices in the Yangzi Delta, 1638–1935," in Thomas G. Rawski and Lillian M. Li, eds., *Chinese History in Economic Perspective* (Berkeley: University of California Press, 1992), p. 61. 關於十七、十八世紀白銀流入中國，參見 Andre Gunder Frank, *ReOrient: Global Economy in the Asian Age* (Berkeley: University of California Press, 1998), pp. 143–149.

62 Lin Man-houng, *China Upside Down: Currency, Society, and Ideologies, 1801–1856* (Cambridge, MA: Harvard University Asia Center, 2006), chapter 2; Richard von Glahn, "Foreign Silver Coins in the Market Culture of Nineteenth Century China," *International Journal of Asian Studies* 4, no. 1 (2007): 51–78.

63 王業鍵：《中國近代貨幣與銀行的演進 (1644–1937)》(台北：中央研究院經濟研究所，1981)，頁27。

64 林滿紅：〈銀與鴉片的流通及銀貴錢賤現象的區域分部：1808–1854〉，

《中央研究院近代史所集刊》，第22卷，第1期（1993），頁91–135。

65　Lin Man-houng, *China Upside Down*, chapter 3.

66　林滿紅：〈嘉道錢賤現象產生原因「錢多錢劣論」之商榷〉，張彬村、劉石吉：《中國海洋發展史論文集》（台北：中央研究院，1993），第5卷，頁357–426。

67　魏建猷：《中國近代貨幣史》（合肥：黃山書社，1986），頁116–118；von Glahn, "Foreign Silver Coins in the Market Culture of Nineteenth Century China," 64.

68　葉世昌：《鴉片戰爭前後我國的貨幣學說》（上海：上海人民出版社，1963），頁39。

69　William T. Rowe, "Money, Economy, and Polity in the Daoguang-Era Paper Currency Debates," *Late Imperial China* 31, no. 2 (2010): 69–96.

70　Lin Man-houng, "Two Social Theories Revealed: Statecraft Controversies over China's Monetary Crisis, 1808–1854," *Late Imperial China* 12, no. 2 (December 1991): 1–35.

71　Barry J. Eichengreen, Golden Fetters: *The Gold Standard and the Great Depression, 1919–1939* (Oxford and New York: Oxford University Press, 1992).

72　周育民：《晚清財政與社會變遷》（上海：上海人民出版社，2000），頁71–74、96–102。

73　岡本隆司：「清末票法の成立─道光期両淮塩政改革再論」，『史学雑誌』第110卷，第12期（2001 年12月），頁36–60。

74　山本進：『清代財政史研究』（東京：汲古書院），第2–6章；山本進：「清代後期四川における地方財政の形成─会館と釐金」，『史林』，第75卷，第6期（1992年11月），頁33–62。

75　山本進：「清代後期江浙の財政改革と善堂」，『史学雑誌』，第104卷，第12期（1995年12月），頁38–39；山本進：「清代後期四川における地方財政の形成─会館と釐金」，頁33–43。

76　更多詳情參見Daron Acemoglu, Simon Johnson, and James Robinson, "Institutions as the Fundamental Cause of Long-Run Growth," NBER Working Paper, Series 10481, 2004, 9; and Edgar Kiser and Michael Hechter, "The Role of General Theory in Comparative-Historical Sociology," *American Journal of Sociology* 97, no. 1 (July 1991): 19–20.

77　Paul Christianson, "Two Proposals for Raising Money by Extraordinary Means, c. 1627," *English Historical Review* 117, no. 471 (April 2002): 355–373.

78　中國第一歷史檔案館編：《嘉慶道光兩朝上諭檔》（55 卷）（桂林：廣西師範大學出版社，2000），第48卷，頁331–334。

79　Sharpe, *The Personal Rule of Charles I*, pp. 129 and 593.

80　倫敦金融城在1628年決定在其以前借給國王的債務得到圓滿清償之前，不再向王室政府提供新的信貸。參見Robert Ashton, "Revenue Farming under the Early Stuarts," *Economic History Review*, n.s. 8, no. 3 (1956): 317.

81　查理一世在「三個王國」這一背景下的宗教政策，對於解釋英國內戰的爆發至關重要。參見Russell, *The Causes of the English Civil War*, chapter 5; Conrad Russell, *The Fall of the British Monarchies, 1637–1642* (Oxford: Clarendon Press, 1991).

82　從英國社會的宗教和經濟衝突的角度解釋內戰的升級和持續，參見Ann Hughes, *The Causes of the English Civil War*, 2nd ed. (Basingstoke, UK: Macmillan, 1991); and David Wootton, "From Rebellion to Revolution: The Crisis of the Winter of 1642/3 and the Origins of Civil War Radicalism," *English Historical Review* 105, no. 416 (July 1990): 654–669.

83　日本的金銀匯率為1:5，而國外為1:15。對此現象的討論，參見Ohkura Takehiko and Shimbo Hiroshi, "The Tokugawa Monetary Policy in the Eighteenth and Nineteenth Centuries," *Explorations in Economic History* 15 (1978): 112–115.

84　宮本又郎：「物価とマクロ経済の変化」，新保博、斎藤修編：『近代成長の胎動』（日本経済史）（東京：岩波書店，1989），第2卷，頁88。

85　1860年至1867年鑄造的銀幣總量估計為8168萬兩。大倉健彦：「洋銀流入と幕府財政」，神木哲男、松浦昭編：『近代移行期における経済発展』（東京：同文館，1987），頁255。

86　同上，表7–3，頁250。

87　薩摩藩在1862年至1865年間從私鑄幕府貨幣中獲得的淨利潤估計高達200萬兩。參見石井寛治、原朗、武田晴人等編：『日本経済史1：幕末維新期』（東京：東京大学出版会，2001），頁16；毛利敏彦：『明治維新の再発見』（東京：吉川弘文館，1993），頁70。

88　1867年的貨幣總額中，各藩政府發行的紙幣約佔15%到21%。參見宮本又郎：「物価とマクロ経済の変化」，頁33、89。

89　石井孝：『明治維新と自由民権』（横浜：有隣堂，1993），頁54–69。

90　即使是十九世紀三十年代支持鴉片貿易合法化的官員，也認為白銀外流是很嚴重的經濟問題。他們建議進口鴉片只能換取中國貨物，不能換取白銀。井上裕正：『清代アヘン政策史の研究』（京都：京都大学学術出版会，2004），頁193。

91　江口久雄：「阿片戦争後における銀価対策とその挫折」，『社会経済史学』，第42卷，第3期 (1976)，頁22–40。

92　王業鍵：〈18世紀前期物價下落與太平天國革命〉，重印於王業鍵：《清

代經濟史論文集》(板橋：稻香出版社，2003)，第2卷，頁251–287；彭澤益：《19世紀後半期的中國財政與經濟》(北京：人民出版社，1983)，頁24–71。

93　Edgar Kiser, "Markets and Hierarchies in Early Modern Tax Systems: A Principal-Agent Analysis," *Politics and Society* 22, no. 3 (September 1994): 284–315.

94　詳情參見第3章。

95　詳情參見第2章。

96　有關比較歷史分析中虛假因果關係的一般討論，參見Kiser and Hechter, "The Role of General Theory in Comparative-Historical Sociology," 7.

97　參見Paul Pierson, *Politics in Time: History, Institutions, and Social Analysis* (Princeton, NJ: Princeton University Press, 2004), chapter 3; Paul Pierson and Theda Skocpol, "Historical Institutionalism," in Ira Katznelson and Helen Milner, eds., *Political Science: The State of the Discipline* (New York: W. W. Norton, 2002), pp. 703–704.

98　對關鍵節點的不確定性、可能結果的多樣性和偶然性的精彩論述，參見Giovanni Capoccia and R. Daniel Kelemen, "The Study of Critical Junctures: Theory, Narrative, and Counterfactuals in Historical Institutionalism," *World Politics* 59 (April 2007): 341–369.

99　關於個人能動性在根本性變革時期的加強作用，參見Ira Katznelson, "Periodization and Preferences: Reflections on Purposive Action in Comparative Historical Social Science," in James Mahoney and Dietrich Rueschemeyer, eds., *Comparative Historical Analysis in the Social Sciences* (Cambridge and New York: Cambridge University Press, 2003), pp. 270–301. 關於制度動力學研究中理性設計的局限性，參見Paul Pierson, "The Limits of Design: Explaining Institutional Origins and Change," *Governance* 13, no. 4 (October 2000), particularly pp. 477–486.

100　利用新的政治行為者來解釋制度變化的例證，參見Daron Acemoglu, Simon Johnson, and James Robinson, "The Rise of Europe: Atlantic Trade, Institutional Change, and Economic Growth," *American Economic Review* 95, no. 3 (June 2005): 563–565.

101　利用理念來減少制度發展中不確定性的示例，參見Mark Blyth, *Great Transformations: Economic Ideas and Institutional Change in the Twentieth Century* (Cambridge and New York: Cambridge University Press, 2002), pp. 34–45. 有關理念在社會政治變革中的重要作用，更多內容參見Peter A. Hall, ed., *The Political Power of Economic Ideas: Keynesianism across Nations* (Princeton, NJ:

Princeton University Press, 1989).

102 Kurt Weyland, "Toward a New Theory of Institutional Change," *World Politics* 60 (January 2008): 281–314.

103 對引進的西方組織與日本本土環境之間互動的強調，參見D. Eleanor Westney, *Imitation and Innovation: The Transfer of Western Organizational Patterns to Meiji Japan* (Cambridge, MA: Harvard University Press, 1987).

104 Andrew Abbott, "Sequence Analysis: New Methods for Old Ideas," *Annual Review of Sociology* 21 (1995): 93–113.

105 有關制度發展中反饋效應的討論，參見Paul Pierson, "When Effect Becomes Cause: Policy Feedback and Political Change," *World Politics* 45, no. 4 (July 1993): 595–628.

106 有關經濟與技術變革的進化理論的綜述，參見Richard R. Nelson, "Recent Evolutionary Theorizing about Economic Change," *Journal of Economic Literature* 33, no. 1 (March 1995): 48–90.

107 關於路徑依賴對社會政治變革研究的重要性，參見Paul Pierson, "Increasing Returns, Path Dependence, and the Study of Politics," *American Political Science Review* 94, no. 2 (June 2000): 251–267; and James Mahoney, "Path Dependence in Historical Sociology," *Theory and Society* 29 (2000): 507–548.

108 關於路徑依賴作為非線性動態過程的討論，參見Scott Page, "Path Dependence," *Quarterly Journal of Political Science* 1, no. 1 (2006): 87–115; W. Brian Arthur, *Increasing Returns and Path Dependence in the Economy* (Ann Arbor: University of Michigan Press, 1994); and Paul A. David, "Clio and the Economics of QWERTY," *American Economic Review* 75, no. 2 (May 1985): 332–337.

109 有關路徑依賴解釋的反事實性質的討論，參見R. Cowan and P. Gunby, "Sprayed to Death: Path Dependence, Lock-in, and Pest Control Strategies," *Economic Journal* 106, no. 436 (1996): 521. 路徑依賴中的反事實論證，與歷史學家約翰·加迪斯 (John L. Gaddis) 所説的「似是而非的反事實論證」類似，「這些選項對當時的決策者來説似乎是可行的。」參見John L. Gaddis, *The Landscape of History: How Historians Map the Past* (Oxford and New York: Oxford University Press, 2002), p. 102.

110 Paul A. David, "Path Dependence, Its Critics and the Quest for 'Historical Economics,'" in Pierre Garrouste and Stavros Ioannides, eds., *Evolution and Path Dependence in Economic Ideas: Past and Present* (Northampton, MA: Edward Elgar, 2001), pp. 20–21 and 31; Jack A. Goldstone, "Initial Conditions, General Laws, Path Dependence, and Explanation in Historical Sociology," *American*

Journal of Sociology 104, no. 3 (November 1998): 829–845; and Page, "Path Dependence," 91 and 102.

111 Douglass C. North and Barry R. Weingast, "Constitutions and Commitment: The Evolution of Institutions Governing Public Choice in Seventeenth-Century England," *Journal of Economic History* 49, no. 4 (December 1989): 803–832.

112 數據來自 B. R. Mitchell, *Abstract of British Historical Statistics* (Cambridge: Cambridge University Press, 1962), p. 401.

113 J. Lawrence Broz and Richard S. Grossman, "Paying for Privilege: The Political Economy of Bank of England Charters, 1694–1844," *Explorations in Economic History* 41 (2004): 48–72.

114 David Stasavage, *Public Debt and the Birth of the Democratic State: France and Great Britain, 1688–1789* (Cambridge and New York: Cambridge University Press, 2003), p. 5.

115 North and Weingast, "Constitutions and Commitment," pp. 823–824.

116 John Brewer, *The Sinews of Power: War, Money, and the English State, 1688–1783* (New York: Alfred A. Knopf, 1989), p. 138.

117 Larry Neal, "The Monetary, Financial, and Political Architecture of Europe, 1648–1815,"in Leandro Prados de la Escosura and Patrick K. O'Brien, eds., *Exceptionalism and Industrialization: Britain and Its European Rivals, 1688–1815* (Cambridge and New York: Cambridge University Press, 2004), pp. 180–181.

118 Edgar Kiser and Joshua Kane, "Revolution and State Structure: The Bureaucratization of Tax Administration in Early Modern England and France," *American Journal of Sociology* 107, no. 1 (July 2001): 187 and 195.

119 Thomas Ertman, *Birth of the Leviathan: Building States and Regimes in Medieval and Early Modern Europe* (Cambridge and New York: Cambridge University Press, 1997), p. 28.

120 同上，頁 171–178，187–207。

121 Henry Roseveare, *The Treasury 1660–1870: The Foundations of Control* (London: Allen and Unwin, 1973), pp. 52–54.

122 Jeffrey Haydu, "Making Use of the Past: Time Periods as Cases to Compare and as Sequences of Problem Solving," *American Journal of Sociology* 104, no. 2 (September 1998): particularly 353–359.

123 Gerard Alexander, "Institutions, Path Dependence, and Democratic Consolidation," *Journal of Theoretical Politics* 13, no. 3 (2001): 257–260.

124 關於制度發展的非同步性及其對歷史因果關係的啟示，參見 Giovanni Capoccia and Daniel Ziblatt, "The Historical Turn in Democratization Studies: A New Research Agenda for Europe and Beyond," *Comparative Political Studies*

43, no. 8/9 (2010): 940.

125 關於社會科學中的事件分析法，參見William H. Sewell Jr., "Three Temporalities: Toward an Eventful Sociology," in Terrence J. McDonald, ed., *The Historic Turn in the Human Sciences* (Ann Arbor: University of Michigan Press, 1996), pp. 245–280; Sewell, *Logics of History: Social Theory and Social Transformation* (Chicago: University of Chicago Press, 2005), chapter 5; Tim Büthe, "Taking Temporality Seriously: Modeling History and the Use of Narrative and Counterfactuals in Historical Institutionalism," *American Political Science Review* 96, no. 3 (2002): 481–493.

126 關於政治世界缺乏「硬性」選擇機制的問題，參見Pierson, "Increasing Returns, Path Dependence, and the Study of Politics," 261.

127 對這一點的強調，參見Page, "Path Dependence," 89; and Douglass C. North, "Five Propositions about Institutional Change," in *Explaining Social Institutions* (Ann Arbor: University of Michigan Press, 1995), p. 25.

128 這些邊界條件在路徑依賴的理論討論中經常是以隱含的形式出現。參見 Paul A. David, "Why Are Institutions the 'Carriers of History'?: Path Dependence and the Evolution of Conventions, Organizations, and Institutions," *Structural Change and Economic Dynamics* 5, no. 2 (1994): 208; Pierson, "Increasing Returns, Path Dependence, and the Study of Politics," 265; and S. J. Liebowitz and S. E. Margolis, "The Fable of the Keys," *Journal of Law and Economics* 32, no. 1 (1990): 1–26.

第2章

英國之路徑，1642–1752

　　在英國轉型至現代財政國家的1642年至1752年，我們可以看到先前的制度成就為後來的制度發展奠定基礎的清晰順序。財政國家或稅收國家的財政制度在英國內戰後得以牢固確立，關稅、月課（即1692年土地稅的前身）、國內消費稅構成政府收入的基礎。在復辟時期（1660年至1688年），王室通常收入的管理變得更加集中；英國政府於1672年開始集中徵收關稅，並於1683年集中徵收啤酒稅。在與法國的九年戰爭以及西班牙王位繼承戰爭時期，英國政府開始發行長期債券。從十八世紀二十年代開始，英國政府憑借從諸如國內消費稅和關稅等間接稅獲得可靠而有彈性的收入，能夠按時支付其長期債務的利息，從而導致了利率為3%的永久年金（3 percent Consol）在國債中佔據主導地位。[1]

　　但這一順序關係僅在事後觀察才變得清晰明瞭。如果我們從1642年開始，在充滿不確定性的歷史情境下與變革者一起前行，那就會面臨多種不同的制度結果。十七世紀五十年代財政制度所

出現的初步集中管理，很快就崩潰了。1660年恢復的斯圖亞特君主制，從財政分權的程度以及政府對包稅人和短期信貸的依賴來看，其制度似乎相當穩定。而在1683年關稅、消費稅集中徵收制度建立之後，英國政府並沒有尋求長期貸款，反而是試圖清償其債務。即使到了1714年，英國政府被迫將九年戰爭和西班牙王位繼承戰爭累積的大量短期債務轉換為長期債務，當時仍然有兩種不同的選擇。其一是將其轉換成利率較低的永久年金；其二是讓英格蘭銀行接管債務並賦予其發行紙幣的壟斷權。為什麼英國會走上以永久國債而不是紙幣為主的現代財政國家之路呢？

財政集中和基於市場的長期國債體系，都不是必然的結果。相反，這兩種制度變革都是為了應對因參與國際戰爭發行空頭信貸工具而發生的兩次信用危機。第一次危機發生在1666年至1672年間，當時的政府完全依賴短期財務署券（Treasury Orders），這是一種無稅收擔保的短期借貸票據。另一次危機則發生在1689年至1713年間，政府發行的無資金擔保公債可謂五花八門：司庫債券（tallies）、國庫券（exchequer bills）、以及陸軍和海軍為彌補各自赤字而發行的信用債券。

這些信用危機都是戰爭造成的意外後果，相對於隨後的制度發展是外生因素。但它們在多種可能性和不確定性的背景下，極大地影響了制度發展的方向。1666年至1672年間的信用危機，促使英國財政官員集中管理和徵收關稅、酒類消費稅，以保證王室穩定的通常收入。1713年之後，解決信用危機的努力促成了集中徵收間接稅與國家永久債務之間的制度聯繫。而英國的社會經濟條件，諸如國內啤酒生產規模的擴大、金融網絡的地理分佈等社會經濟條件，對於理解英國在集中徵稅上的效率，以及英國為什麼沒有走上基於紙幣的現代財政國家之路，都是非常重要的。

財政集中化之路

英國內戰的軍費開支，迫使王室政府和長期議會 (Long Parliament) 雙方都去尋求新途徑來增加收入。長期議會於1643年開徵兩項新稅，即消費稅和週課 (weekly assessment)。消費稅針對多種消費品 (包括啤酒、煙草和蘋果酒) 徵稅。週課則是對各郡、鎮的財產和收入徵收的固定配額直接稅。週課在1646年變成月課 (monthly assessment)。[2]十七世紀五十年代，共和 (Commonwealth) 政府主要靠關稅、消費稅、月課獲取其財政收入。[3]

政府財政的集中管理也在此時出現。1654年，護國 (Protectorate) 時期的國務委員會 (Council of State) 下令將關稅、消費稅和其他稅賦直接上繳到司庫。[4]這種財政集中化的趨勢，代表着「向真正現代意義上的國家財政設想邁出的一步：將稅收匯總管理，政府的開銷從稅收基金的整體中劃定，而非從個別指定稅收中去支付」。[5]與此同時，共和政府在十七世紀五十年代實行了赤字融資制度，即以預期的未來稅收作為擔保來為陸軍和海軍募集經費。例如，海軍司庫給那些向海軍提供貨物和服務的承包商簽發賒賬單和權證。這些可以在市場上轉讓或出售的短期信貸工具，填補了在賦稅收入收訖與軍需支出之間的時間空檔。在稅款到位之後，這些票據則被結清。[6]

倫敦在英國經濟中的獨特地位，為政府試圖集中徵稅提供了便利。政府的關稅收入中約有70%至80%來自倫敦。另外，倫敦及其周邊地區是英國最富裕的地區。在1645年，議會對其控制地區所徵收的月課達53,436英鎊，其中超過三分之二稅款來自東部及倫敦周邊各郡。[7]1647年9月30日至1650年9月29日所徵收的消費稅中，有56.7%來自倫敦。[8]當超過一半的政府收入來自倫敦及其周邊地區時，政府的集中徵稅就變得更容易了。

　　然而，英國的國內金融網絡在十七世紀五十年代尚不發達，而且消費品的生產規模較小，這些都嚴重制約了政府長期信貸制度的發展。當時英國還沒有全國性的金融網絡來匯兌資金。1654年至1659年間，絕大部分進出倫敦的稅收和政府支出，仍以實物形式而非匯票來傳遞。[9]新模範軍的軍費，也是以金屬貨幣來支付；這些貨幣每月從倫敦發送到各地的兵團。[10]運輸大量金屬貨幣既困難又耗時。因此，將當地徵收的稅費直接分送到支出目的地更為方便。比如，部分消費稅在當地徵收並且發放，而不是先送到倫敦然後再由中央分配處理。[11]由於克倫威爾（Oliver Cromwell）允許收稅官直接向駐軍或兵團發送所收的稅費，而不是把所有的稅款都送往倫敦，月課徵收的集中程度也開始下降。[12]

　　當時的社會經濟條件，也使得中央政府很難獲得彈性收入增長。英國的對外貿易直到十七世紀下半葉才開始繁榮起來。由共和政府和護國政府直接徵收的關稅，只佔英國政府總收入的20％。[13]至於消費稅，最初由政府官員直接徵收。1644年至1649年間，發生了多起反對消費稅徵收的民眾抗爭，迫使議會撤銷了對肉類和自釀啤酒的徵稅。[14]由於這一時期應納稅的商品生產規模小，而且較為分散，直接徵收消費稅的行政成本相當高。為了降低行政成本，政府將徵稅事務分包給更了解當地情況的地方鄉紳。[15]但地方鄉紳似乎不太可能為了中央政府增收而犧牲本地利益。[16]護國政府在1655年至1657年嚴厲查禁酒館的政策，也直接影響了消費稅的收入。[17]

　　月課是護國政府收入的主要來源。1654年的月課，幾乎佔其總收入的一半。[18]然而，地方鄉紳牢牢地控制着月課的估算和徵收。[19]月課負擔的增重，經常遭到土地所有者的強烈抵制。1657年6月，對月課沉重負擔的抗議之聲越來越強烈，護國政府被迫

將每月稅費從 12 萬英鎊大幅降至 3.5 萬英鎊。[20] 這造成了每年 100
多萬英鎊的損失，而政府卻無法用其他收入來彌補。

　　徵稅能力的不足，大大降低了護國政府的信譽。1652 年後，
由於過去的債務尚未清償，倫敦金融城拒絕向其提供借貸。[21] 倫敦
金融城在 1658 年甚至不接受政府用預期收入作為借貸的擔保。[22]
陸軍和海軍物資的承包商在十七世紀五十年代是政府的主要債權
人。海軍在 1651 年至 1660 年間新增的絕大部分債務都源自於對
其物資供應商的拖欠。[23] 然而，這些供應商缺乏向政府提供長期
貸款的財力。當護國政府不能及時清償先前的短期債務時，這些
供應商便只接受現金付款了。[24] 由於 1656 年未能從與西班牙的戰
爭中獲利，無力償還債務的護國政府很快垮台；儘管其在 1659 年
的總債務僅為 220 萬英鎊，「僅等同於其一年的平均收入，其短期
債務的規模與 1660 年至 1690 年間的平均債務相當，遠低於 1700
年後的債務。」[25]

　　1660 年復辟的斯圖亞特王朝，恢復了王室通常收入和議會非
通常收入之間相互分離的傳統。儘管如此，英國當時實際上已經
成為稅收國家，因為王室與保王黨議會（Cavalier Parliament）達成
協議的通常收入，主要來自關稅（40 萬英鎊）、酒類消費稅（30 萬
英鎊）和灶戶稅（30 萬英鎊，1662 年添加的稅收項目）。雖然每年
的通常收入設定在 120 萬英鎊，但由於政府管理和社會經濟狀況
尚未從 1659 年和 1660 年的政治動盪和嚴重蕭條中恢復過來，這
些稅收都處於拖欠狀態。[26] 1660 年 6 月，可供財務署支配的現金
總額只有 141 英鎊，而從前政權接收下來的陸軍和海軍每月所需
支出高達 10 萬英鎊。[27]

　　急切需要通常收入的王室政府不得不採用包稅制。王室政府
於 1662 年將關稅和消費稅分包出去。與早先的斯圖亞特時期一
樣，包稅人成為王室短期信貸的重要提供者。[28] 在這種財政分權

的制度下，特定稅收項目在擔保獲取貸款方面，比政府全部的名義收入更為重要。例如，倫敦金融城借貸給政府時，其償還不是來自財務署，而是直接來自特定稅收項目的包稅人。那些特定稅收項目，則經常被指定作為貸款的擔保。[29]

　　一批新的金融商在1667年包攬了關稅的徵收，其中兩位最有權的金匠銀行家維納爵士（Sir Robert Viner）和貝克韋爾（Edward Backwell）尤其著名。他們吸納倫敦及各郡商人、鄉紳和職員的存款，因此能夠向王室政府提供更優惠的貸款條件。與此同時，由於他們可以在收到通常稅收和將稅收上繳政府這段時間內（一季至半年不等），不用向政府支付利息而保管這些存款，這大大增強了他們在市場上的信貸能力。與王室官員密切的私人關係，也令他們向政府部門提供的短期貸款既安全又有利可圖，而這又有助他們吸引更多存款。[30]重要包稅人利用向政府提供貸款和管有所徵的稅款作為其流動資產，增強他們在金融市場的影響力，而其他金融商則難以向政府提供更有吸引力的貸款條件。因此，政府對包稅制的依賴與日俱增。

　　為了滿足經常性的支出需要，王室政府在這一時期用其預期收入作為擔保發行了兩種短期信貸工具，即SOL債券和PRO債券。前者有指定的特定收入來源擔保，但由於不能出售或轉讓，其流動性很低；後者雖然可以出售或轉讓，但沒有任何指定的政府收入項目作為擔保。如果PRO債券持有者在政府內沒有一定的內線關係，要想從司庫那裏兌現就不那麼容易了。[31]由於王室政府並沒有集中管理其正常收入，所以它不得不將兌現債券的責任轉交給政府各部門的財務主管。財務主管在收到這些債券後，要麼把它們賣掉，要麼用它們作為擔保再從私人金融商那裏借錢。在兌現這些債券方面，政府官員和市場上金融商之間的私人紐帶，比政府制度更為重要。[32]

1665 年，英國政府在與荷蘭的條約談判，試圖用逼迫策略來獲得更加優惠的利益，卻完全沒有準備好去應對這一策略所引發的第二次英荷戰爭。[33]迫在眉睫的戰事，使倫敦的信貸市場銀根相當緊張。對政府信貸能力缺乏信心的倫敦金融商，拒絕向已經負債累累的王室政府提供新的信貸。[34]在這種情況下，英國政府被迫採用財務署長唐寧爵士 (Sir George Downing) 提出的財務署券制度 (Order system)。[35]這項建議的要旨，是通過發行新的政府信貸工具，即利率為 6% 的財務署券 (Treasury Order)，來直接從公眾那裏籌募借款。這些財務署券在兩年內以 125 萬英鎊的議會供給作為擔保，可在市場上出售或轉讓。司庫大臣負責每半年償清一批款項，具體批次則嚴格按照發券的時序，即認購者向司庫人員支付款項日期的先後順序來執行。不到兩年，政府憑借這一新的財務署券制度，從約 900 名認購者籌集到近 20 萬英鎊的資金。[36]

由於英國政府無法調動資助第二次英荷戰爭所需的財政資源，因而遭受慘敗，顏面盡失。但戰敗本身並沒有迫使政府徹底改革其財政制度。下議院在 1666 年 12 月成立了公共賬目委員會 (Commissions of Public Accounts)，審計議會批准用於戰爭的特殊物資帳目支出狀況。然而，由於政府部門使用司庫債券非常不正規，而且缺乏標準的簿記，因此委員會很難區分欺詐行為與必要的金融操作。[37]下議院的審計毫無成效，也未能導致政府財政的根本改革。[38]

雖然第二次英荷戰爭的結束解除了增加軍事開支的壓力，但王室政府的財政狀況卻依然嚴峻。1667 年的倫敦金融市場，尚未從戰爭、1665 年的大瘟疫和 1666 年倫敦大火的破壞中恢復過來。1665 年至 1667 年間，英國王室通常收入的平均收益，降至每年 68.6 萬英鎊，而年度赤字約為 60 萬英鎊。[39]因此，王室政府無法從市場獲得任何新的信貸。由於包稅人的合同尚未到期，政府也

無法從他們那裏獲得更多的借款。[40]而隨着和平的恢復，政府又無法要求議會提供額外的供給。萬般無奈之下，查理二世（Charles II）於 1667 年 6 月任命幾位年輕官員，組建新的財政委員會以拯救政府財政。這些年輕人沒有貴族背景，但在管理金融事務方面都有着豐富的實際經驗。這些官員包括克利福德爵士（Sir Thomas Clifford）、考文垂爵士（Sir William Coventry）和鄧肯伯爵士（Sir John Duncombe）。唐寧爵士被任命為財務署長。[41]

這些財務委員除了延續唐寧的財務署券制度來滿足政府開支之外，也別無選擇。與戰爭期間發行的、由議會特別供給擔保的國債券不同，新發行的財務署券由王室的通常收入來擔保。1667年至 1670 年，已發行財務署券的金額每年約 120 萬英鎊。[42]這些債券屬於空頭信貸工具，因為實際上沒有任何貸方資金在發行前支付給司庫。它們類似鈔票，因為面值較小，可用於經濟生活中的普通交易。[43]不過，與鈔票不同的是，這些財務署券是有息短期信貸工具，必須在到期日（通常是一年）去司庫兌現。因此，這類財務署券的空頭信貸工具的數額造成了緊迫的信用危機，迫使王室政府尋求償還的辦法。

由於財務署券是由王室的通常收入擔保，財務委員努力集中管理通常收入的徵收和支出，並確保這些收入能迅速轉入司庫。從 1667 年起，財務委員在政府各部門建立了精細的簿記制度，命令將所收稅款迅速轉交司庫，並要求支出部門每週提供憑證，以便定期檢查賬目。[44]在這些制度改革的過程中，財務署對政府財政的管理越來越專業化，因而也逐漸獨立於樞密院和國務大臣。[45]

儘管如此，這些重要行政改革的有效性在實踐中十分有限。因為財務署沒有政治權威來控制政府各部門的開支，以產生更多的財政盈餘來償還已經發行的財務署券。[46]雖然政府的通常收入，

從1665年至1667年的年收入不足65萬英鎊，增加到1669年至1670年的95.4萬英鎊，但到了1670年，政府的債務總額上升至近300萬英鎊。[47]第三次英荷戰爭（1672–1674）前夕，到期的財務署券價值超過110萬英鎊，如期還款將使政府的可支配收入減少到40萬英鎊以下。[48]國王查理二世在1672年1月不得不宣布推遲一年還款，並答應為這些欠款支付6%的利息。[49]這次司庫償還中止，並非故意違約，主要是由於政府無法利用其現有收入來支付當前開支和未償還的短期債務。[50]然而，這對於四位金匠銀行家和包稅人來說是災難性的。他們已經市場上以極低的折扣大量收購財務署券，其所持有的財務署券在1672年高達發行總量的80%。[51]

　　通常收入和非通常收入之間相互分離的傳統，也制約了財務專員增加王室收入的努力。在整個復辟時期，下議院將月課以及通過提高關稅或消費稅稅率所獲得的任何額外收入，都作為非通常收入加以控制。[52]不過，下議院並沒有權力監督王室的通常收入。[53]在徵收這些稅收的方法上，王室政府享有充分的自主權。由於不能通過擴大稅基來增加政府收入，王室政府只能從已經確定的關稅、酒類消費稅和灶戶稅等通常收入，最大限度地獲取利益。

　　作為短期借貸票據而發行空頭財務署券，在一定程度上減少了王室政府對包稅人短期信貸的依賴。而償還這些財務署券的壓力，迫使政府從包稅人那裏去榨取更多的收入。1670年的續約談判中，關稅包徵人試圖從政府那裏獲得更多優惠，而財務專員則決定直接徵收關稅。包括喬治‧唐寧爵士在內的六名委員會成員，受命負責管理新的集中徵稅。這一行政機構沿用了關稅包稅人在當地建立的管理和人事的整體框架，並沿用包稅人制定的徵收指導手冊。從1678年起，海關總署署長（後來也是財務委員）開始定期檢查主要港口的關稅徵收情況。[54]

對英國各地的酒類直接徵收消費稅是艱巨的任務。在1662年，消費稅的包徵制非常零散。大約75%的鄉村包徵，都落入各地的鄉紳之手。[55]為了降低與包稅人談判的交易成本，獲得更優惠的條件，財務委員鼓勵少數大金融商來包徵消費稅。大金融商對擁有更多的消費稅收入也頗有興趣。從1668年起，政府開始支持金匠銀行家巴克納爾（William Bucknall）及其幕僚的計劃。他們曾是倫敦消費稅的徵收包稅人，現在政府令其接管先前由當地鄉紳控制的鄉村消費稅的包徵。到了1671年，巴克納爾集團控制了英國全部消費稅中近75%的徵收。[56]

1672年的司庫中止償還債務，使空頭財務署券這一信貸工具信譽掃地。王室政府必須利用其實際收入，以獲得新的信貸來源，這在第三次英荷戰爭的壓力下尤為迫切。由於下議院反對查理二世的外交政策，王室政府很難獲得議會的特別供給；所以，將消費稅的徵收作為整體完全包租出去的想法，變得非常有吸引力。對於政府來說，擔任單一消費稅包稅官這一新職位的金融商財團，可以利用消費稅的總收入做擔保，來為政府籌集更多的信貸。對於金融商來說，控制消費稅總收入，會大大增強他們在金融市場上的勢力；特別是當所有收稅員必須將其每日徵收所得交給消費稅包稅官時，這一作用尤其明顯。[57]

儘管私人金融商在政府內有着不同的政治庇護人，他們有利用消費稅總收入來為政府籌集信貸的共同目標。在競爭消費稅包稅官職位時，他們在合同談判中競相向政府許諾更好的年租和預付款條件。[58]政府內部激烈的權力鬥爭，包括財務委員克利福德下台，以及1673年丹比（Lord Danby）上台成為財務署長，都沒有阻礙英國向單一消費稅包徵制度的發展。

管理單一消費稅包稅徵收的財團，與充當徵收消費稅「代理人」的僱員之間，存在着嚴重的信息不對稱問題。埃德加·基瑟

認為，利潤最大化的動機，促使作為委托人的包稅人制定有效的組織方法，來監督其收款代理人的績效。[59] 然而，在不同的風險分布下，對利潤最大化的共同關注，會導致委托人與代理人之間出現三種契約關係：如果委托人比代理人更希望規避風險，他會給代理人提供包稅合同，這就相當於單一消費稅包徵的分包；如果代理人更希望規避風險，按固定比例分配預期收入的合同為最佳；如果委托人承擔所有風險，則純粹的工資合同最優。為了理解領薪收稅員科層管理制度在消費稅行政的出現，我們需要分析消費稅包稅財團所承擔的風險。

消費稅包稅財團是王室政府短期貸款的重要來源。將定期收納的消費稅當作其流動資本來控制，這極大地提高了消費稅包稅人通過調動市場金融資源向王室提供貸款的能力。當然，這裏也存在一定的金融風險。為了確保王室政府在政治上的支持和保護，這些包稅人必須能夠在政府需要時提供短期信貸。消費稅包稅財團作為委托人，承擔着全部的財務和政治風險，因此有動力與其徵收代理人簽訂工資合同，並集中管理消費稅的徵收。[60]

消費稅包稅財團利用消費稅總收入作為擔保為政府籌集借款，並從中獲益，因而他們並沒有抵觸財務署於1674年提出派遣代理審計員去各郡區檢查賬簿和交稅憑證，並向審計官「提交所有有關消費稅收入的單獨季度報告」的要求。這次檢查使得政府首次認識到英國消費稅的「精確年度稅額」，促使財務署用直接徵收來代替消費稅包稅制。[61] 英國政府在1683年直接徵收消費稅時，財務署接管了消費稅包稅財團所建立的整個組織，將其改為財務署管轄下的國產稅局。以前的包稅人和金匠銀行家則繼續擔任管理職位，並利用消費稅作擔保，為英國政府籌集貸款。[62]

為了加強對消費稅的徵收管理，英國國產稅局在1683年至1688年間，極力規範全國886個消費稅徵收地區或部門的計量、

評估和簿記。[63]消費稅評估和徵收的標準化，是克服委託人與代理人之間信息不對稱以提高集中徵收效率的重要手段。首先，這樣做便於上級定期巡視當地稅務站，以監督和評估稅務人員。其次，稅務人員被定期輪換到不同的徵收崗位，這不僅可以防止他們與當地利益集團勾結，而且可以通過相互檢查收款賬目，有效約束他們的貪腐行為。

十七世紀七十至八十年代英國的經濟條件，有利於集中徵收關稅、消費稅的制度發展。隨着英國對外貿易的擴張，直接徵收關稅的收益也相應增長。關稅年均淨收益從1670年包稅時最高租金40萬英鎊，增加到1681年至1684年的年均57萬英鎊，以及1685年至1687年的年均59萬英鎊。[64]與此同時，實際工資上漲，加上豐收導致糧食和麥芽價格下降，刺激了國內消費，特別是當時作為主要日常飲料的啤酒和麥芽酒的消費。這些日益增長的消費，又促進了大型釀酒廠的發展，尤其是在經濟發達的英格蘭東部和南部地區。[65]為了進一步鼓勵大型釀酒廠，政府還對酒廠在釀酒過程中的浪費和損耗給予一些優惠補貼，[66]大型釀酒廠難以逃避稅務檢查，因此降低了政府收稅的成本。而大型釀酒廠也比小啤酒釀造商有更多的資源，以應付更高的稅率。結果，在1686年到1688年間，每年酒類消費稅的收入高達62萬英鎊。[67]

1660年至1662年間，王室和保王黨議會就解決王室通常收入問題達成協議。但當時沒有人能預料到，20年後集中徵收酒類消費稅會如此富有成效。當議會決定將灶戶稅列入王室的通常收入中時，對灶戶稅收益的估價，從30萬英鎊到100萬英鎊不等，高於消費稅收入的評估。[68]不過，集中徵收灶戶稅卻是不可能完成的任務。挨家挨戶地去查收的政治和行政的成本都太高了。即使經濟增長，灶戶稅也沒有增長的空間，到1688年其年淨收益僅為21.6萬英鎊。[69]

關稅和消費稅的集中徵收，在很大程度上改變了王室和議會之間的權力關係。雖然下議院嚴控月課和附加稅（議會批准的非常收入），但王室不再迫切需要這些非通常收入了。從1685年到1688年，王室的年均通常收入增長到約160萬英鎊。[70]這使得詹姆斯二世（James II）能夠維持一支約2萬名士兵的常備軍，相當於當時歐洲常備軍的平均規模。議會和國內反對者在武力上都無法與他較量。[71]政府收入的增長主要來自間接關稅和消費稅，因此王室和土地所有者之間並沒有直接的利益衝突。

然而，在1688年前並沒有什麼迹象，顯示英國政府有朝向長期借貸制度方向發展。關稅和國內消費稅的收稅總監官，既是政府稅收的官方收款人和出納員，又是金融市場的私人金融商。他們利用各自掌握的收入作為擔保，從市場籌集短期貸款，再借給政府。在此期間，王室政府僅試圖清償其先前的債務，而沒有謀求永久性負債。[72]好的國王應該沒有負債，這一傳統觀念在當時的英國可謂根深蒂固。

信用危機與現代財政國家的興起

荷蘭人在1688年11月入侵英國，對光榮革命的發生來説至關重要。正如喬納森・伊斯雷爾（Jonathan Israel）所強調的，這場革命主要是由荷蘭與天主教法國對抗的戰略考慮所決定，而非英國詹姆斯二世的國內對手所能左右。[73]當荷蘭人在1689年把英國帶入與法國的衝突時，沒有一個英國人能夠預料到，這一衝突開啟了耗費巨大、延續近20年的「九年戰爭」和西班牙王位繼承戰爭。「九年戰爭」期間，不斷增加的軍費開支、沉重的稅收和經濟衰退，導致了王室政府和議會之間的激烈對抗。

議會議員不能決定外交政策，因為外交政策的制定屬於國王

的特權。於是，議員轉而努力去控制政府財政。為了確保議會在
國家政治發揮常規作用，議會在1690年有意投票授權威廉三世
（William III）和瑪麗（Mary）以不足支付其開支的通常收入，並只
批准給予王室四年的關稅收入；而自從亨利六世（Henry VI，
1421–1471）以來，關稅一直是國王的永久性收入。[74]下議院在
1690年設立公共賬目委員會，並在1691年至1697年、1702年至
1704年、1711年至1713年幾個時期，對陸軍、海軍等主要政府
部門的開支進行了多次審查。1694年通過的「三年法案」（Triennial
Act），首次保證了議會的定期召開。

更重要的是，議會於1698年通過了「王室專款法案」（Civil List
Act），廢除了王室通常收入與議會所撥非通常收入之間長達一個
世紀的分離狀態，這種分離是領地國家制度的最後殘餘。從此，
政府三大支柱收入（土地稅、關稅、消費稅）成了議會的常規供
給。議會劃撥一大筆專款（每年70萬英鎊），以支付王室家庭和政
府日常運作的費用。[75]然而，議會的各項稅收在1698年永久固定
下來的這一事實，並不意味着它們會被用來擔保國家的永久債務。

議會在監督政府財政方面的最大障礙，是政府部門的簿記缺
乏標準和統一，特別是在陸軍和海軍這兩個最大的支出部門。
1695年，下議院組建的委員會調查了陸軍的財務管理情況；據其
報告，軍隊賬目「混亂得一塌糊塗」，以致無法對總賬目作任何合
理的估計。拉內勒夫伯爵（Earl of Ranelagh）於1688年至1702年間
擔任陸軍軍需官，他的賬目「極其籠統、模糊不清」，甚至沒有列
出特定權證的日期和明細賬目。[76]至於海軍方面，財務署和下議
院只收到非常籠統的年度總開支估算，無法獲得各項開支項目的
具體信息。而未經財務署或議會批准，海軍可以發行短期信用債
券以彌補當前開支的赤字。[77]鑒於以上種種情況，議會對政府賬
目的調查，很快就失去了實際意義。[78]

1688年後，議會沒有鼓勵債權人向英國政府提供更長期限的貸款。隨威廉三世軍隊一起來到英國的荷蘭金融專家，並沒有引入新的金融方法來籌集長期信貸。當時，阿姆斯特丹銀行主要是股票商人的交易所，並不直接向荷蘭政府提供貸款。與英國一樣，荷蘭政府主要依靠各種稅收的收稅官來獲得短期信貸。[79] 1689年，英國政府在與法國開戰後繼續利用短期貸款來滿足其所需的軍費開支，並根據未來的預期稅收來發行財務署券。這些財務署券與1665年發行的財務署券類似，可以轉讓，但只能在司庫兌現。然而，不斷攀升的戰爭開支，迫使英國政府在1690年發行沒有任何資金或特定稅收擔保的空頭財務署券這樣的信用工具。[80] 從1688年到1693年，利率為7%至8%的短期債券總額上升到1,500萬英鎊，其中包括大量由海軍、軍械署、後勤補給處發行的債券，這些債券都沒有任何指定稅收作為擔保。[81] 1693年至1694年，這些短期信用工具在市場上大幅貶值。

這一緊迫的形勢，迫使英國政府在1693年尋求長期信貸。英國政府嘗試以三種方法從公眾那裏籌集長期信貸：唐提（tontine）聯合養老保險、彩票和單人人壽年金。[82] 儘管利率高達自6%到14%不等，而且有議會稅收款項作擔保，政府在1693年至1697年間只籌集到130萬英鎊。[83] 除了直接向公眾借款外，英國政府還從壟斷海外貿易或鈔票發行的特許公司獲得長期貸款。這些借貸債券不是永久性的，因為政府可以通過退還貸款本金來終止所簽的借款合約。通過這種方式，英國政府於1698年從新東印度公司籌集到200萬英鎊。[84]

英國政府於1694年從新成立的英格蘭銀行獲得貸款，標誌着一場非常重要的使用鈔票貨幣試驗。在1691年至1693年間，英國政府收到了至少三項發行鈔票作為法定貨幣的提案，其中一項就是由英格蘭銀行的早期發起人提出。然而議會認為這種想法太

過冒險。[85] 現在，英國王室特許英格蘭銀行作為鈔票發行公司，以換取利率為8%的120萬英鎊的長期借貸，而這筆貸款由英格蘭銀行發行的銀行券支付。英格蘭銀行初始資本金的五分之四是由政府未清償的債券組成，它們在當時市場上的折扣率超過30%。政府的短期債券，就這樣被轉換成了銀行券。由於英格蘭銀行是根據一定的保證金比例來發行銀行券，保證兌換已發行銀行券的壓力，要小於確保贖回所有未兌現政府債券的壓力。儘管如此，英國政府最初的紙幣試驗還是小心翼翼，並沒有賦予英格蘭銀行發行紙鈔的壟斷權，更不用說讓這些銀行券成為法定貨幣了。[86] 同時，由於英格蘭銀行現金儲備率較低，其早期的銀行券信譽低下。在1697年，英格蘭銀行不得不暫時中止其銀行券的兌換。[87]

英格蘭銀行以面值大幅打折的政府債券作為資本來發行銀行券，引起了議會和王室政府的極大顧慮，甚至公開的敵意。在1696年，由溫和的輝格黨（Whigs）和托利黨（Tories）組成的「愛國黨派」（country party）控制了議會。他們試圖通過特許設立的國家土地銀行，用金屬貨幣和土地這樣的有形財產作擔保來發行銀行券，並向政府提供長期貸款。但是市場上充斥着大幅打折的政府債券；而1696年至1697年重鑄銀幣失敗，導致英國出現嚴重的現金短缺。[88] 由於擬議中的土地銀行需要現金而不是高折扣的債券來認購股票，這個方案甚至無法啟動。土地銀行計劃的失敗，促使政府發行自己的信貸工具，即帶有利息的國庫券。政府尋求與各郡的銀行家合作，以便在倫敦以外地區推廣使用。為了便於流通，國庫券是以10英鎊和5英鎊的小面額發行。為了穩定其價值，政府在1697年將其未償付的國庫券總額限定在200萬英鎊以內。[89]

1693年至1697年間，英國政府發行長期債券的信譽相當低。這主要是由於其無法獲得足夠的稅收，來償還迅速增長的債務。議會准許對不動產和個人財產徵收各種直接稅，如月課、人頭

稅，甚至對結婚、生育、葬禮、房屋和小販徵稅。由於在評估和
徵收方面存在行政和政治上的雙重困難，議會放棄試圖對個人收
入徵稅。十七世紀九十年代，直接稅的徵收主要針對鄉村和城鎮
評估過的地產。[90]儘管議會否決了一般性消費稅計劃，但是它提
高了既有消費稅的額外稅率，並在消費稅清單上增加了新項目，
包括海運的煤、鹽和香料。不過，1696年的經濟嚴重衰退、外貿
中斷、重鑄貨幣造成的現金短缺，大大減少了由消費稅和關稅獲
取的收入。[91]威廉三世任命的新消費稅專員管理不善，並政治清
洗稅務官員，進一步降低了消費稅徵收的效率。[92]

　　1697年九年戰爭結束時，英國政府擁有1,220萬英鎊無資金
擔保的短期負債，以及510萬英鎊有租稅擔保的長期債務。[93]對於
一個在十八世紀初年總收入在400萬至500萬英鎊左右的政府來
說，這是龐大的債務。1659年護國政府倒台時，其總債務不過
220萬英鎊；然而不同的是，十七世紀九十年代的英國政府可以
尋求財力雄厚的金融商幫助其處理債務負擔。十七世紀八十至九
十年代，倫敦證券市場發展迅速，形成了密集的社會網絡。在這
個網絡，大量投資者相互交換信息和知識，試圖從私營股份公司
的創立和英國政府的公債中獲利。[94]此外，光榮革命後的宗教寬
容政策，也吸引了大批新教徒來英國尋求庇護，他們不僅帶來了
財富，還在長期貸款和國際金融網絡等方面帶來了金融制度創
新。[95]不信奉英國國教的新教徒，無論是作為董事還是投資者，
對於股份公司(如英格蘭銀行、新東印度公司)創立都是至關重
要。[96]這些實力雄厚的股份公司在直接向政府提供信貸方面，取
代了關稅和國內消費稅稅務總監官的作用。

　　在這種情況下，政府越來越關注如何收取更多的稅收來償還
債務。1697年後，財務署努力提高徵收消費稅的效率，加強國產
稅局的集中管理。[97]十八世紀開始，通過安全、快速的匯票將收

稅款匯兌到在倫敦的私人銀行家，已經成為國產稅局稅務官的工作慣例。[98]然而，通向長期信貸之路在1697年還遠非不可逆轉。

在眾多特許的有限股份公司中，新東印度公司向政府提供了長期信貸以換取對遠東貿易的壟斷權。一旦獲得特許，它就沒有必要繼續接受政府無資金擔保的短期債務來承擔額外的風險。海外貿易的波動性，也限制了它向政府增加長期貸款的能力。相比之下，英格蘭銀行更有能力將政府短期債務轉換成長期債務。議會在1697年把該銀行的特許經營權延長到1719年，並保證它是議會唯一授權發行銀行券的銀行。作為對這種特權的回報，英格蘭銀行在其資本金中增加了1,001,171英鎊，其中五分之四來自按面值計算的政府債券（雖然它們在市場上要打40%的折扣），其餘的則是來自英格蘭銀行自己的銀行券。[99]同年，丹尼爾·笛福（Daniel Defoe）建議英格蘭銀行增加500萬英鎊資本以發行價值1,000萬英鎊的鈔票，並在英國每個城鎮設立分行，以便將錢款匯出或匯入倫敦。[100]這個方案將把英格蘭銀行變為真正的「英國國家銀行」，而不是所有業務都集中在大倫敦地區的「倫敦銀行」。如果議會將其銀行券定為法定貨幣，那麼英格蘭銀行就能大大增加其銀行券的發行量。

然而，英格蘭銀行在十七世紀九十年代末仍然只是私人「投資信託公司」，主要通過向政府貸款獲利。議會並沒有賦予其銀行券以法定貨幣的地位，這些銀行券不得不與市場中其他私人金融商發行的鈔票以及政府發行的國庫券競爭。這大大限制了該銀行接受更多政府未償債券的能力。英格蘭銀行是輝格黨主導的機構，但當政府中重要輝格黨成員、財政大臣蒙塔古（Montagu）於1697年要求銀行再持有1,000萬英鎊無稅收擔保的政府債券作為股本時，英格蘭銀行卻予以拒絕。[101]商業利益的算計壓倒了政治聯盟的考量。

　　與此同時，國內的政治形勢使政府債務問題更加複雜。1697
年九年戰爭結束時，由托利黨和「愛國輝格黨」組成的「愛國黨派」
對戰時政府財政中的腐敗和管理不善深感失望。[102] 這些土地所有
者，也對經濟衰退、高利率、以及沉重的土地稅感到不滿。在他
們看來，政府的借貸只是將土地財富轉移到一小撮金融商那裏。
他們對政府永久性債務抱有敵意，寧願清償債務。[103] 1697年至
1701年間，下議院通過了一系列法案，以削減常備軍的規模和開
銷，減少政府財務官員在議會辯論中的影響。[104] 時至1698年，英
國政府共發行1,220萬英鎊無資金擔保的短期債券和510萬英鎊有
資金擔保的長期債券。[105] 隨着國內經濟和對外貿易的恢復，政府
的稅收淨收入增加到400多萬英鎊，而1700年的政府開支減少到
300萬英鎊。1701年，無資金擔保的短期債務和有資金擔保的長
期債務分別減少到940萬英鎊和470萬英鎊。[106] 十七世紀末，政
府債務規模不斷縮小，至少使得本金的清償變得可能。

　　然而，西班牙國王卡洛斯二世 (Carlos II) 突然去世，再次激
起英國與法國之間的衝突，觸發1702年西班牙王位繼承戰爭。[107]
當戰爭在1713年結束時，英國政府的債務狀況已經完全改變
了，其債務總額已上升到4,800萬英鎊，每年支付的利息約佔政
府年度支出的一半以上。[108] 在此關鍵時刻，政府解決問題的方
向變得清晰明確，決心把所有無資金擔保的短期債務轉換為利率
較低的長期債務。儘管托利黨和輝格黨在外交和宗教政策上存
在很大分歧，但其主導的內閣都更多地依賴間接關稅和消費稅來
增加政府收入，而非直接徵收土地稅。[109] 獲取可靠間接收入來
償還政府長期債務的壓力，促使英國政府提高徵收消費稅的效
率。1717年後，英國國產稅局成為在黨派鬥爭中保持中立的行
政部門。[110]

圖 2.1 1692 年至 1799 年英國政府的淨收入和支出總額

資料來源：B. R. Mitchell, *Abstract of British Historical Statistics* (Cambridge: Cambridge University Press, 1962), pp. 336–391.

　　儘管在 1713 年後，用間接稅支撐永久債務的方向變得不可逆轉，但仍然有兩條截然不同的道路可供選擇。一條是將債務轉換為利率較低的永久年金，政府只需要支付利息。另一條則是將債務轉化為經濟活動中使用的紙鈔。英國政府在 1713 年之前，曾使用這兩種方法來增加長期信貸。

　　西班牙王位繼承戰爭期間，英格蘭銀行在財政的地位發生了重大變化。作為政府的主要短期放貸者，它一直將政府債券視為有價證券。[111] 作為回報，議會授之以特權，讓英格蘭銀行成為唯一可以擁有六個以上合伙人的銀行券發行公司。[112] 1707 年，英格蘭銀行開始認購財務署發行的國庫券，這不僅消除了其銀行券發

圖2.2 1692年至1799年英國政府的總淨收入來源

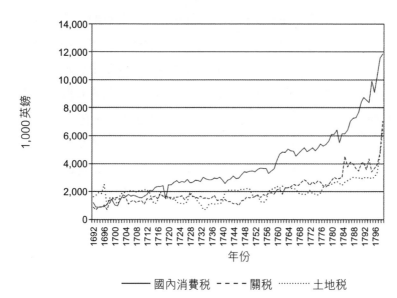

── 國內消費稅 ─ ─ ─ 關稅 ·········· 土地稅

資料來源：B. R. Mitchell, *Abstract of British Historical Statistics* (Cambridge: Cambridge University Press, 1962), pp. 386–388.

行的一個主要競爭對手，而且鞏固了它在政府短期融資的重要地位。[113] 由於其絕大部分資本金來自國債券和國庫券，政府及時清算這些未償還的債券對於英格蘭銀行確保其銀行券的信譽至關重要。因此，英格蘭銀行根本沒有興趣去持有無指定稅收擔保的短期債券，比如海軍、軍械署、後勤補給處的債券。

在這種情況下，托利黨政府於1711年特許南海公司（South Sea Company）將海軍、軍械署、後勤補給處未清償的950萬英鎊的債券，根據其面值轉換成年利率為6%的可贖回長期年金。南海公司可以用這些年金作擔保，通過發行能夠在證券市場自由轉讓的股票來籌集資金。作為回報，議會授權南海公司壟斷與西班

牙帝國的貿易。[114]正如拉里‧尼爾 (Larry Neal) 強調的，南海公司是解決政府無資金擔保債務的重要途徑。即使公司的海外貿易沒有任何盈利，它的股東仍然可以從政府支付的年金和公司股票的交易中受益。南海公司成立之初業績不佳，主要是由於政府不能向公司股東按時支付年金。1713年戰爭結束後，隨着政府財政狀況有所改善，南海公司的股票在1716年逐漸返回其面值。[115]

1717年，英國政府邀請南海公司和英格蘭銀行競標接受其剩餘的3,100萬英鎊可贖回和不可贖回年金。南海公司可以把這些年金轉換為永久年金；而英格蘭銀行則可把它們納入其資本，並相應地增加其銀行券發行的數量。因此，這兩家公司代表着通向現代財政國家的不同道路，一條是發行永久債券，另一條是發行紙鈔。但是，他們接受政府債務的條款和消化債務所需的時間，都有明顯的不同。為了中標，英格蘭銀行最多可以向政府支付540萬英鎊，而南海公司則願提供760萬英鎊。英格蘭銀行提出用其股票面值來換取政府債權人的資產，用25年的時間來消化政府債務。[116]而南海公司計劃利用其股票在市場上的高價，在五年內就兌換相同數額的政府債務。[117]南海公司的提案，對政府來說無疑更具吸引力。而英國政府此時已經顯示出較強的間接稅徵收能力，因此，接管政府債務將會有利可圖。至於英格蘭銀行，由於它在戰時給政府提供了至關重要的金融資源，其在政府內部應該能得到更多的支持。但為什麼英格蘭銀行沒有為政府提供更好的條件呢？

發行銀行券是當時英格蘭銀行最重要的業務，其發行量從1700年的150萬英鎊增加到1750年的400萬英鎊。如果英格蘭銀行要在五年內將3,100萬英鎊政府債務納入其資本，它將不得不大幅增加其銀行券的發行量。而同一時期，英國經濟中的金屬貨幣數量從700萬英鎊增加到1,800萬英鎊。[118]據估計，1700年英國

的貨幣存量約為1,450萬英鎊，1750年則為3,000萬英鎊。這意味着，如果發行的銀行券能夠在整個英國經濟中而不是僅在大倫敦地區流通，那麼英格蘭銀行在增加紙鈔的發行量方面有着巨大的潛力。

然而，英格蘭銀行在1719年尚未在倫敦以外的地區開設任何分行。主要的金匠銀行家在英格蘭銀行也沒有大量存款。[119]由於金匠銀行不是股份有限公司，他們可以合法地發行自己的銀行券。此外，英格蘭銀行尚未壟斷稅收和官方資金的匯兌業務，甚至陸軍和海軍的財務總監也未將其持有資金存入英格蘭銀行。[120]雖然英格蘭銀行方面表示有興趣接管稅收的匯兌，但由於私人銀行家的抵制，此舉沒有成功。[121]由於英格蘭銀行尚未成為壟斷稅收匯兌以及發行作為法定貨幣紙鈔的公共銀行，它在短期內難以通過大幅擴大銀行券的發行來接管剩餘的政府債務。

相比之下，南海公司可以發行更多公司股票，來交換現有的不可贖回年金。這些年金的流動性很低，而且在國庫轉讓、兌現的程序上既緩慢又麻煩；而轉換為南海公司的股票後，這些年金可以在證券市場上自由交易。[122]所以，不可贖回年金的持有人有動力自願將這些資產兌換成股票，即使利率較低，因為政府準時支付利息，股票又有較好的流動性，他們依然能夠從中受益。如果南海公司將不可贖回年金與股票面值進行兌換，本可以採取漸進的方式轉換政府債務。然而，南海公司提出利用其股票的市場價格來兌換年金，這為政府提供了快速清償其剩餘債務的捷徑。

在1720年臭名遠揚的南海泡沫 (South Sea Bubble)，南海公司的股票在市場上價值暴漲，誘使不可贖回年金的持有人在數月內將其資產換成股票。[123]當泡沫在同一年破裂時，80%的不可贖回年金和85%的可贖回年金已轉換為南海公司的股票。這些在1727年都轉為利率為3%的永久年金。[124]對於剩餘的高利率可贖回年

金，當市場利率較低時，英國政府可以通過償還債務本金這一確實有效的威脅手段，迫使其持有人接受較低的利率。

隨着英國政府逐漸展現出其能夠從關稅和消費稅可靠地徵收間接稅，並且能按時向年金持有者支付利息的能力，按期支付利息的年金成為小型投資者的安全投資渠道。市場上顯著的安全性和流動性彌補了這種年金的低利率。[125]從十八世紀二十年代開始，英國不可逆轉地朝着永久信貸的現代財政國家邁進。按時支付利息，吸引了更多永久年金的認購者，這促使政府保持和加強徵收間接稅的效率。十八世紀二十年代出現的現代財政國家，到1752年得到進一步鞏固。當時，英國政府已將其長期債務轉變為「3%年利的永久公債」，即年利率為3%的按時支付利息的永久年金。

新建的現代財政國家制度的分配效應，對其穩定起到了重要作用。對關稅和消費稅的依賴，極大緩解了政府和地主階級之間的緊張關係。[126]執政的輝格黨可以把降低土地稅作為安撫托利黨的政治策略。十八世紀二十年代後，土地稅徵收的管理大為鬆弛，導致普遍的稅賦低估和逃稅現象。[127]而普通消費者由於受到「集體行動問題」的困擾，成了政府稅收政策的犧牲品，無法有效抵制不斷增長的消費稅。[128]政府長期債券的低利率，也減少了金融階級和土地所有者之間的利益衝突。這樣一系列的分配效應，也說明了為什麼國產稅局的高效率在十八世紀的英國僅僅是例外而非政府常態。在1715年後出現的輝格黨寡頭壟斷政權，只要政府有足夠的收入穩定地償還其不斷增長的債務，議會和王室政府都沒有動機去主動懲治腐敗，以進一步提高財政的整體效率。例如，關稅徵收的效率就因庇護網絡關係、掛名任職等陋習而導致管理不善。

十八世紀上半葉英國的社會經濟條件，有利於英國政府嘗試各種長期信貸手段。參加西班牙和奧地利的王位繼承戰爭，雖然增加了英國政府的債務負擔，但英國與美洲的對外貿易卻沒有因

此中斷，這與十七世紀九十年代的經濟衰退、收成不佳、金屬貨幣短缺、以及外貿中斷形成了鮮明對比。十八世紀以後，英國的對外貿易穩步發展，尤其是從北美和印度經英國再出口到歐洲市場的貨物，開始迅速增長，到十八世紀五十年代已佔出口總量的40%。儘管關稅的徵收效率低下和管理不善，但這一時期對外貿易量的增長，使得關稅收入顯著增加。[129]

國內經濟穩步發展，因此人們能夠承受主要消費品 (特別是啤酒和麥芽酒) 稅率的不斷提升。這些稅收佔十八世紀上半葉消費稅總收入的四分之一。在消費稅的徵收，這些大眾消費品的生產規模和集中程度，對徵收效率有着顯而易見的影響。十七世紀末以來，倫敦大眾啤酒釀造廠的規模一直在擴大。十八世紀二十年代，啤酒釀造的技術革新，促進了倫敦等大城市啤酒的大規模生產和銷售。[130]隨着小型釀酒商被逐出市場，巨型大眾釀酒廠得以日益控制零售網絡，政府官員徵收啤酒消費稅也變得更容易。[131]高消費稅和對大生產者有利的補貼政策，加高了進入啤酒釀造業的門檻。換而言之，政府和大型啤酒釀造商以普通消費者為代價，共同瓜分啤酒生產和銷售的壟斷性租金。

相比之下，國產稅局的官員發現，從分散的小生產商徵稅相當不容易。例如，麥芽生產的分散性質，使得以提高麥芽稅稅率來增加稅收的企圖會適得其反，因為稅收官員無法控制因此產生的逃稅行為。[132]出於同樣的原因，各郡縣的收稅效率明顯低於倫敦這樣的大都市。[133]同樣，由於有數目龐大的小蒸餾商，稅收官員也發現很難從金酒 (gin) 的消費中徵收相應的稅款。由於普遍存在的逃稅和走私，1736年英國消費的1,400萬加侖金酒中，只有44%繳了稅。[134]

倫敦在英國的國內外貿易和金融市場的主導地位，顯著地影響着英國走向現代財政國家的路徑。倫敦有相當數量的金融商和

投資者，在1690年代至1710年代有足夠的資本大量購買在市場上價格低廉的政府短期債券，以期獲得未來的投機利潤。這些有利因素，給英國政府提供了必要的時間去探索將短期債務轉換為長期債務的各種方案。十八世紀上半葉，英國國內金融市場尚未完全整合。這一時期的政府巨額借款，並未吸引到全國的投資者。[135] 在十八世紀五十年代，英國政府長期年金的6萬名認購者中，約90%居住在倫敦和英國的東南部。[136] 十八世紀初，倫敦金融市場逐漸與西歐(尤其是阿姆斯特丹)的主要金融市場融為一體。[137] 因此，外國人持有英國政府長期債券的比例，從1723年至1724年的10%上升到1750年的20%。[138]

倫敦的地理位置，極大地方便了英國政府集中徵收間接稅。這十分明顯，因為十八世紀英國一半以上的對外貿易都要經過倫敦。而政府徵收的消費稅，大約有80%是來自倫敦或其鄰近的縣市，如赫特福德、薩里、布里斯托爾、羅切斯特、薩福克和諾維奇。相比之下，北部、中部和威爾士只佔20%。[139] 因此，倫敦受到國產稅局的嚴密監管。十八世紀後期，約18%國產消費稅的徵收官員在倫敦地區工作。[140]

1642年至1752年間，重大歷史事件和社會經濟環境共同決定了英國通往現代財政國家的路徑。十七世紀五十年代，分散的小規模消費品生產，集中徵收消費稅很難實現。金融市場的不發達，使得護國政府不可能發行長期信貸。即使社會經濟條件合適，特定歷史環境中的當權者，也不會自行實施集中稅收和長期國債的制度發展。

1660年後，財政分權與對包稅人的依賴相輔相成構成「鎖定」狀況，但其間發生了一些重要事件。第二次英荷戰爭，迫使財政枯竭的王室政府發行大量空頭國庫券這樣的信用工具以滿足其開戰後的支出需要。1688年後，雖然英國參與了國際爭霸，但十八

世紀之交，財務狀況脆弱的英國政府並不願與法國再次發生重大衝突。然而，西班牙國王之死意味着英國在 1688 年至 1713 年連續捲入了兩場耗費巨大的戰爭。戰爭帶來了巨額無資金擔保的短期債務以及高利息長期貸款，而戰後唯一可行的選擇，是將它們轉變為長期債務，以減少政府每年的利息支付。在這兩次信用危機中，如何確保已發行信貸工具的價值，需要具體的制度安排。這樣特定的制度安排，排除了其他包括財政分權、包稅制和對短期信貸的依賴等種種可能的替代結果。如果信用危機沒有發生，其中任意一項替代方案，都很可能會被歷史中的當事人「鎖定」。最後，由於信用危機威脅着國家的信譽，無論哪個政治集團上台，這都是他們必須解決的問題。1720 年後，集中徵收間接稅和確保國家永久債務信譽之間的相互強化過程，使得新興的現代財政國家得到了進一步鞏固。

註釋

1　Larry Neal, "The Finance of Business during the Industrial Revolution," in Roderick Floud and D. N. McCloskey, eds., *The Economic History of Britain Since 1700*, vol.1, 2nd ed. (Cambridge and New York: Cambridge University Press, 1992), pp. 165 and 172–173.

2　M. P. Ashley, *Financial and Commercial Policy under the Cromwellian Protectorate* (Oxford: Oxford University Press, H. Milford, 1934), p. 66.

3　James S. Wheeler, *The Making of a World Power: War and the Military Revolution in Seventeenth-Century England* (Stroud, UK: Sutton, 1999), pp. 118–119.

4　Ashley, *Financial and Commercial Policy under the Cromwellian Protectorate*, pp. 40–41.

5　Wheeler, *The Making of a World Power*, p. 141.

6　James S. Wheeler, "Navy Finance, 1649–1660," *Historical Journal* 39, no. 2 (June 1996): 459–460.

7　Ian Gentles, *The New Model Army in England, Ireland, and Scotland, 1645–1653* (Oxford and Cambridge, MA: B. Blackwell, 1992), p. 28.

8   Wheeler, *The Making of a World Power*, p. 157. 1658年3月到1660年8月間，
     這一比例高達60%。Ibid., p. 166.

9   在這一時期，實物稅並不罕見，因為只有一半的稅款需要以現金支付。
     參見Michael J. Braddick, *Parliamentary Taxation in Seventeenth-Century England:
     Local Administration and Response* (Woodbridge, UK, and Rochester, NY: Royal
     Historical Society/Boydell Press, 1994), p. 153, particularly footnote 155.

10   Gentles, *The New Model Army in England, Ireland, and Scotland*, p. 48.

11   Wheeler, *The Making of a World Power*, p. 158.

12   Ashley, *Financial and Commercial Policy under the Cromwellian Protectorate*, p.
     82. 有關漢普郡稅收分散支發制度的詳細情況，參見Andrew M. Coleby,
     Central Government and the Localities: Hampshire, 1649–1689 (Cambridge and
     New York: Cambridge University Press, 1987), pp. 47–48.

13   數據引自Wheeler, *The Making of a World Power*, p. 213.

14   Patrick K. O'Brien and Philip A. Hunt, "Excises and the Rise of a Fiscal State in
     England, 1586–1688,"in W. M. Ormrod, Margaret Bonney, and Richard
     Bonney, eds., *Crises, Revolutions, and Self-Sustained Growth: Essays in European
     Fiscal History, 1130–1830* (Stamford, UK: Shaun Tyas, 1999), pp. 209–214;
     Michael J. Braddick, "Popular Politics and Public Policy: The Excise Riots at
     Smithfield in February 1647 and Its Aftermath," *Historical Journal* 34, no. 3
     (September 1991): 597–626.

15   Braddick, *Parliamentary Taxation in Seventeenth-Century England*, pp. 191–193.

16   Ibid., pp. 135–136.

17   Peter Clark, *The English Alehouse: A Social History, 1200–1830* (London:
     Longman, 1983), p. 177; and Peter Haydon, *The English Pub: A History*
     (London: Robert Hale, 1994), p. 71.

18   Ashley, *Financial and Commercial Policy under the Cromwellian Protectorate*, p. 96.

19   有關克倫威爾在構建集中財政管理方面失敗的嘗試，參見David
     Underdown, "Settlement in the Counties, 1653–1658," in G. E. Aylmer, ed.,
     The Interregnum: The Quest for Settlement, 1646–1660 (London: Macmillan,
     1972).

20   Wheeler, *The Making of a World Power*, p. 193.

21   Ashley, *Financial and Commercial Policy under the Cromwellian Protectorate*, pp.
     98–99.

22   Ibid., pp. 107.

23   1651年至1660年間，這一比例在60.5%至82.2%之間浮動。引自Wheeler,
     "Navy Finance, 1649–1660," 463.

24 Bernard Capp, *Cromwell's Navy: The Fleet and the English Revolution, 1648–1660* (Oxford: Clarendon Press, 1989), p. 364; Wheeler, "Navy Finance, 1649–1660," 465.

25 Wheeler, "Navy Finance, 1649–1660," 460.

26 C. D. Chandaman, *The English Public Revenue, 1660–1688* (Oxford: Clarendon Press, 1975), p. 206.

27 Glenn O. Nichols, "English Government Borrowing, 1660–1688," *Journal of British Studies* 10, no. 2 (May 1971): 89; and Chandaman, *The English Public Revenue*, p.196.

28 Robert Ashton, "Revenue Farming under the Early Stuarts," *Economic History Review*, n.s., 8, no. 3 (1956): 311–313.

29 Nichols, "English Government Borrowing," 89.

30 以貝克韋爾為例，他在1666年的投資有90%以上借給了政府。參見 Henry Roseveare, *The Financial Revolution, 1660–1760* (London: Longman, 1991), p. 20.

31 關於斯圖亞特王朝初年使用國債進行赤字融資，參見Robert Ashton, *The Crown and the Money Market, 1603–1640* (Oxford: Clarendon Press, 1960), pp. 48–50. 有關復辟時期國債的使用，參見Chandaman, *The English Public Revenue*, pp. 287–294.

32 例如，斯蒂芬·福克斯爵士1661年在衛隊做過出納，後來在軍隊做出納，再後來成了王室的出納。他能夠按時在英國財務署兌現其司庫債券，因此在處理政府開支的過程中獲得了豐厚的利潤。參見C. G. A. Clay, Public Finance and Private Wealth: The Career of Sir Stephen Fox, 1626–1716 (Oxford: Clarendon Press, 1978)，particularly chapters 3 and 4.

33 Paul Seaward, "The House of Commons Committee of Trade and the Origins of the Second Anglo-Dutch War, 1664," *Historical Journal* 30, no. 2 (June 1987): 437–452.

34 Paul Seaward, *The Cavalier Parliament and the Reconstruction of the Old Regime, 1660–1667* (Cambridge and New York: Cambridge University Press, 1989), pp. 239–240 and 303.

35 喬治·唐寧爵士在護國政府的財政管理方面有一些實際經驗。他親眼目睹了荷蘭政府如何通過有效管理稅收來確立其信譽，從而可以輕而易舉地從金融市場借款。有關唐寧的早期背景及這與他提出「財務署券制度」的關係，參見Jonathan Scott, "'Good Night Amsterdam.' Sir George Downing and Anglo-Dutch Statebuilding," *English Historical Review* 118, no. 476 (April 2003): 334–356.

36　Henry Roseveare, *The Treasury, 1660–1870: The Foundations of Control* (London: Allen & Unwin, 1973), pp. 18 and 24–26.

37　Ibid., pp. 52–53.

38　J. R. Jones, *The Anglo-Dutch Wars of the Seventeenth Century* (London: Longman, 1996), p. 96.

39　Chandaman, *The English Public Revenue*, pp. 211–212; Seaward, *The Cavalier Parliament and the Reconstruction of the Old Regime*, p. 317.

40　國產消費稅合同於1668年到期，關稅合同於1671年到期，灶戶稅合同於1673年到期。參見Chandaman, *The English Public Revenue*, pp. 215–216.

41　Howard Tomlinson, "Financial and Administrative Developments in England, 1660–88,"in J. R. Jones, ed., *The Restored Monarchy, 1660–1688* (Totowa, NJ: Rowman and Littlefield, 1979), pp. 96–97.

42　Chandaman, *The English Public Revenue*, pp. 216 and 219.

43　Ibid., p. 297; Nichols, "English Government Borrowing," 99.

44　Roseveare, *The Treasury*, pp. 22–36; Chandaman, *The English Public Revenue*, pp. 213–214; Stephen B. Baxter, *The Development of the Treasury, 1660–1702* (Cambridge, MA: Harvard University Press, 1957), pp. 180–184.

45　Tomlinson, "Financial and Administrative Developments in England," 98–99.

46　Roseveare, *The Treasury*, pp. 27–28.

47　Chandaman, *The English Public Revenue*, p. 220.

48　Ibid., p. 226.

49　Nichols, "English Government Borrowing," 100–101.

50　1674年後，王室政府設法從其通常收入支付這筆債務的利息。參見J. Keith Horsefield, "The 'Stop of the Exchequer' Revisited," *Economic History Review*, n.s., 35, no. 4 (November 1982): 511–528.

51　Roseveare, *The Financial Revolution*, p. 22.

52　Chandaman, *The English Public Revenue*, pp. 47–49; Roseveare, *The Treasury*, pp. 54–56; J. R. Jones, *Country and Court: England, 1658–1714* (Cambridge, MA: Harvard University Press, 1978), pp. 192–196.

53　Roseveare, *The Treasury*, p. 54.

54　Ibid., p. 34.

55　Chandaman, *The English Public Revenue*, p. 54.

56　Ibid., p. 59–61；Edward Hughes, *Studies in Administration and Finance, 1558–1825, with Special Reference to the History of Salt Taxation in England* (Manchester: Manchester University Press, 1934), pp. 148–152.

57　Chandaman, *The English Public Revenue*, pp. 62–64.

58　關於 1673 年與丹比和克利福德有關的金融商集團之間的競爭，參見 Clay, *Public Finance and Private Wealth*, pp. 98–100.

59　Edgar Kiser, "Markets and Hierarchies in Early Modern Tax Systems: A Principal-Agent Analysis," *Politics and Society* 22, no. 3 (September 1994): 294.

60　出於類似原因，法國總稅務司也制定了集中的組織方法來監督、約束包稅人。參見 Eugene N. White, "From Privatized to Government-Administered Tax Collection: Tax Farming in Eighteenth-Century France," *Economic History Review* 57, no. 4 (2004): 636–663.

61　Chandaman, *The English Public Revenue*, p. 64.

62　Ibid., pp. 72–73.

63　Miles Ogborn, "The Capacities of the State: Charles Davenant and the Management of the Excise, 1683–1698," *Journal of Historical Geography* 24, no. 3 (1998): especially 295–306.

64　Chandaman, *The English Public Revenue*, p. 35.

65　Clark, *The English Alehouse*, p. 184.

66　Peter Mathias, *The Brewing Industry in England, 1700–1830* (Cambridge: Cambridge University Press, 1959), pp. 363–364.

67　Chandaman, *The English Public Revenue*, p. 75.

68　Seaward, *The Cavalier Parliament and the Reconstruction of the Old Regime*, p. 111.

69　Chandaman, *The English Public Revenue*, pp. 88–106.

70　C. D. Chandaman, "The Financial Settlement in the Parliament of 1685," in H. Hearder and H. R. Loyn, eds., *British Government and Administration: Studies Presented to S. B. Chrimes* (Cardiff: University of Wales Press, 1974), pp. 151–152.

71　John Childs, *The Army, James II, and the Glorious Revolution* (Manchester: Manchester University Press, 1980), pp. 2 and 5; and Geoffrey S. Holmes, *The Making of a Great Power: Late Stuart and Early Georgian Britain, 1660–1722* (London and New York: Longman, 1993), p. 177.

72　根據錢達曼的估計，詹姆斯二世在 1688 年之前花了將近 100 萬英鎊來清理以前的政府債務。Chandaman, "The Financial Settlement in the Parliament of 1685," 152.

73　Jonathan I. Israel, "The Dutch Role in the Glorious Revolution," in Jonathan I. Israel, ed., *The Anglo-Dutch Moment: Essays on the Glorious Revolution and Its World Impact* (Cambridge and New York: Cambridge University Press, 1991).

74　英國王室的通常收入被設定為每年不到 70 萬英鎊。即使在和平時期，每年也會出現 20 萬至 30 萬英鎊的赤字。Clayton Roberts, "The Constitutional

Significance of the Financial Settlement of 1690," *Historical Journal* 20, no. 1 (1977): 59–76.

75　E. A. Reitan, "From Revenue to Civil List, 1689–1702: The Revolution Settlement and the 'Mixed and Balanced' Constitution," *Historical Journal* 13, no. 4 (1970): 571–588.

76　John Childs, *The British Army of William III, 1689–1702* (Manchester: Manchester University Press, 1987), pp. 142 and 144.

77　詳情參見Daniel A. Baugh, *British Naval Administration in the Age of Walpole* (Princeton, NJ: Princeton University Press, 1965), pp. 452–480.

78　John Brewer, *The Sinews of Power: War, Money, and the English State, 1688–1783* (New York: Alfred A. Knopf, 1989), pp. 149–153.

79　Marjolein 't Hart, "'The Devil or the Dutch': Holland's Impact on the Financial Revolution in England, 1643–1694," *Parliament, Estates and Representation* 11, no. 1 (June 1991): 50–52.

80　P. G. M. Dickson, *The Financial Revolution in England: A Study in the Development of Public Credit, 1688–1756* (London: Macmillan, 1967), p. 351.

81　短期債券的金額計算，根據ibid., p. 344, table 53.

82　這些方法當中，英國人更喜歡年金而不是唐提聯合養老保險。參見 David R. Weir, "Tontines, Public Finance, and Revolution in France and England, 1688–1789," *Journal of Economic History* 49, no. 1 (March 1989): 95–124.

83　數據計算自table 2 (No. 1, No. 2, No. 3, No. 4, No. 6, and No. 7) in Dickson, *The Financial Revolution in England*, pp. 48–49.

84　Ibid., pp. 49.

85　J. Keith Horsefield, *British Monetary Experiments, 1650–1710* (Cambridge, MA: Harvard University Press, 1960), p. 126.

86　Roseveare, *The Financial Revolution*, p. 37.

87　1696年春季下降到12.8%，秋季下降到2.7%。參見Horsefield, *British Monetary Experiments*, p. 264.

88　Dennis Bubini, "Politics and the Battle for the Banks, 1688–1697," *English Historical Review* 85, no. 337 (October 1970): 693–714.

89　關於國庫券的首次發行，參見Dickson, *The Financial Revolution in England*, pp. 368–372.

90　J. V. Beckett, "Land Tax or Excise: The Levying of Taxation in Seventeenth- and Eighteenth-Century England," *English Historical Review* 100, no. 395 (April 1985): 298.

91 D. W. Jones, *War and Economy in the Age of William III and Marlborough* (New York: Basil Blackwell, 1988), chapter 2; and William J. Ashworth, *Customs and Excise: Trade, Production, and Consumption in England, 1640–1845* (Oxford and New York: Oxford University Press, 2003), pp. 113–114.

92 Brewer, *The Sinews of Power*, pp. 74 and 94; Hughes, *Studies in Administration and Finance*, pp. 192–194.

93 B. R. Mitchell, *Abstract of British Historical Statistics* (Cambridge: Cambridge University Press, 1962), p. 401.

94 Anne L. Murphy, *The Origins of English Financial Markets: Investment and Speculation before the South Sea Bubble* (Cambridge and New York: Cambridge University Press, 2009).

95 Larry Neal, *The Rise of Financial Capitalism: International Capital Markets in the Age of Reason* (Cambridge and New York: Cambridge University Press, 1990), pp. 10–12.

96 Bruce G. Carruthers, *City of Capital: Politics and Markets in the English Financial Revolution* (Princeton, NJ: Princeton University Press, 1996), p. 139.

97 John Brewer, "The English State and Fiscal Appropriation, 1688–1789," *Politics and Society* 16, no. 2–3 (September 1988): 367.

98 Hughes, *Studies in Administration and Finance*, 214; D. M. Joslin, "London Private Bankers, 1720–1785," *Economic History Review*, n.s., 7, no. 2 (1954): 169.

99 J. H. Clapham, *The Bank of England: A History*, vol. 1 (Cambridge: Cambridge University Press; New York: Macmillan, 1945), pp. 22–23; A. Andréadès, *History of the Bank of England, 1640–1903*, 4th ed. (London: Frank Cass, 1966), pp. 111–112.

100 Horsefield, *British Monetary Experiments*, p. 140.

101 Henry Horwitz, *Parliament, Policy, and Politics in the Reign of William III* (Newark: University of Delaware Press, 1977), pp. 187–188.

102 例如，政府部門的出納員通常用大幅打折的的國庫券來納稅，從而獲得豐厚的利潤。參見 David Ogg, *England in the Reigns of James II and William III* (Oxford: Clarendon Press; New York: Oxford University Press, 1955), pp. 88–89; Dickson, *The Financial Revolution in England*, p. 416.

103 Julian Hoppit, "Attitudes to Credit in Britain," *Historical Journal* 33, no. 2 (1990): 308–311.

104 Horwitz, *Parliament, Policy, and Politics in the Reign of William III*, chapters 10 and 11.

105　Mitchell, *Abstract of British Historical Statistics*, p. 401.

106　Ibid., pp. 401.

107　因為法國、荷蘭和英國在財政上都已疲憊不堪，無力在短時間內再發動一場大戰；所以這一突發事件，對衝突再起至關重要。

108　長期債券包括：1,250萬英鎊的「不可贖回」年金 (較長期年金於1792–1807年結束時利率為9%，較短期年金於十八世紀四十年代結束時利率為7%)；2,750萬英鎊的「可贖回」貸款，來自公眾和三家政府特許公司，其中包括英格蘭銀行 (337萬英鎊)、東印度公司 (320萬英鎊) 和南海公司 (920萬英鎊)；還有總計750萬英鎊的無資金擔保的短期債務，例如由海軍、軍械署、後勤補給處發行的以滿足其支出的債券和其他債券。參見 See Roseveare, The Financial Revolution, pp. 52–53.

109　輝格黨在1710年將蠟燭列入消費稅清單。新保守黨在1711年增加了啤酒花、獸皮和水運煤，在1712年增加了肥皂、紙張、澱粉、印花棉布、哈克尼椅、撲克和骰子。參見 T. S. Ashton, *Economic Fluctuations in England, 1700–1800* (Oxford: Clarendon, 1959), p. 28.

110　Brewer, *The Sinews of Power*, p. 75; Hughes, *Studies in Administration and Finance*, pp. 272–273.

111　Dickson, *The Financial Revolution in England*, p. 416.

112　Andréadès, *History of the Bank of England*, p. 120.

113　Dickson, *The Financial Revolution in England*, pp. 373–376.

114　在政府財政方面，1710年保守黨政府繼續與那些同輝格黨有密切聯繫的大金融商合作。參見 B. W. Hill, "The Change of Government and the 'Loss of the City', 1710–1711," *Economic History Review*, n.s., 21, no. 3 (August 1971): 395–413.

115　Neal, *The Rise of Financial Capitalism*, p. 91.

116　有關英格蘭銀行逐步轉換政府債務的建議詳情，參見 William R. Scott, *The Constitution and Finance of English, Scottish and Irish Joint-Stock Companies to 1720*, vol. 1 (1912; Bristol: Thoemmes Press, 1993), pp. 305–306.

117　Ibid., p. 306.

118　Forrest Capie, "Money and Economic Development in Eighteenth- Century England," in Leandro Prados de la Escosura, ed., *Exceptionalism and Industrialization: Britain and Its European Rivals, 1688–1815* (Cambridge and New York: Cambridge University Press, 2004), table 10.2, p. 224.

119　Dickson, *The Financial Revolution in England*, p. 390.

120　直到1780年代，英格蘭銀行才開始管理這些資金。參見 J. E. D. Binney, *British Public Finance and Administration, 1774–92* (Oxford: Clarendon Press, 1958), p. 147.

121　W. R. Ward, *The English Land Tax in the Eighteenth Century* (London: Oxford University Press, 1953), p. 48.

122　Neal, *The Rise of Financial Capitalism*, pp. 93–94.

123　在1720年，這些股票的價格從1月的128英鎊一直上漲到6月的950英鎊（有記錄的價格），到了12月又下降到155英鎊。關於金融欺詐的背景和影響，參見Julian Hoppit, "The Myths of the South Sea Bubble," *Transactions of the Royal Historical Society*, 6th ser., 12 (2002): 141–165.

124　Dickson, *The Financial Revolution in England*, p. 134.

125　Neal, "The Finance of Business during the Industrial Revolution," pp. 165, 172–173.

126　Beckett, "Land Tax or Excise," p. 305.

127　Ward, *The English Land Tax in the Eighteenth Century*, chapter 7.

128　在1733年，羅伯特‧沃波爾爵士 (Sir Robert Walpole) 試圖用進口烟草和葡萄酒的額外消費稅來取代這些商品的關稅，從而引發了大規模的反消費稅抗議活動。這些抗議活動的發起人，主要是從走私烟草中獲益的富有烟草商人，而不是普通消費者。關於大烟草商在這場「消費稅危機」中的作用，參見Paul Langford, *The Excise Crisis: Society and Politics in the Age of Walpole* (Oxford: Clarendon Press, 1975); 關於美洲殖民地烟草種植商在這些抗議中的作用，參見Jacob M. Price, "The Excise Affair Revisited: The Administrative and Colonial Dimensions of a Parliamentary Crisis," in Stephen B. Baxter, ed., *England's Rise to Greatness, 1660–1763* (Berkeley: University of California Press, 1983).

129　Binney, *British Public Finance and Administration*, pp. 31–32; Brewer, *The Sinews of Power*, pp. 101–102.

130　到了1748年，倫敦超過總量40%的啤酒由12家最大的普通釀酒商生產。參見Mathias, *The Brewing Industry in England*, p. 26.

131　關於大型釀酒商控制零售渠道的開發，參見Clark, *The English Alehouse*, p. 184.

132　Mathias, *The Brewing Industry in England*, p. 342.

133　Ibid., p. 342.

134　Haydon, *The English Pub*, pp. 89 and 95–96.

135　直到十八世紀下半葉，英國金融市場才出現一體化。參見Moshe Buchinsky and Ben Polak, "The Emergence of a National Capital Market in England, 1710–1880," *Journal of Economic History* 53, no. 1 (March 1993): 1–24; Julian Hoppit, "Financial Crises in Eighteenth-Century England," *Economic History Review*, new series, 39, no. 1 (February 1986): 52–56.

136 Roseveare, *The Financial Revolution*, p. 68.

137 Neal, *The Rise of Financial Capitalism*, chapter 3; and Larry Neal and Stephen Quinn, "Networks of Information, Markets, and Institutions in the Rise of London as a Financial Centre, 1660–1720," *Financial History Review* 8, no. 1 (April 2001): 7–26.

138 Roseveare, *The Financial Revolution*, p. 74.

139 這 80% 的消費稅中，倫敦本身就佔了三分之一。Ashton, *Economic Fluctuations in England*, p. 29.

140 Miles Ogborn, *Spaces of Modernity: London's Geographies, 1680–1780* (New York: Guilford Press, 1998), p. 194.

第3章

明治日本財政的迅速集中化，
1868–1880

　　十九世紀八十年代初，日本政府已經建立了集中型財政制度，統一徵收酒類間接稅，並集中管理政府財政。這一制度發展有助政府保障日本銀行發行紙幣的可兌換性，有利政府籌募長期國內借款。這些現代財政國家的制度特徵，與20年前的分散型財政制度以及紙幣信譽的低下形成鮮明對比。我們該如何解釋這項成就呢？

　　歷史學家坂野潤治把明治維新後的政治發展描繪成一個試錯的過程，這一過程可能有多種結果。[1]的確，1858年日本被迫開國，政治精英階層普遍有危機感。他們的共同目標是維護國家的主權和獨立。為了應對西方的威脅，十九世紀六十年代的幕府，還有薩摩、長州等強藩，都意識到「富國強兵」的重要。[2]他們實施了大致相同的現代化政策，如引進西方武器和技術，改革軍事組織，派遣官員和學生到西方學習等。[3]這使得一些歷史學家認為：那場導致明治維新的幕府與薩摩、長州兩藩的內戰，無論結果如何，對日本後來的發展都不會有什麼影響；因為無論哪方獲

勝，都將繼續實現現代化，向西方學習。[4] 從這個角度來看，明治初期制度發展的不確定性，並不是嚴重的問題；因為向西方學習，是明治時期各派領導人的共識。他們借鑒西方財政模式，進行試驗，可以逐步降低不確定性，從而建立現代財政國家。

然而，這樣描述明治維新的性質，我們就很難理解薩摩和長州為什麼要用武力去推翻幕府。1868 年內戰爆發之前，日本許多政治人物都非常擔心，幕府與薩摩、長州之間的武裝衝突可能招致西方列強的干涉。如果雙方有共同的現代化方針，對待西方的態度也都一致，為什麼他們不能以非暴力的方式來解決分歧呢？最近的史學研究對這些問題進行了新的闡述，強調十九世紀六十年代三個主要政治陣營在思想理念和制度設計上的根本分歧。這三個陣營包括：王政復古派、幕府、以及由諸如土佐、越前等強藩組成的公議政體派。幕府和公議政體派一致肯定在日本建立代議制度的重要，儘管這兩派在代議制度的具體設計上存分歧；而朝廷、薩摩和長州的保守派則傾向於恢復天皇統治的政治制度。這一根本分歧，迫使薩摩、長州兩藩用武力推翻幕府，以阻止幕府與公議政體派建立政治聯盟。

然而，1868 年武力倒幕之後，並沒有產生一個主導性的政治團體或聯盟，以決定明治時期日本的制度發展。1868 年後，控制着中央政府的薩摩派和長州派之間，以及薩摩、長州兩個藩閥和要求代議制度以保證在政策制定中更多體現「公議」的政治集團之間，權力鬥爭持續不斷。日本社會經濟環境迥異於西方，對於模式移植的優先順序和進展速度，即使在西化官員內部也存在嚴重分歧。因此，在制度發展方向上，明治政權絕不是有共識、高度統一的政治實體。

在財政方面，向西方學習並不意味着單一的制度發展方向。明治時期的政治家都知道，西方國家存在着截然不同的模式，既

有分散型的美國國民銀行體系，也有集中型的英格蘭銀行模式。此外，大隈重信、井上馨、伊藤博文和澀澤榮一等主要財政官員，也試圖汲取本國財政的歷史經驗教訓。[5]明治初期負責財政事務的由利公正和大隈重信，曾在各自不同的藩政府中擔任過「財政專家」。德川後期，各藩為組織商業壟斷以控制主要商品的生產和銷售，施行了重商主義的「國益」經濟政策。這些政策，尤其是在紙幣發行方面的努力，為明治初期政府提供了重要遺產。[6]然而，這些政策在一些藩政府導致了低效和政府赤字。德川後期的批評者呼籲，將更多的商業競爭和個人的能動性引入生產和商貿領域。[7]這些藩政府的重商主義政策能否在國家層面發揮作用，仍然無法確定。因此，各種西方經驗和日本複雜的歷史遺產，都不足以消除財政體制發展中的不確定性。

明治初期混亂、不明的局面，可導致多種結果，例如類聯邦制、漸進廢除藩制並逐步建立集權體制、急進廢藩而快速建立中央集權體制。建立西式陸、海軍以維護明治新政權需要大量軍費，但為此抽收重稅，會引起國內民眾的抵制甚至騷亂。鑒於財政首當其衝地承受着政府內部之間、國家與社會之間的利益衝突，因而，不同政治派系之間激烈的權力鬥爭使制度發展更為複雜。在制度建設的初始階段，政策失誤的概率較高。由於政治競爭對手正虎視眈眈地盯着對手任何可能的差錯和失誤，那些制度初創階段的改革領導者的政治成本相當高。在這種情況下，即使把明治初期財政制度的發展描述為不斷試錯摸索的過程，我們也不能想當然地認為，改革必然導致制度建設沿着一條特定路徑持續發展、層層推進。

鑒於多種可能的結果，我們應如何解釋日本現代財政國家的興起呢？王政復古派在1868年1月發起的武裝倒幕運動是關鍵事件。這一事件本身，遠非精心策劃或不可避免，但卻產生了意外

的後果：明治政府為了資助1868年至1869年間對親幕府軍的軍事行動，濫發不兌換紙幣。在明治初期，新政府沒有足夠收入應付正常支出，所以一直依賴不兌換紙幣。1871年8月明治政府突然決定廢藩置縣，信用危機更加惡化。突如其來的廢藩置縣，使新中央政府在建立全國徵稅制度之前，不得不使用新印製的政府紙幣來接管各藩的支出和債務。明治政府於1871年6月宣布採用金本位制，而1874年後國際市場黃金價格不斷上漲，大大增加了以黃金計價的政府紙幣的兌換難度。

雖然不兌換紙幣的發行是明治維新這一事件的意外結果，但這些紙幣的兌現問題，對隨後的財政制度發展產生了深刻而持久的影響。這一信用危機，威脅着明治政府的生存和信譽。無論哪個政治派別掌權，都必須保證紙幣可兌換。這一難題使年輕有為的官員以及一些前幕府官員有了施展才能的機會。他們嘗試了許多不同的方法，包括直接參與工商活動以及建立有效的稅務制度。而他們的政策失誤，也招致政府內部政治保守派以及社會上批評者的諸多責難。然而紙幣兌換問題，在多種可能結果存在的背景下決定着財政集中化的制度發展方向。1874年以後，不斷加深的信用危機，排除了較為漸進的方式，對財政集中化的速度產生了巨大影響。

信用危機的根源

十八世紀日本形成的早期現代國家，具有獨特的「二元主權」(dual sovereignty) 制度特徵。幕府充當中央政府，壟斷了國家的外交和貨幣權，並有權動員各藩參與水利建設、國防等大型公共項目。[8]雖然幕府嚴密控制着朝廷，但天皇理論上仍然是政治上的最高權威，只是將「大政委任」給幕府，使其成為事實上的統治者。

十八世紀末十九世紀初，朝廷勢力在國內和外交事務都逐漸開始抬頭。幕府無力應對經濟波動和社會混亂，使朝廷成為政治訴求的替代符號。例如，朝廷在1787年為了響應成千上萬遭受飢荒的災民的請願，首度發聲要求幕府提供救濟。[9]十八世紀末十九世紀初，日本史上最具影響力的國學派別「水戶學派」，主張尊皇攘夷；面對國內不斷加劇的動盪和來自西方威脅，強調天皇作為凝聚全國最高統治者的角色和地位。[10]然而，對日益增強天皇權威的期待，並沒有立即對現有政治制度造成致命打擊。在十九世紀三十、四十年代，加強海防的緊迫任務，仍然可以通過二元主權來完成。天皇理論上將國防事務「委託」給幕府，幕府則動員各藩參與，特別是像長州、薩摩、水戶等位於戰略要地的藩國。

然而，1853年美國佩里艦隊抵達日本後，二元主權承受着巨大壓力。1854年，幕府向大名領主詢問如何應對日本開國的要求，他們的回答各不相同。諸如長州、土佐、桑名和水戶等藩主的強硬派，主張以武力驅逐外敵。而包括薩摩在內的大多數藩主，則擔心西方列強的軍事優勢，因此更傾向於回避戰爭。他們提議開放一些港口，作為綏靖策略，以便讓日本有時間做好軍事準備。佐倉、津山和中津等藩的藩主則認為，在新的國際形勢下，與西方進行貿易不可避免。他們主張用通商來使日本更加富裕。[11]當朝廷和幕府在開國問題上出現分歧時，各藩之間的分裂就具有相當的顛覆性；因為大名領主可以與朝廷結盟，將他們的不滿轉變為反對幕府的政治運動。

1857年，幕府與美國人簽定了第一個通商條約，其中的條款比鴉片戰爭後西方列強強加於中國的不平等條約要好一些。[12]然而，務實的讓步成了朝廷和各藩攘夷勢力攻擊幕府的藉口。條約同意開放橫濱、長崎、新瀉和兵庫（神戶），引起許多有影響力政治人物的強烈反對，其中包括幕府中最著名的強硬派德川齊昭，

以及薩摩和長州的大名領主。攘夷的心態在朝廷公卿和各級武士階層中尤其強烈。1858年，孝明天皇拒絕敕准此項條約草案。但迫於外國的壓力，幕府在沒有得到天皇敕許的情況下，與美國、荷蘭、英國、法國和俄羅斯簽署了條約。這一舉動，顯然嚴重違反了「大政委任」的原則。於是，朝廷成了聚集激進攘夷志士的一面旗幟。

1860年，激進攘夷派公卿主導下的朝廷要求幕府「即時攘夷」。1863年，孝明天皇下令「破約攘夷」，全國攘夷的呼聲達到了頂峰。在激進攘夷派重鎮的長州，激進份子炮轟西方船隻。薩摩藩兵也與英國人發生了激烈衝突。如果幕府反對天皇的攘夷命令，這些人還準備推翻幕府的統治。[13]英國、法國、荷蘭、美國的反擊，迫使薩摩、會津等藩務實的領主與幕府合作，整肅長州和朝廷的激進攘夷志士，以避免戰敗後簽訂更為屈辱的條約。[14]

這一時期，朝廷和主要的外樣大名都參與外交政策的制定，這在德川幕府時期是史無前例的。[15]如果大名領主認為幕府的行動有損日本利益，幕府便無法調動他們的部隊，正如1866年夏天「第二次征長戰役」中所表現的那樣。越前、中國（日本地名）、九州等地的大名領主，甚至薩摩藩和秋藩的領主都認為，鑒於西方列強的威脅，幕府進一步討伐長州的行動只會削弱日本的防禦力量，因而拒絕服從幕府的命令。[16]這正式標誌着幕府統治在政治意義上的終結。[17]

幕府第十五代將軍德川慶喜實施現代化改革，以振興幕府。同時，他也意識到朝廷的支持對維護幕府對大名領主的權威，是必不可少的。薩摩、土佐和越前等強藩的領主則要求結束二元主權，以便「舉國一致」，對抗西方的壓力。1866年9月，來自越前的松平春岳提議幕府將外交權、大名指揮權、鑄幣權等大政歸還朝廷；同時還提議，政策的決定應該在各強藩代表和幕府的「公

議」基礎上作出。松平春岳的提議，得到了當時軍力最強大的薩摩藩的支持。[18]

　　1867年3月，英國和法國特使根據簽署的條約要求開放兵庫，薩摩藩領主建議由朝廷主持外交事務，兵庫開港的問題應該根據朝廷、幕府、強藩大名領主的「公議」來決定。[19]然而，西方列強堅持要求在兵庫實際開放日（1868年1月1日）前六個月正式公布兵庫開港；這使得日本沒有時間來解決其內部分歧。1867年6月，德川慶喜在沒有徵得強藩大名領主同意的情況下，設法得到天皇敕許，宣布兵庫開港。這一決定嚴重冒犯了這些大名領主，成為主要政治派別再度洗牌聯手的轉折點。[20]此刻，薩摩、長州和土佐等強藩領主，都一致主張幕府應該「大政奉還」朝廷。

　　儘管如此，在這一關鍵時刻，日本的政治前途仍不明朗，三個主要派系有着不同的理念、議程和制度構想。一個是王政復古派，主要由反幕府的朝廷公卿以及薩摩和長州兩藩的強硬派組成。他們的目標是恢復帝制，讓天皇在大臣的輔助下統治日本。[21]包括岩倉具視在內的許多朝廷公卿，由於在1860年至1864年間支持激進攘夷志士而受到處罰。1867年2月，天皇睦仁（即後來的明治天皇）繼位時頒發大赦令，允許他們重返朝廷。儘管在薩摩藩內部也有建立代議制機構的提議，但薩摩藩強硬派主張「公議」，卻是讓幕府失去其正當性，並獲得其他強藩領主擁戴的政治策略。[22]在反幕府朝廷公卿的支持下，薩摩和長州兩藩積極準備用武力推翻幕府。

　　另一個政治陣營是公議政體派，其領袖人物包括土佐藩領主山內容堂和越前藩大名松平春岳。這個陣營中有一些著名的西化思想家，比如來自越前的橫井小楠，他贊成類似君主立憲的體制。在這個體制中，天皇是最高統治者，但重要的政策由兩院制的立法機構「議事院」來制定。上議院是一個「大名領主代表大

會」；下議院的成員必須是「才德兼備」之人，無論他的社會地位如何。[23]公議政體派的領袖，還希望了解更多西方國家立法院的體制結構和運作情況。[24]其擬議中的兩院制議事院，將允許更多藩政府參與國家大政。

最後一個政治派別則是擁有一大批精明強幹行政官員的幕府。從荷蘭留學回來的幕府官員西周和津田真道，計劃保留幕府作為行政機構，並建立新的兩院制立法機構。上議院由大名領主組成，下議院由各藩的藩士代表組成。幕府將軍是真正的主權者，主管行政院和上議院；而天皇依舊是名義上的君主，只有儀式上的權威。[25]

直到1867年下半年，這三派之間的關係仍不確定，他們爭鬥的前景也不明朗。王政復古派和公議政體派，都對幕府簽訂的條約和兵庫開港的決定感到不滿。他們的共同要求包括：幕府將大政奉還朝廷；此後外交政策應通過公議輿論來制定；日本應該試圖與西方國家簽訂新的、更平等的條約。[26]儘管如此，公議政體派跟幕府也有一致的觀點，即公議機構在政策制定中應當具有真正的政治權威。準備對幕府使用武力的王政復古派，仍然需要公議政體派的支持。但公議政體派卻希望説服德川慶喜和平地將大政交還朝廷，並與幕府一起建立新的政治代議制度。倘若德川慶喜接受這一建議，公議政體派的領袖就反對武裝倒幕。[27]

1867年11月8日，德川慶喜正式宣布將大政奉還朝廷。1868年1月2日王政復古從此結束了幕府的統治。1868年1月3日，迫於王政復古派的壓力，德川慶喜進一步宣布辭官納地，將幕府管轄的全部土地和金銀礦交還給重新掌權的朝廷政府。德川慶喜這一決定，是在與土佐和越前兩個強藩的公議政體派代表反覆協商後作出的。公議政體派的領導人現在則奔走努力，確保德川慶喜加入新政權和建立兩院制的代議機構。和平的王政復古似乎已成

定局；公議政體派和德川慶喜的聯盟，將成為王政復古派的強大對手。[28]

儘管如此，1868年1月27日，王政復古派抓住薩摩藩兵與會津、桑名兩個親幕府的藩兵在鳥羽、伏見爆發衝突這一機會，發動了武裝倒幕的軍事行動，即「戊辰戰爭」。王政復古派對戰事毫無軍費方面的準備，起初維新政府的稅收極少，在金融市場的信貸能力很低。到了1868年6月，王政復古派試圖舉債，但在大阪僅收到23萬兩，在京都僅收到17,250兩的「御用金」。但討伐親幕府軍隊的東征，預計支出卻逾300萬兩。[29]因此，王政復古派不得不發行以金計價的不兌換紙幣「太政官札」來滿足其軍費需要。到了1869年6月，明治政府已發行了價值4,800萬兩的太政官札。[30]這一緊急財政措施，即使在王政復古派內部也備受爭議，但似乎也沒有更好的選擇。[31]

對於王政復古派來說，接管政權最佳順序，應該是等到維新政府控制了幕府所管轄土地之後，再挑起衝突；或者，至少應該首先要求幕府將鑄幣權移交給朝廷。鑄幣不僅是國家主權的象徵，也是重要的收入來源。如果幕府拒絕，則顯然違反了「大政奉還」，使得武力推翻幕府名正言順。對公議政體派和德川慶喜之間聯盟的懼怕，可以解釋為什麼王政復古派在沒有充足資金準備的情況下便貿然發起倒幕軍事行動。因此，發行不兌換紙幣帶來的信用危機，是1867年末和1868年初政治權力鬥爭的意外結果，也是後來財政制度發展的外生性因素。

王政復古後的不確定性與廢藩置縣

明治政權從建立伊始，就飽受政治領導人之間權力鬥爭的困擾，這些人物有着不同理念和制度構想。在政治體制方面，王政

復古派反對公議政體派建立「公議」立法機構的嘗試。在財政方面，政治保守派和西化官員經常意見相左。財政的集中化絕不是必然的結果。

1868年6月，土佐的福岡孝弟和肥前的副島種臣起草了「政體書」，要求行政、立法、司法三權分立作為國家的基本政治原則。公議政體派的領袖，如山內容堂（土佐藩領主）和秋月種樹，不僅參考西方國家的各種立法制度，還邀請神田孝平、加藤弘之、津田真道這些研究過西方憲政的前幕府官員加入他們的事業。1869年4月18日，他們成立了帶有政策討論性質的「公議所」，其成員為來自各藩的藩士代表。

然而，王政復古派中的政治保守派，尤其是岩倉具視、三條實美這樣的朝廷公卿，都不喜歡公議所的這些西化分子。[32]1869年6月，親幕府軍隊被徹底擊敗後，朝廷公卿和薩摩、長州的首領主宰了中央政府。他們將公議所改組成純粹的諮詢機構，並更名為「集議院」，使之不再具有決策權。山內容堂、秋月種樹、加藤弘之、津田真道等公議政體派知名人士，都被逐出集議院。大原重德等攘夷派朝廷公卿把持集議院，使之變成一個攻擊西化官員的陣地。[33]

大藏省是西化官員的主要堡壘。1869年9月，為了加強對前幕府領土稅收的監督，大藏省與民部省合併，成為政府中權力最大的部門。負責該部事務的大隈重信，身邊聚集了井上馨、伊藤博文等許多年輕的西化官員。他還邀請了澀澤榮一等前幕府官員加入大藏省。有大藏省「智囊團」之稱的「改正掛」，13名成員中有9人是前幕府官員。[34]

由於不平等條約使得日本無法通過提高關稅來增加政府收入，明治政府只得首先依靠從前幕府領土徵收的稅收。為此，許多前幕府的地方官被留任以幫助新政府徵稅。[35]在財政困難的壓

力下，儘管1868年和1869年出現大量歉收，大隈重信還是禁止
減免土地稅。[36]如此嚴厲的措施，在日田、信州、福島等地引起
了大規模的農民暴動。地方官員首當其衝，在農民抗議的衝擊
下，他們也要求中央降低稅收，以作為「仁政」來顯示新政權的正
當性。[37]

　　在增加政府收入的壓力下，大藏省的西化官員也試圖通過投
資鐵路建設和採礦業來直接賺錢。這一政策體現了領地國家的財
政原則，並與德川後期開始的私人資本逐漸進入金銀礦開採的趨
勢背道而馳。[38]井上馨甚至動用政府儲備基金，投資發展金、
銀、銅礦的開採。[39]然而，投資鐵路建設並沒有帶來多少利潤，
反而成了嚴重的財政負擔。到了1871年，明治政府已經在鐵路鋪
設上投資了1,000多萬日圓。這對於年收入為2,000萬日圓的政府
來說，無疑是一筆巨額開支。[40]

　　財政官員受到政治保守派的猛烈抨擊，不僅由於他們倡導西
化，還因為他們的政策失誤。西鄉隆盛等政治保守派，將政府的
財政困難歸咎於鐵路建設這樣的西化工程。1870年，財政官員試
圖獲取300萬英鎊的外債用以建設鐵路，保守派得知消息後感到
十分震驚。[41]為了削弱西化財政官員的權力，大久保利通在1870
年8月把民部省與大藏省分開，並將民部省置於他的控制之下。

　　維新伊始的明治政府，根本沒有足夠的財政和軍事能力來實
現全面的中央集權，特別是在它還沒有完全接管在前幕府管轄地
域徵稅的稅務機構之前。雖然伊藤博文曾提議，朝廷應該從倒幕
戰爭調集的藩兵挑選「精兵強將」，組建朝廷直轄的「親兵」；但朝
廷無力負擔這筆費用，只好把這些藩兵遣送回各藩。[42]這樣一
來，明治政府只能依靠薩摩、長州和土佐等強藩的藩兵來遏制反
政府勢力和鎮壓農民暴動。儘管後藤象二郎、木戶孝允、伊藤博
文等官員傾向於中央集權，但他們不得不接受現實。[43]1870年

末，明治政府重要官員山縣有朋，在結束對歐洲軍事體系的考察歸國後，也不得不承認，用中央直轄的徵兵制取代士族藩兵還為時過早。[44]

1870年10月，在東京舉行的有關藩政改革的藩制會議最終達成協議，即各藩的軍事預算水平不得超過其「石高」(土地預估生產量，換算為米的產量) 的9%，其中一半送交中央，另一半留作各藩藩兵的軍費。[45]結果，各藩政府被迫通過削減家臣團的家祿和藩兵的規模來減少開支。土佐、久居、和歌山等地的藩政府開始徵用農民來取代世襲的藩兵。[46]土佐、彥根、長州、福井、米澤等藩的政府發行了債券，以解除他們向士族家臣團提供世襲家祿的義務。[47]

1870年的日本政治局面，類似於聯邦制度。而自德川幕府後期以來，聯邦制度對許多日本人一直頗有吸引力。[48]各藩未經中央批准，不得向外國人借款。[49]他們承認中央在貨幣問題上的主權，以實現貨幣統一，結束了日本通貨混亂的局面。[50]儘管各藩的領主不再世襲，必須由中央任命；但一些強藩仍然保留了相當大的自主權，可以根據具體情況改革管理體制。中央政府首先需要加強對幕府所奉還領土的徵稅能力。中央政府尚未擁有大規模的常備軍，因此無法將中央集權的制度強加到各藩頭上，特別是仍然擁有大量藩兵的薩摩、長州、土佐等藩。中央政府甚至不能保證各藩按時交納已承諾的海軍建設軍費。[51]由於財政困難，明治政府並沒有試圖通過對外征服來強化其對各藩的權威，從而加速中央集權的進程；反而否決了明治政府主要領導人之一的木戶孝允入侵朝鮮的建議，並極力避免與俄羅斯在樺太島 (即庫頁島) 問題上發生衝突。[52]

作為一個理念，政治和財政的集中化對明治政府的財政官員非常有吸引力。正如大隈重信在1870年的〈大隈參議全國一致之

論議〉中明確指出，中央政府僅靠前幕府領土八百萬石的租稅，不能供全國政務的一切用度及兵制外交等費用，因此亟需統一全國之財政，建一致之政體。[53] 但在1871年初，明治政府的領導人認為，廢藩置縣的改革並沒有那麼迫切。[54] 甚至連廣澤真臣等廢藩擁護者也承認，要先將小藩與大藩合併，再逐步增強對各藩的集權統治，而這需要相當長的時間。[55] 然而，在1868年的維新初期，這一漸進走向政治集權的進程，被明治維新時動員起來推翻幕府的激進攘夷志士擾亂了。

　　明治新政權最初用幕府簽訂的不平等條約，來剝奪其政治正當性。1868年2月8日，明治政府在遞交給西方各國公使的第一封國書中，要求修改這些條約。然而，為了使西方列強在討伐親幕府軍的內戰中保持中立，明治政府隨後迅速宣布接受所有已簽署的條約。[56] 但1868年2月4日，備前的藩兵攻擊了在神戶的外國人。3月8日，土佐的藩兵襲擊了駐紮在堺的法國兵。5月，明治政府在長崎逮捕了一百多名基督徒。從11月起，對基督徒的迫害蔓延到包括佐賀和薩摩在內的十八個藩；到了1870年2月，已有逾3,400名基督徒被投入監獄。[57] 然而，西方列強對此作出強烈反應，迫使明治領導人恢復幕府開國後的和親政策。這極大地疏離了激進攘夷志士，這幫人隨後把攻擊的目標轉向明治政府中的西化官員。1869年2月15日，著名的西化思想家橫井小楠被暗殺。同年，西式徵兵制的倡導者大村益次郎被殺害。而明治政府的許多高官，如三條實美、副島種臣、大原重德，公開同情這些激進的攘夷志士。[58]

　　到了1869年，隨着財政枯竭的藩政府，特別是長州、土佐等藩，開始削減其藩兵的人數，脫隊藩士的問題變得日益嚴重。數千名對遣散條件不滿的脫隊藩士投奔久留米、熊本、秋田等領主，因為他們以支持「即時攘夷」而聞名天下。1870年10月，這

些藩積極地與外山光輔、愛宕通旭等攘夷派大臣串謀，計劃發起所謂的「二次維新」，以推翻和親政策，並將「邪惡」的西化官員從中央政府中清除出去。1871年2月，攘夷志士殺死了明治政府的重要領導人、西式徵兵制和廢藩的著名倡導者廣澤真臣。廣澤真臣被刺事件，引發了明治政權的政治危機。[59]由於中央政府只有一支小規模的親兵，不得不請求薩摩、長州、土佐的領主派遣其藩兵，來防範攘夷志士的襲擊。1871年3月30日，來自這三個藩的8,000多名藩兵抵達東京。新一輪的體制改革開始了。

帶領薩摩藩藩兵來到東京的西鄉隆盛和大久保利通，是中央政府的實權人物。除了保護中央政府的權威，他們還有自己的政治主張。西鄉隆盛認為，像鐵路建設這樣的西化工程，既浪費資金也是對西方的「無謀之模仿」。[60]他尤其不喜歡大藏省的西化官員。在他眼裏，這些「俗吏」並不了解「德性」的重要性，只知道計算利潤。[61]在西鄉隆盛和大久保利通看來，解決財政問題的正確方法，是「停止鐵路和蒸汽等項目」，以及清除政府中的「冗官」，從而減少政府開支。[62]與之相反，長州派系的領導人木戶孝允則試圖保護西化的財政官員，以鞏固其在中央的權力基礎。來自土佐的板垣退助和來自肥後、德島和米澤等藩的官員，呼籲建立一個能夠確保政策制定「至公至正」的國家機構。他們的目的在於打破薩摩和長州這兩個藩閥對中央政府的壟斷。[63]

中央政府裏的權力鬥爭持續了幾個月，最終於1871年8月29日以決定廢藩置縣而暫告結束。這一根本性的政治變革，事先並沒有完備方案。即便在事發前三個月，政府中主要的財政官員對此也毫無預見。1871年5月19日，大隈重信和井上馨敦促伊藤博文立即從美國返回日本，參與中央政府的制度改革。而在關於中央與各藩的關係上，他們的主要目標是建立確保各藩按照商定方式向中央「納貢」的制度。[64]

廢藩的直接結果是，新中央政府負擔起各藩的債務及其士族家祿。除了承擔各藩2,400萬日圓債務外，政府還必須另外發行2,500萬日圓的紙幣，以兌換所有仍在使用的藩札。[65]政府發行紙幣的總量，約為9,500萬日圓。因此，在建立全國性的稅收制度之前，新成立的中央政府已經擔負了巨額的債務。

紙幣的可兌換性，與明治新政權的正當性和信用度密切相關。而紙幣兌換的需要，又制約着1871年以後的權力鬥爭，在很大程度上保護了西化官員免受政治保守派的排擠。減少政府開支等傳統財政措施，並不能直接解決紙幣兌換的問題。西鄉隆盛帶到中央的財政官員，如谷鐵臣和津田出，在薩摩藩時並沒有多少管理紙幣的經驗。[66]岩倉具視是西鄉隆盛和大久保利通在太政官中的政治盟友，在考慮到紙幣發行問題的緊迫性後，他也不得不承認大隈重信應該繼續留在大藏省。[67]雖然廢藩後，大久保利通成為大藏卿，但他對財務問題並不熟悉。政府財政繼續由大隈重信、井上馨和澀澤榮一等西化官員管理。[68]

信用危機對制度發展的影響

由於明治政府在接管傳統幕府領土的稅收之前，必須滿足政府支出需要，它在創立之初別無選擇，只能依靠紙幣來支付1868年至1871年間的開支。1868年1月至1869年1月，紙幣發行量在政府總收入中所佔比例高達72.6%，1869年2月至10月則為69.5%。雖然1870年11月至1871年10月間，這個比例下降至10%；但政府在1871年8月廢藩之後發行了更多紙幣，使得這一比例在1871年11月至1872年12月間再回升至35.3%。[69]如何穩定紙幣價值並滿足政府支出需要，是十分艱巨的任務。那些以前在各藩表現出較強的理財和管理紙幣能力的官員，因此被升調到中央政府。

除了建立稅收制度外，這些財經官員還根據自己先前在各藩所積累的「重商主義」經濟政策經驗，嘗試了各種制度安排。根據這些政策，各藩發行「藩札」的紙幣，作為資本貸款給特權商人。這些商人形成商業壟斷，設立「商法會所」或「國產會所」來組織當地名特商品的生產，然後將產品出售到大阪、京都和江戶的中央市場來換取現金，進而穩定藩札的價值。這類方案在國家一級的層面上是否有效，很大程度上決定於日本當時的社會經濟條件。

由利公正因為在越前藩管理紙幣的成功經驗，被推薦到中央政府負責明治初期紙幣的發行。[70]由利公正成立了「商法司」，其成員有政府官員和來自小野組、三井組、島田組等大商號的經理。這些特權商人獲得政府以紙鈔支付的貸款，同時得到壟斷權，組織日本的生絲、茶葉等主要出口商品的生產和出口。這些商人獲取以現金結算的利潤，有助政府穩定紙幣的價值。[71]然而，這些特權商人無法與傳統的商業行會的「株仲間」競爭，後者與當地小商人、生產者和農民建立了密集的商貿網絡。[72]此外，由於外國商人的反對，政府特權商人也不能壟斷出口。[73]由於這些特權商人無力賺取現金交給政府，政府紙幣的價值因而無法得到保證。這些紙幣在東京、大阪、京都的市面上的折扣約為60%，甚至無法在鄉下流通。1869年3月，由利公正被迫辭職。[74]

由利公正的繼任者大隈重信，也曾在佐賀藩管理紙幣和振興財政上取得成功。[75]大隈重信要求主要通商口岸和商業中心的特權商人成立「為替會社」。為替會社接受政府的借貸，發行商業承兌匯票，並將這些票據貸款給由各藩建立的商業壟斷組織，即「商法會所」或「國產會所」。[76]大隈重信試圖利用各藩的這些商業壟斷機構，來流通明治政府的紙幣。然而，這些商業壟斷企業無法與私營企業競爭，特別是在茶葉和生絲等利潤豐厚的行業。[77]

　　明治政府也不能如願以償地操縱國內市場。例如，1868年6月28日，政府禁止使用民間銀行發行的私人銀行券和商業票據，這在大阪引起了巨大恐慌。雖然政府被迫在一個月內廢止了該項禁令，但大阪幾家老牌銀行破產倒閉，其中包括著名的「鴻池家」。以大阪為中心的金融網絡，遭到了嚴重破壞。[78]

　　儘管如此，明治政府對各藩在貨幣問題上行使了貨幣主權。例如，中央政府要求薩摩藩和土佐藩停止私造幕府贋幣，並禁止各藩發行新的藩札。[79]為了促進政府紙幣的流通，大隈重信動用了國家的強制權力。1869年9月，他禁止在國內交易中使用金屬貨幣，並下令將以前各藩發行的紙幣和鑄幣統統兌換成政府的太政官札。[80]通過這種方式，他排除了「具備競爭性的其他貨幣形式」，建立了中央紙幣的壟斷地位。為了促進政府紙幣在市場上的流通，大隈重信下令印刷小面額的紙幣，以便於日常交易。[81]

　　明治初期的經濟狀況，有利於大隈重信向日本社會推行不兌換紙幣的政策。1868至1869年的內戰，並沒有嚴重破壞國內經濟。此外，出口增長也極大地刺激了國內經濟和跨區域貿易的發展。十九世紀六十年代，日本人深受貨幣混亂的困擾，因此統一的政府紙幣為他們提供了標準的市場交易媒介。到了十九世紀七十年代中期，政府紙幣開始按其面值流通。[82]然而，政府現金儲備與已發行紙幣數額的比率幾乎為零，這顯然不足以維持紙幣的可兌換性。[83]為了鞏固人們對政府紙幣的信任，大隈重信公開承諾，政府將在1872年之前用其新鑄造的通貨來兌換紙幣。

　　1871年8月，廢藩置縣出乎意料地迅速實行後，新的中央政府背負着華族、士族世襲家祿的巨額債務。由於政治集權在中央對整個經濟具備徵稅能力之前出現，即使像西鄉隆盛這樣的保守派也認為借外債是滿足當前緊急需要的唯一切實可行方法，特別是在償還士族和華族的債務方面。根據井上馨的建議，明治政府

計劃從美國籌募利率為7%的300萬英鎊(相當於3,000萬日圓)的借款。政府打算用其中的1,000萬日圓回購發放給士族和華族的秩祿公債,1,000萬日圓用於鐵路建設和採礦,其餘用作政府開支。然而,這一嘗試失敗了,因為當時美國還不是重要的資本輸出國,而且明治政府在國際資本市場上幾乎沒有什麼信用度。結果,明治政府只得設法從當時東亞主要外資銀行的英國東洋銀行(British Oriental Bank)以7%的利率借到1,000萬日圓。[84]

1871年12月23日,日本派遣岩倉使團出國,其主要使命是與西方列強談判,以修訂不平等條約,特別是恢復決定關稅自主權。[85]廢藩之後的新中央政府希望利用這一策略,將自己與採取和親政策的前幕府以及支持「即時攘夷」的激進派區分開來。對於大藏省來説,提高海關收入的能力至關重要,因為中央政府尚未健全徵收國內税收的制度。[86]然而,由於西方列強的反對,修改條約的嘗試完全不切實際。正如坂野潤治所言,明治政府在1873年只有三種方式以鞏固自己的權力正當性:外徵、殖產興業、開設國會。[87]

外徵需要巨大的財政資源,給政府帶來嚴重的財政困難。1873年,因為財政狀況糟糕,大久保利通、岩倉具視、木戶孝允不得不聯合起來,抵制強硬派入侵朝鮮的企圖。這導致了明治政府內部的第一次大分裂。西鄉隆盛、江藤新平、板垣退助辭去了政府職務。1874年1月,板垣退助、江藤新平、後藤象二郎等人呼籲建立民選議院,以確保主要政策獲得更廣泛的共識。他們的要求,得到立法部門「左院」的支持。[88]作為回應,明治天皇不得不在1874年4月頒布「漸次樹立立憲政體」之詔書,承諾建立君主立憲制。之後,明治政府希冀用處理國內經濟問題來確立政府的正當性。[89]

然而,在財政赤字問題上,中央的財政官員存在分歧。由於大藏省無權控制政府各部門開支,在岩倉使團出國期間,負責財

政的井上馨和澀澤榮一於1873年5月辭職抗議。他們發表聲明，披露了明治政府的嚴峻形勢：除了1873年的1,000萬日圓財政赤字外，包括國內外借款和紙幣在內的政府負債總額高達1.2億日圓。[90]大藏省租稅頭陸奧宗光也辭職抗議造成政府財政困難的各項宏圖大計，他批評政府官員：「徒好開明之虛聲，而不省其程度順序，欲將興學、編法、勸工、徵兵駸駸不止數端之事務，一舉施行。」[91]接替陸奧宗光擔任租稅頭職務的松方正義，也批評政府在鐵路建設上大量投資。在他看來，在等待這些「新奇遠大之鴻業」今後可能帶來的「遠大鴻益」的漫長時間裏，政府大概早已破產。[92]

另一個緊迫的問題，是如何解決士族和華族的家祿問題。儘管在之前的改革，這項支出已大大削減；但政府在1873年仍然為此花費了1,894萬日圓，佔其年度總支出的30%左右。對於發行秩祿公債以消除這筆債務的計劃，明治政府內部幾乎沒有爭議。1874年和1875年，共有142,858名士族領取了1,656萬日圓的秩祿公債（年利率為8%）和2,000萬日圓的現金，以永久放棄他們的「既得之權利」。[93]然而，大多數領取秩祿公債的士族在市場上將債券出售，很快又陷入貧困狀態。由於約200萬士族及其家人的生計受到威脅，明治政府被迫於1875年3月暫停了這項政策，尋求漸進穩定的解決辦法。[94]清償債務的期限，從原來的六年延長到三十年。1875年，租稅寮官員甚至計劃採用權力下放的方法來處理這個問題，即委託府縣政府來解決其治下士族的家祿問題。[95]

此時，向西方學習的意願不一定意味着快速的工業化。木戶孝允和大久保利通隨岩倉使團訪問了西方國家。木戶孝允得出的結論是，由於西方國家並非一夜之間就變得「富強」，日本也應該逐步進行「西化」。[96]大久保利通對鐵路和以蒸汽為動力的工業印象深刻，但他認為對日本而言，更為可行的是將重點放在改善運

河和內河航運上，就像在荷蘭等國家所看到的那樣。大久保利通主管民部省時，反對工部省對鐵路建設的大量投資。相反，他優先考慮投資成本較低的工程，如運河和港口建設，以期發展河運和海運。他希望這些工程也能為失業的士族提供更多的就業機會。[97]

因此，明治政府在1874年放慢了財政集中化的步伐並減少政府開支，也是合理合情。漸進的集中化進程可以減少地方阻力，為明治政府建立有效的稅收制度提供更多時間。緩慢的財政集中化，仍然可以支持木戶孝允和大久保利通所倡導的有限的工業化。然而，這些措施並不能解決明治政府在1874年面臨的最大信用危機，即如何兌換已發行的政府紙幣。

明治政府最初決定於1870年12月採用銀本位制。這是考慮到東亞黃金缺乏而白銀豐富的現實後所做的決策。[98]然而，伊藤博文於1871年結束了對美國貨幣和金融制度的考察歸國後，便說服政府採用金本位制，以順應西方的「大勢」。於是，明治政府將一日圓的價值設定為1.5克的黃金。[99]由於造幣寮無法準備足夠的硬幣來兌換已發行的紙幣，政府從1872年1月將所有舊紙幣兌換成在德國印製的優質新紙幣。

然而，1873年以後國際市場黃金價格不斷上漲，極大地影響了這些紙幣的可兌換性。1871年，德國成為繼英國之後第二個採用金本位制的國家，美國在1873年也加入這一行列。[100]1875年後，美國白銀產量大幅增加，造成白銀相對於黃金的價格進一步下跌。1871年至1883年間，由於日本官方的黃金價格幾乎保持不變，大量黃金流出日本。[101]1874年，黃金從日本市場消失殆盡，政府只能鑄造銀幣。[102]日本官員在1871年選擇金本位制時沒有料到，在如此短的時間內，國際市場上銀價和金價會出現這麼大的變動。

大藏省的官員非常清楚，大量黃金外流，將給政府紙幣的兌換造成嚴重困難。[103]到了1874年8月，紙幣價值佔國家債務總額的71%。如何兌換紙幣，成為明治政府面臨的最為緊迫問題。[104]這場信用危機嚴重地制約了政策的選擇範圍。政治保守派提出的財政措施，如減少政府支出，對解決這場信用危機幾乎無濟於事。[105]

大藏省的財經官員仔細權衡了兩種選擇方案。首先是恢復銀本位制。大藏省官員關義臣明確表示，為了應對黃金的外流，日本應該從金本位制轉向銀本位制。[106]大藏省1875年的一份文件坦承在目前金貴銀賤的國際形勢下，「我邦最大要緊，乃多鑄貿易銀，使其與米國（即美國）貿易銀及墨西哥銀元相抗衡，成為東洋通用貨幣」，並認為「金貨鑄造非眼前緊務」。[107]

另外一種選擇是保留金本位制。大藏省官員川路寬堂認為，國際市場上黃金價格的上漲，是導致日本黃金外流的主要原因。他建議提高日本的黃金價格，以抑制黃金外流。然而，他沒有考慮到由此產生的通貨緊縮壓力，也沒有考慮到這一措施對政府紙幣可兌換性的影響。[108]維持日本金本位制的另一個挑戰，是需要增加日本的黃金儲備。為此，松方正義於1875年9月提出用金幣而不是銀幣來徵收關稅。[109]不過，明治政府無法強迫外國商人執行這一規定。大隈重信則希望利用外貿順差，來增加日本的黃金儲備。[110]

如果明治政府使用硬幣作為其貨幣，那麼只鑄造銀幣就能夠自然而然地恢復到銀本位制。但是大量以黃金定價的政府紙幣已經廣為流通，此時放棄金本位制極為困難。板垣退助和後藤象二郎為建立國會而組織的自由民權運動，給明治政府帶來很大的政治壓力。長期以來，民權派一直批評明治政府的政策制定「朝令暮改」。[111]如果不到三年就又從金本位制轉變為銀本位制，這會給政府反對派提供新的把柄。同時，鑒於白銀相對於黃金的貶

值，採用銀本位制將大大增加政府本已十分沉重的債務負擔，因為政府不得不以銀幣來兌換以黃金計價的紙幣。

最後，大隈重信和大久保利通決定保留金本位制。他們把注意力轉向如何增加日本對歐美市場的出口並同時減少進口，以增加黃金儲備。在大久保利通的領導下，明治政府於1875年實施了雄心勃勃的「殖產興業」計劃，以實現上述目標。[112]這一新的經濟政策，實際上是早先在藩政府層面上實施過的重商主義政策在國家和國際市場層面上的又一次展開。在幕末時期，很多藩政府曾經通過類似的政策，從大阪、京都和江戶的中央市場賺取硬通貨，以穩定其發行藩札的價值。

增加黃金儲備的目標，決定了「殖產興業」計劃的具體內容，並將其與促進出口的一般性政策區別開來。例如，明治政府特別重視「直輸出」，而不是一般意義上的出口。在「直輸出」計劃中，政府官員和官商組織出口貨物的運輸，並將其營銷到歐美市場，以便牢牢掌控通過銷售賺取的黃金。[113]政府還鼓勵棉紡業、羊紡業和製糖業實行進口替代政策，並選擇只使用國內原料而非進口原料的技術設備。[114]為了增加中央政府可支配的投資資本，大隈重信把華族和士族的秩祿公債轉為強制性的金祿公債；1875年至1877年間，政府發行了價值高達1.72億日圓的金祿公債。明治政府將這些債券作為資本，投資於農業、羊紡業、棉紡業等各種進口替代項目。

金本位制的採用，也極大地影響了明治政府建立銀行體系的努力。廢藩之後，大藏省的財政官員試圖尋求與民間金融商合作，通過建立新的銀行體系，來確保政府紙幣的可兌換性。他們了解西方國家有兩種不同的模式：美國國民銀行的分散型制度和英格蘭銀行的集中型制度，後者壟斷了紙幣發行。伊藤博文更喜歡美國的制度，而澀澤榮一和前島密則想效仿英國的做法。[115]

1870年，在英國學習金融制度七年之久的吉田清成返回大藏省工作，他也推薦英格蘭銀行的模式。[116]

1871年2月20日，大隈重信和井上馨決定按照英國模式建立日本銀行。同年8月，井上馨和澀澤榮一敦促三井組、小野組共同組成「金札銀行」，其中60%的資金為硬通貨，40%的資金是政府發行的紙幣。[117]這項嘗試失敗了，因為這兩家銀行無法籌備必需的通貨儲量，來保證兌換大約8,000萬兩以黃金計價的政府紙幣。在這種情況下，大藏省轉而接受伊藤博文的建議，選用美國國民銀行的分散型制度，目的是把兌換紙幣的負擔分攤給位於不同地區的多家國立銀行。1872年12月15日，日本政府頒布了〈國立銀行條例〉，要求國立銀行使用紙幣向政府提供利率為6%的貸款，以換取發行等量可兌換銀行券的特權。[118]

然而，黃金的短缺導致這些國立銀行普遍業績不佳。截至1876年底，只有四家國立銀行成立。發行銀行券的總額，從1874年6月30日的136萬日圓下降到1876年6月30日的62,456日圓。[119]當中的主要困難，是這些銀行也無法維持政府紙幣的可兌換性。正如澀澤榮一憶述，黃金價格的上漲，使得銀行券的持有者來到國立銀行將他們的銀行券兌換成黃金。在這種壓力下，澀澤榮一不得不請求大藏省允許國立銀行用政府紙幣來兌換銀行發行的銀行券。[120]1876年8月，大隈重信修訂了〈國立銀行條例〉，將國立銀行資本中所需硬通貨的比率從40%降到20%，並允許國立銀行用政府紙幣代替硬幣來兌換銀行券。政府設定了3,400萬日圓，作為國立銀行發行銀行券的上限。[121]1876至1879年間，全國銀行數量從4家增至153家，發行的銀行券價值從174萬日圓增至3,393萬日圓。[122]

儘管明治政府努力維持金本位制，但雄心勃勃的「殖產興業」計劃失敗了，不但未能實現其目標，而且還造成了嚴重的財政赤

字。[123]1877年7月，大隈重信意識到，鑒於銀價低廉，日本堅守
金本位制毫無意義。[124]1878年5月27日，日本政府允許將以前僅
為國際貿易鑄造的日本銀元用於國內交易和稅費支付。[125]由此，
日本實際上回到了銀本位制。大藏省勸業頭河瀨秀治於1879年7
月承認，現階段日本不應該試圖增產西方人「慣熟勤勞而價值低
廉」的進口替代商品，而應該增產「適應日本工手及土地」的出口
商品。[126]

　　「殖產興業」計劃的失敗，產生了嚴重的政治後果。由於政府
引導的投資未能產生預期利潤，士族金祿公債的市場價值大幅下
跌。1877年，明治時期最大的士族叛亂「西南戰爭」爆發。為了鎮
壓叛亂，政府不得不發行了2,700萬日圓紙幣，並向第一國立銀
行借了1,500萬日圓。[127]即使在叛亂被鎮壓之後，士族的失業問
題仍然是重大的社會問題。同年，大隈重信準備投資基礎設施、
交通、棉紡織、農業的「起業公債」，總計為1,270萬日圓。其中
300萬日圓作為士族貧困救助款的「士族授產金」，直接用於解決
其失業問題。[128]用岩倉具視的話，其政治目標是贏得士族的「愛
國心」，防止他們「被歐洲過激自由之說」所污染。[129]然而，大規
模發行紙幣所引發的通貨膨脹，在1879年已經很明顯了。雖然日
本當時事實上已經轉到了銀本位制，但用銀元來保證紙幣的兌換
性對明治政府而言還是困難重重。

　　1853年開港後，日本政治變革的過程充滿了不確定性。甚至
在1867年結束幕府統治、還政天皇的前景已經明確時，三大政治
陣營即王政復古派、公議政體派和幕府之間的關係仍然懸而未
決。此時的兩個可能的結果，是和平恢復王政還是武力推翻幕
府，每個結果對未來的制度發展都有着截然不同的影響。政治變
革的偶然性特別表現在明治維新後的最初幾年，政府無奈選擇發
行並繼續依賴不兌換紙幣。

　　1868年的明治維新事件，並沒有產生主導日本未來制度發展的單一政治團體。由於財政和軍事能力薄弱，新成立的明治政府難以成為能將中央集權制度強加於社會的所謂「強國家」。明治初期的制度發展具有高度的可塑性，因為一些失敗的制度試驗可以得到中止，中央政府也進行了多次的重大機構改組。當時的變革者認識到了幾種可能的結果，如類似於聯邦制的分散型財政，或逐步過渡到集中型財政。即使在1871年8月突然廢藩置縣之後，財政趨向集中型制度仍有兩種節奏：漸進的或冒進的。

　　在這樣具有多種可能結果的背景下，由大量發行政府紙幣引發的特殊信用危機，極大地影響了制度朝向集中型發展的方向和節奏。傳統的財政措施，諸如財政緊縮，因為對解決這場信用危機幾乎毫無作用而被排除。儘管政治保守派可以把西方兩院制代議制的擁護者從權力中心趕下台，但有才幹的西化財經官員仍然可以繼續進行他們在財政方面的制度試驗。兌換紙幣的需求，決定了1874年至1878年間鼓勵出口和進口替代計劃的基本內容。如果沒有這樣的信用危機，我們所觀察到的這些集中型財政制度的發展軌道和節奏，就不可能出現。

註釋

1　坂野潤治：「明治国家の成立」，梅村又次、山本有造編：『開港と維新』（日本経済史）（東京：岩波書店，1989），第3卷，頁57。

2　Richard J. Samuels, *"Rich Nation, Strong Army": National Security and the Technological Transformation of Japan* (Ithaca, NY: Cornell University Press, 1994), chapter 2.

3　Marius B. Jansen, "The Meiji Restoration," in Marius B. Jansen, ed., *The Cambridge History of Japan, vol. 5: The Nineteenth Century* (Cambridge and New York: Cambridge University Press, 1989), pp. 345–353.

4　這種觀點在近些年有關明治維新的描述中經常出現。更多實例參見Philip D. Curtin, *The World and the West: The European Challenge and the Overseas Response* in the Age of Empire (Cambridge: Cambridge University Press, 2000), p. 163; and Peter Duus, Modern Japan, 2nd ed. (Boston: Houghton Mifflin, 1998), p. 85.

5　關於明治制度建設中歷史經驗的重要性，參見Richard J. Samuels, Machiavelli's Children: Leaders and Their Legacies in Italy and Japan (Ithaca, NY: Cornell University Press, 2003).

6　Luke S. Roberts, Mercantilism in a Japanese Domain: The Merchant Origins of Economic Nationalism in 18th-Century Tosa (Cambridge and New York: Cambridge University Press, 1998)；西川俊作、天野雅敏：「諸藩の産業と経済政策」，新保博、斎藤修編：『近代成長の胎動』（日本経済史）（東京：岩波書店，1989），第2卷，頁206–210。

7　平川新：「地域経済の展開」，朝尾直弘等編：『岩波講座日本通史』（東京：岩波書店，1995），第15卷（近世5），頁139–143。

8　高埜利彦：「18世紀前半の日本－泰平のなかの転換」，朝尾直弘等編：『岩波講座日本通史』（東京：岩波書店，1994），第13卷（近世3）。

9　大口勇次郎：「國家意識と天皇」，朝尾直弘等編：『岩波講座日本通史』（東京：岩波書店，1995），第15卷（近世5），頁207–208。

10　尾藤正英：「尊皇攘夷思想」，朝尾直弘等編：『岩波講座日本歴史』（東京：岩波書店，1977），第13卷（近世5），頁78–80。

11　小野正雄：「大名の鴉片戦争認識」，朝尾直弘等編：『岩波講座日本通史』（東京：岩波書店，1995），第15卷（近世5），頁299–310。

12　儘管這兩項條約對出口實行了5%的固定稅率，並設立了領事法庭，但幕府並沒有給予美國商人或傳教士在日本自由旅行的權利，也沒有授予美國最惠國待遇。參見Jansen, "The Meiji Restoration," p. 316.

13　Duus, Modern Japan, pp. 72–74；安丸良夫：「1850–70 年代の日本：維新変革」，朝尾直弘等編：『岩波講座日本通史』（東京：岩波書店，1994），第16卷（近代1），頁20–21。

14　薩摩藩的領主與幕府的合作，旨在清除反西方激進志士，以阻止「即時攘夷」的莽動。有關這些內容，參見佐々木克：『幕末政治と薩摩藩』，（東京：吉川弘文館，2004），第3章。

15　同上，頁286–288。

16　有關中國（日本地名）、九州等地大名領主的意見，參見青山忠正：『明治維新と國家形成』（東京：吉川弘文館，1984），頁211–221。有關越前，參見：三上一夫：『公武合体論の研究：越前藩幕末維新史分析』，（東京：御茶の水書房，1990），頁212–214。

17　參見Conrad D. Totman, The Collapse of the Tokugawa Bakufu, 1862–1868 (Honolulu: University of Hawaii Press, 1980), chapter 8.

18　青山忠正：『明治維新と国家形成』，頁233–234。

19　同上，頁240–242。

20　W. G. Beasley, *The Meiji Restoration* (Stanford, CA: Stanford University Press, 1972), p. 269.

21　M. William Steele：『もう一つの近代：側面から見た幕末明治』（東京：ぺりかん社，1998），頁175。

22　石井孝：『戊辰戦争論』（東京：吉川弘文館，1984），頁22；高橋裕文：「武力倒幕方針をめぐる薩摩藩内反対派の動向」，家近良樹編：『もうひとつの明治維新』（東京：有志舎，2006），頁230–260。

23　佐々木克：『幕末政治と薩摩藩』，頁382。

24　同上，頁409。

25　田中彰：「幕府の倒壊」，朝尾直弘等編：『岩波講座日本歴史』（東京：岩波書店，1977），第13卷（近世5），頁338–342。

26　宮地正人：「維新政権論」，朝尾直弘等編：『岩波講座日本通史』（東京：岩波書店，1994），第16卷（近代1），頁113。橫井小楠還提議日本修改已簽署條約中的不恰當條款，並以公平條款將其取代。橫井小楠：「新政について春嶽に建言」（1867年11月28日），佐藤昌介、渡辺崋山、山口宗之編：『渡辺華山・高野長英・佐久間象山・橫井小楠・橋本左內』（日本思想大系）（東京：岩波書店，1970），第55卷。

27　關於土佐和薩摩之間的關鍵分歧，參見佐々木克：「大政奉還と討幕密勅」，『人文学報』，第80期（1997），頁14。

28　高橋秀直：『幕末維新の政治と天皇』（東京：吉川弘文館，2007），第10章，第11章。

29　藤村通：『明治財政確立過程の研究』（東京：中央大學出版部，1968），頁14。

30　這些官札的60%以上用來支付明治政府的開銷，20%發放給各藩政府，14%用於「勸業」（獎勵產業）。數據來自：澤田章：『明治財政の基礎的研究：維新當初の財政』（東京：寶文館，1934），頁121。

31　藤村通：『明治財政確立過程の研究』，頁27–28、38。

32　山崎有恒：「公議抽出機構の形成と崩壊」，伊藤隆編：『日本近代史の再構築』（東京：山川出版社，1993），頁60–61。

33　笠原英彦：『明治国家と官僚制』（東京：芦書房，1991），頁41；三上一夫：『公武合体論の研究：越前藩幕末維新史分析』，頁244–245。

34　大藏省智囊團改革掛就一系列問題制定了計劃，包括貨幣整頓、財政集中、郵政體系、度量衡、戶籍管理和公司法。丹羽邦男：『地租改正法の起源：開明官僚の形成』（京都：ミネルヴァ書房，1995），第3章。

35 関口栄一：「民蔵分離問題と木戸孝允」，『法学』，第39卷，第1期（1975年3月），頁42。

36 松尾正人：「維新官僚制の形成と太政官制」，近代日本研究會編：『官僚制の形成と展開』（東京：山川出版社，1986），頁18。

37 関口栄一：「民蔵分離問題と木戸孝允」，頁43–47；松尾正人：『明治初年の政情と地方支配：「民蔵分離」問題前後』，『土地制度史学』，第23卷，第3期（1981年4月），頁48。

38 山本弘文：「初期殖産政策とその修正」，安藤良雄編：『日本経済政策史論（上）』（東京：東京大學出版會，1973），第1卷，頁23；永井秀夫：『殖産興業政策の基調－官営事業を中心として』；原載於『北海道大学文学部紀要』，第10期（1969年11月）；重印為永井秀夫：『明治国家形成期の外政と内政』（札幌：北海道大学図書刊行会，1990），頁220–222。

39 神山恒雄：「井上財政から大隈財政への転換：準備金を中心に」，高村直助編：『明治前期の日本経済：資本主義への道』（東京：日本経済評論社，2004），頁25。

40 永井秀夫：『殖産興業政策の基調』，頁225。對十九世紀七十年代早期政府資助的鐵路建設的批評，參見中村尚史：『日本鉄道業の形成：1869–1894年』（東京：日本経済評論社，1998），頁49–50。

41 這項貸款談判最初是秘密進行的，以避免保守派的反對。詳情參見立脇和夫：『明治政府と英国東洋銀行』，（東京：中央公論社，1992），頁74–96。

42 千田稔：『維新政権の直属軍隊』（東京：笠間書院，1978），頁56。

43 松尾正人：「藩体制解体と岩倉具視」，田中彰編：『幕末維新の社会と思想』（東京：吉川弘文館，1999），頁217–218。

44 千田稔：『維新政権の直属軍隊』，頁162。

45 同上，頁116。

46 同上，頁180–188。

47 千田稔：『維新政権の秩禄処分：天皇制と廃藩置県』（東京：笠間書院，1979），頁421。

48 關於德川幕府後期和明治早期模仿美國聯邦制度的嘗試，參見井上勝生：『幕末維新政治史の研究：日本近代国家の生成について』（東京：塙書房，1994），頁304–305，409–411。

49 松尾正人：『廃藩置県の研究』（東京：吉川弘文館，2001），頁81–84。

50 當時，除了明治政府引進的不兌換紙幣（太政官札）外，還有前幕府鑄造的硬幣，一些藩（特別是薩摩、土佐和佐賀）私鑄的幕府貨幣，各藩發行的紙幣（藩札），以及在開放港口流通的外幣，如墨西哥銀元。

51　大內兵衛、土屋喬雄、大蔵省編：『明治前期財政経済史料集成』(東京：明治文献資料刊行会，1962)，第2卷，頁211，352。

52　麓慎一，「維新政府の北方政策」，『歴史学研究』，第725期(1999年7月)，頁25、86。

53　大隈重信：「大隈参議全国一致の論議」，早稲田大学社会科学研究所編：『大隈文書』(6卷)(東京：早稲田大学社会科学研究所，1958)，第1卷，頁A1，1–3。

54　原口清：「廃藩置県政治過程の一考察」，『名城商學』，第29期(特輯)(1980年1月)，頁47–94。高橋秀直：「廃藩置県における権力と社会」，山本四郎編：近代日本の政党と官僚(東京：東京創元社，1991)，頁23。

55　下山三郎：『近代天皇制研究序説』(東京：岩波書店，1976)，頁329。

56　山室信一：「明治国家の制度と理念」，朝尾直弘等編：『岩波講座日本通史』(東京：岩波書店，1994)，第17卷(近代2)，頁117。

57　宮地正人：「廃藩置県の政治過程」，坂野潤治、宮地正人編：『日本近代史における転換期の研究』(東京：山川出版社，1985)，頁70。

58　佐藤誠朗：『近代天皇制形成期の研究：ひとつの廃藩置県論』(東京：三一書房，1987)，頁118–119。

59　宮地正人：「廃藩置県の政治過程」，頁104–107。有關1870年政治危機的詳情，另見下山三郎：『近代天皇制研究序説』，頁315–316。

60　石井孝著：「廃藩の過程における政局の動向」，原載：『東北大学文学部研究年報』，第19期(1969年7月)；再版：松尾正仁編：『維新政権の成立』(東京：吉川弘文館，2001)，頁268；福地惇：『明治新政権の権力構造』(東京：吉川弘文館，1996)，頁6。

61　福地惇：『明治新政権の権力構造』，頁8。

62　丹羽邦男：『地租改正法の起源：開明官僚の形成』，頁235、239–240。

63　松尾正人：『廃藩置県の研究』，頁297–299；高橋秀直：「廃藩置県における権力と社会」，頁59–64。

64　1871年5月19日，大隈重信、井上馨給伊藤博文的信。引自渋沢青淵記念財団竜門社編：『渋沢栄一伝記資料』(東京：渋沢栄一伝記資料刊行会，1955–1971)，第3卷，頁548。

65　明治政府支付了400萬日圓的現金來償還外國貸款。針對1868年至1872年間累積的1,282萬日圓債務，明治政府發行了利率為4%的債券，計劃在25年內贖回這些債券。對於1842年以前累積的1,123萬日圓債務，政府決定在50年內不計息返還。山本有造：「明治維新期の財政と通貨」，梅村又次、山本有造編：『開港と維新』(日本経済史)(東京：岩波書店，1989)，第3卷，頁147、150。

66 在1869年9月私鑄幕府贋幣結束之前，薩摩藩政府從中獲得的年利潤為150萬兩，這是其重要的財政收入。引自丹羽邦男：『地租改正法の起源：開明官僚の形成』，頁10。

67 関口栄一：「廃藩置県と民蔵合併 — 留守政府と大蔵省 — 1」，『法学』，第43卷，第3期（1979年12月），頁308。

68 澀澤榮一在許多年後回憶說，大久保利通「對理財之實務非但不熟，對其真理也頗難了解。」引自丹羽邦男：『地租改正法の起源：開明官僚の形成』，頁251。

69 藤村通：『明治財政確立過程の研究』，頁154–155。

70 澤田章：『明治財政の基礎的研究：維新當初の財政』，頁115。

71 間宮国夫：「商法司の組織と機能」，『社会経済史学』第29卷，第2期（1963），頁138–158。

72 柚木学：「兵庫商社と維新政府の経済政策」，『社会経済史学』，第35卷，第2期（1969），頁17。

73 新保博：『日本近代信用制度成立史論』（東京：有斐閣，1968），頁16。中村尚美還強調，通商司的半官方、半私人性質，以及集中向各藩藩主放貸，是其失敗的主要原因。參見中村尚美：『大隈財政の研究』（東京：校倉書房，1968），頁29–30。

74 山本有造：「明治維新期の財政と通貨」，第3卷，頁129。

75 1864年，大隈和其他士族官員在大阪和長崎開設了貿易公司，以促進佐賀製造商品的銷售，並用由此所獲資金來支持佐賀政府發行的紙幣。中村尚美：『大隈重信』（東京：吉川弘文館，1961），頁27–28。

76 新保博：『日本近代信用制度成立史論』，頁32。

77 同上，頁33。

78 梅村又次：「明治維新期の経済政策」，『経済研究』，第30卷，第1期（1979年1月），頁30–38。

79 丹羽邦男：『地租改正法の起源：開明官僚の形成』，頁62–63、75。

80 岡田俊平：「明治初期の通貨供給政策」，岡田俊平編：『明治初期の財政金融政策』（東京：清明会叢書，1964）；丹羽邦男：『地租改正法の起源：開明官僚の形成』，頁67。

81 大蔵省：「紙幣改定の議」，1872，『大隈文書』（微縮膠卷），A1736。

82 山本有造：「明治維新期の財政と通貨」，頁133。

83 原田三喜雄：『日本の近代化と経済政策：明治工業化政策研究』（東京：東洋経済新報社，1972），頁174。

84 千田稔：「明治六年七分利付外債の募集過程」，『社会経済史学』第49卷，第5期（1983年12月），頁445–470。

85　鈴木栄樹：「岩倉使節団編成過程への新たな視点」，『人文学報』，第78卷（1996年3月），頁43。

86　早在1871年12月，井上馨和吉田清成就指出海關的重要性，不僅是為了增加政府收入，同時也是為了減輕土地稅的負擔。井上馨、吉田清成：「殖産興業政策と税制改革についての建議」（1871年11月），中村政則等編：『経済構想』（日本近代思想大系），（東京：岩波書店，1988），頁144。

87　參見坂野潤治：『近代日本の国家構想：1871–1936』（東京：岩波書店，1996），初章。

88　1874年，士族和平民提出建立議會制度以監督財政的建議，參見牧原憲夫：『明治七年の大論争：建白書から見た近代国家と民衆』（東京：日本経済評論社，1990）。

89　坂野潤治：「明治国家の成立」，梅村又次、山本有造編：『開港と維新』（日本経済史）（東京：岩波書店，1989），第3卷，頁78。

90　同上，頁72。

91　福島正夫：『地租改正の研究』（東京：有斐閣，1970），頁99，腳注2。

92　松方正義：「國家富強ノ根本ヲ奨勵シ不急ノ費ヲ省クベキ意見書」（付大隈書簡，1873），『大隈文書』，第2卷，A968，2。

93　數據引自藤村通：『明治前期公債政策史研究』（東京：大東文化大学東洋研究所，1977），頁85，表19。

94　同上，頁86。

95　吉原重俊、若山儀一：「明治八年租税寮第六課年報（1875年12月）」，『大隈文書』（微縮膠卷），A1899。

96　福地惇：『明治新政権の権力構造』，頁122–123。

97　山崎有恒：「日本近代化手法をめぐる相克──內務省と工部省」，鈴木淳編：『工部省とその時代』（東京：山川出版社，2002），頁125–126、134–135。

98　明治財政史編纂会編：『明治財政史』（東京：吉川弘文館，1972），第11卷，頁338。

99　三上隆三：『円の誕生：近代貨幣制度の成立』（増訂版）（東京：東洋経済新報社，1989），頁211。

100　關於十九世紀七十年代國際市場金本位制的確立，參見Barry J. Eichengreen, *Globalizing Capital: A History of the International Monetary System* (Princeton, NJ: Princeton University Press, 1996), pp. 17–18.

101　山本有造：「內ニ紙幣アリ外ニ墨銀アリ」，『人文学報』，第55卷（1983年9月），頁37–55。

102 大蔵省：「貨幣鋳造の事」（1875年），『大隈文書』（微縮膠卷），A1748。

103 用大隈的話說，紙幣「不過是要受其紙面記載之金額約束的證書，必須準備相應的現貨。而受從來濫出之餘弊，國內貨幣殆既空竭。而金貨之日月濫出，最終紙幣失去信用，將釀如何之大患，實難相測。此國家安危之所繫，實不堪憂慮之至。」大隈重信：「税関収入金ニ関スル上申書」（1875年7月20日），『大隈文書』，第3卷，A2341，頁117。

104 1874年8月，明治政府的債務總額為1.3844億日圓，其中紙幣的總額為9,764萬日圓。引自『大隈文書』（微縮膠卷），A2399。

105 例如，薩摩前領主、明治維新時期的著名政治人物島津久光敦促政府實施「財政緊縮」，以克服財政困難。參見坂野潤治：「明治国家の成立」，梅村又次、山本有造編：『開港と維新』（日本経済史）（東京：岩波書店，1989），第3卷，頁74–75.

106 関義臣：「明治八年度大蔵省年報作制意見書」，『大隈文書』（微縮膠卷），A2205。

107 大蔵省：「貨幣鋳造の事」，『大隈文書』（微縮膠卷），A1748。

108 川路寛堂：「現貨濫出論」（1875年10月），『大隈文書』，第4卷，A3415，頁112–113、114。

109 松方正義：「通貨流出ヲ防止スルノ建議」（1875年9月），大久保達正編：『松方正義関係文書』（東京：大東文化大学東洋研究所，2001），第20卷，頁36。

110 大隈重信：「収入支出ノ源流ヲ清マシ理財會計ノ根本ヲ立ツルノ議」（1875年1月），『大隈文書』，第3卷，A7，頁104。

111 實際上，「朝令暮改」是明治政府政策制定過程中遇到的最常見批評。

112 大隈重信：「収入支出ノ源流ヲ清マシ理財會計ノ根本ヲ立ツルノ議」（1875年1月），『大隈文書』，第3卷，A7，頁104–105。

113 參見大隈重信和大久保利通的提議：「外債償卻ヲ目的トスル内務大蔵両省規約竝関係書類」（1875年11月），『大隈文書』，第3卷，A2410，頁147–149。

114 永井秀夫：『殖産興業政策の基調』，頁241。

115 美國政府印刷局出版的相關書籍和小冊子以及〈美國國家貨幣法〉（1864年6月3日），都被翻譯成日語。對英格蘭銀行的了解主要來自阿瑟・萊瑟姆・佩里（Arthur Latham Perry）的《政治經濟學原理》(Elements of Political Economy, 1866)，這本書也被翻譯成日語。千田稔：「金札処分と国立銀行：金札引換公債と国立銀行の提起・導入」，『社会経済史学』第48卷，第1期（1982），頁32。

116 中村尚美：『大隈財政の研究』，頁38。

117　千田稔：「金札処分と国立銀行」，頁41–42。

118　「國立銀行」直接從美國使用的「國民銀行」一詞翻譯而來。因此，在明治時期的日本，「國立銀行」並不是國有銀行，而是從政府獲得發行銀行券特權的私人銀行。

119　中村尚美：『大隈財政の研究』，頁45。

120　『渋沢栄一伝記資料』，第3卷，頁376–377。

121　伊牟田敏充：「日本銀行の発券制度と政府金融」，『社会経済史學』第38卷，第2期（1972），頁125–126。

122　山本有造：「明治維新期の財政と通貨」，頁155。

123　有關農業、畜牧業、羊毛和棉紡織等進口替代項目的投資浪費和效率低下，參見石塚裕道：「殖産興業政策の展開」，楫西光速編：『日本経済史大系』（東京：東京大学出版会，1965），第5卷（近代），頁55–56。

124　大隈重信：「大蔵省第二回年報書」（1877年7月12日），『大隈文書』，第3卷，A1567，278。

125　引自原田三喜雄：『日本の近代化と経済政策』，頁146。

126　河瀬秀治：「財政之儀ニ付建言」（1879年7月5日），『大隈文書』，第2卷，A980，頁103。

127　山本有造：「明治維新期の財政と通貨」，頁158。

128　落合弘樹：『明治国家と士族』（東京：吉川弘文館，2001），頁218。

129　岩倉具視：「具視士族授産ノ議ヲ内閣ニ提出ノ事，」（1878年7月），引自同上，頁216。

第4章

日本現代財政國家的誕生，
1880–1895

　　不兌換紙幣的信用危機，對明治初年財政集中化的方向和進程都產生了重大影響。由於中央不得不承擔兌換已經在經濟中流通紙幣的全部責任，這場信用危機改變了中央和地方政府之間的風險分佈，促使中央政府積極探索加快稅收集中化和加強政府支出的管理。農民對增收土地稅的抵制，令政府更加重視徵收消費稅。到1880年，日本政府建立了集中化的官僚機構，負責酒類間接稅的估值和徵收。清酒稅的收益，成為政府彈性收入的主要來源。由此實現的財政集中化，則為日本建立現代財政國家奠定了堅實的基礎。

　　然而，現代財政國家在十九世紀八十年代日本的誕生，仍然是高度政治化的過程；因為財政的制度建設，影響了社會利益分配以及政府內部的權力鬥爭。1877年後，紙幣過度發行引起通貨膨脹，動搖了明治政府的正當性，極大地刺激了「自由民權運動」的展開。這場政治反對運動，繼續要求建立國會制度。運動初期參與者以士族為主，但到了十九世紀七十年代後期，大批豪農和

商人也開始參與其中。他們不僅要求在國家層面建立「民選議院」的代議制度，還要求在地方治理方面有更多自治和參與的機會。這些政治壓力深刻地影響着明治政府在十九世紀八十年代穩定紙幣價值的努力和建立中央銀行的制度發展。

1879年至1881年間，為了抑制通貨膨脹，明治政府在政策上有多種選擇。這些政策選項包括：放棄發行政府紙幣，重新使用銀幣；逐步減少流通中的紙幣數量；或者大幅減少紙幣的發行。當時的改革者明白，經濟上更穩健的做法是，逐步減少紙幣數量來控制通貨膨脹，同時避免通貨緊縮的危險。在此背景下，大藏卿松方正義大幅減少紙幣數量的急進政策，導致1882年至1884年間嚴重通貨緊縮，絕不是為了實現紙幣的可兌換性而必須付出的代價。[1]然而，鑒於明治政權與社會之間以及政府內部複雜的利益衝突，漸進兌換紙幣以避免通貨緊縮的做法，在政治上難以實施。

然而，一旦通貨緊縮開始，隨之而來的經濟衰退和農村貧困嚴重損害了明治政府的權力正當性。只有在這一背景下，我們才能夠正確地理解松方正義祭出的一些非常規金融政策，例如允許各銀行在日本銀行存放的現金儲備中使用鐵路公司的股票等。與此同時，通貨緊縮的經濟缺乏投資機會，也使日本政府為鐵路建設和軍事擴張而發行的長期國內債更容易為國內投資者接受。日本邁向現代財政國家的最後一步表明，即使方向明確，財政制度的發展也是高度政治化的過程。

信用危機與財政集中化

如前所述，明治政府在增加政府收入方面嘗試過各種方式，其中包括創辦官營現代工礦企業，政府組織向西方市場的直接出口，以及建立完善的稅收制度。當其他直接創收的手段未見成效

圖4.1　1868年至1900年日本政府的稅收構成

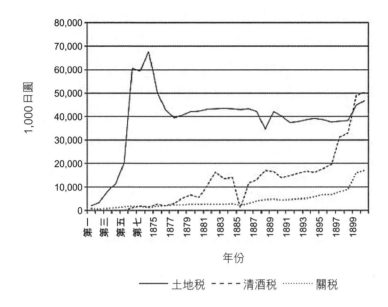

註：第一：1868年1月至1869年1月；第二：1869年2月至1869年10月；第三：1869年11月至1870年10月；第四：1870年11月至1871年10月；第五：1871年11月至1872年12月；第六：1873年1月至1873年12月；第七：1874年1月至1874年12月；第八：1875年1月至1875年6月。

資料來源：東京銀行統計局編：《日本經濟百年統計》，（東京：日本銀行，1966年），頁136。

時，建立稅收國家的努力就顯得尤其重要。廢藩置縣之後，中央和地方政府之間在稅收方面有具體的分稅制。中央政府負責「國稅」，包括土地稅、關稅和針對主要消費品的間接稅，如酒稅。屬於府縣政府的「地方稅」，則包括土地稅中以固定比率劃歸地方的部分和一些中央徵收難度較大的間接稅，如零售稅。不兌換紙幣的信用危機，迫使大藏省官員不僅要集中徵收國稅，而且要確保稅款迅速上交到中央。

　　為了保證快速掌握稅收，明治政府在1869年1月命令50家傳統銀行「兩替商」（包括小野組、三井組和島田組）匯兌政府稅款。1871年廢藩置縣後，這些民間銀行家充當了政府官金匯兌方（「為替方」），並將其金融網絡擴展到全國。[2]他們協助政府將米納的土地稅轉換成現金，即他們的分支機構從農民接收上繳土地稅的大米，再用匯票將稅金匯到東京的總部。雖然大藏省命令他們在每個月的15日和最後一日用匯票的形式將所收稅款匯至東京，但他們仍然可以短期擁有不必支付利息的政府資金和收入，從中獲益。[3]政府稅收和資金的相對穩定，提高了這些民間銀行在市場上的聲譽，而政府也避免在收納稅金時耗時費力運輸大米或現金。

　　然而，依賴民間銀行匯兌政府收入和支出本身也包含着一定的風險；因為銀行為了獲利，往往將這些官方資金短期借貸出去。例如，在1874年秋季，當日本政府需要大量資金資助其遠征台灣的行動時，匯寄政府資金的主要民間銀行對此毫無準備。由於無法將他們借貸給採礦、不動產、生絲製造等行業的政府資金及時收回，小野組和島田組不得不宣布破產。[4]三井組則靠着從英國東洋銀行獲得的緊急貸款，勉強逃過一劫。[5]儘管大藏省考慮過重新恢復現金運輸，但運輸成本的高昂和時間的遲緩，迫使其繼續允許三井、安田等主要民間銀行以及新成立的國立銀行匯兌政府稅款。[6]不過，政府現在要求這些銀行為存入的官方資金提供抵押品。到1880年，國立銀行和主要民間銀行處理了政府高達85%的稅收和支出。[7]

　　由於承擔着兌換紙幣的風險，中央政府有強烈的動機去集中管理政府各部門和地方政府的開支。1873年，井上馨和澀澤榮一將複式記賬法引入政府財政，命令所有政府部門和地方政府定期向大藏省提交下一年的預算賬簿，以備檢查。[8]儘管如此，地方政府在財政運作方面仍有相當的自主權。他們從徵收到的稅款扣除

地方所需支出後，才把剩餘資金上交到中央；常備金和預留金也由他們支配。[9]

　　為了加強對政府支出的控制，大隈重信在1876年2月命令政府各部門和地方政府將包括常備金在內的所有剩餘款項交還給大藏省集中分配。[10]但由於政府各部沒有按時將會計記錄送交中央，大藏省遲至1877年尚未完成對兩年前政府支出的審計。為此，大隈重信決定派遣檢查官檢查政府各部門的會計記錄，以確保未來的預算建立在對各部門實際支出的準確審計基礎之上。[11]同樣，為了監督地方政府將已徵收的稅款上交中央，租稅寮於1878年向各地派出稅務專員。[12]政府的財政管理因此變得高度集中。

　　在徵收稅款方面，大藏省在考慮到減少社會阻力的同時也嘗試了各種手段來增加收入。關稅本應該是新政府最重要的收入來源，但由於不平等條約限定了日本的關稅率，因此日本政府無法有效利用關稅來增加政府收入。土地稅的徵收，不僅遭到農民的激烈反抗，而且在評估各地區可供徵稅土地的市場價值時，中央政府也面臨十分艱巨的信息難題。[13]

　　在國內間接稅的徵收方面，明治政府的財政官員將商業部門視為重要的收入來源。早在1869年3月，中央政府頒布的〈府縣管理指南〉就明確指出：「商業盛旺而漸次徵收商稅，遂漸定稅法而必期大成之功。」[14]1871年8月廢藩置縣之後，財政官員投入了大量精力去探索提高間接稅收入的方法，特別是增加酒、醬油等主要消費品的間接稅。[15]1876年9月，租稅權頭吉原重俊提出，政府應該降低土地稅以提高農民的購買力。他認為，「農民佔人口之百分之八十，農戶生計景況上進，工商業隨之繁榮，政府對物品之收稅亦隨之加增。」[16]

就酒類生產而言，明治政府在1868年決定打破在德川幕府後期建立起來的特權商人的壟斷地位。政府要求那些對釀酒感興趣的人申請新的許可證（即「鑑札」）。每家釀酒商將根據許可證上規定的釀造數量來支付執照費和年稅。這一政策極大地刺激了地方釀酒業的發展，農村的小生產商如雨後春筍般湧現。[17]然而，由於清酒釀造的規模較小，大藏省很難有效地對清酒釀造徵稅。明治初期的大藏省，在其直接管轄的前幕府領土徵收清酒稅時，不得不依靠地方官和各村村長來監督執行。結果，有相當數量的清酒要麼因為未經許可釀造而逃稅，要麼因釀造超過許可證上報告的數量而漏稅。[18]

大藏省還試圖學習西方國家徵收間接稅的方法。例如，大藏省在1870年將英國國產稅局的規章和管理法則以及徵收啤酒消費稅的方法翻譯成日文。[19]但由於西方國家的經濟發展水平與日本差別很大，大藏省官員認為這種模式不能直接適用於日本。[20]例如，在明治初期，超過一半的清酒釀造商的規模很小，年產量不到100石。[21]相反，十九世紀時英國啤酒生產的規模很大，從而大大降低中央政府徵收消費稅的成本。

明治政府在1871年廢藩置縣後，開始制定針對全國範圍內酒類生產的徵稅條例。酒類商品的稅收，既包括生產稅，也包括銷售稅。兩者都是根據商家自報的當地平均價格來徵收，因此導致廣泛漏稅的現象並不令人意外。[22]1872年，中央政府開始進行經濟調查和實地調研，以收集諸如人口總數、對外貿易額和稅收總收入等方面的國民經濟統計數據。[23]這些經濟信息，有助明治政府更好地評估間接稅的潛力。1874年12月12日，大藏省稅務官提議廢除一些收入不佳的間接稅，例如絞油的生產稅，而增加酒類產品的生產稅，因為僅在1873年，單是清酒釀造就消耗了大約400萬石大米。[24]

　　1877年，中央政府派出官員監督各地酒稅徵收工作。但日常
稅務評估和徵收監督，仍然委託給地方官。根據1878年3月在兩
個府和十二個縣進行的一次實地調查，大多數地方官對執行中央
徵收酒類生產稅的規定並不積極。他們或以清酒釀造商自行報告
的價格作為估稅依據，或者不去嚴格檢查當地清酒釀造的真實規
模。[25]在重新審核清酒的市場價格後，政府獲得了約40多萬日圓
的額外收入。[26]大藏省因此大受鼓舞，決定設立更多的中央機構
來直接評估清酒的產量和徵收清酒稅。

　　1879年10月，大藏省在徵收清酒稅時將日本劃分為六個大
區。租稅寮派出酒造檢查員和當地監察員一起去檢查釀酒商的規
模。他們不僅仔細地測量清酒容器的容積，還檢查了所有相關的
帳目記錄。檢查員直接向租稅寮報告有關釀酒商月產量的調查結
果。1880年，清酒酒造檢查員的工資和差旅費，全部由大藏省支
付。為了簡化徵收程序，大藏省在1880年9月決定對清酒產量徵
收單一稅，取消以往對零售商徵收的稅費。[27]檢查員有權檢查清
酒的釀造過程，這甚至讓他們能夠了解釀酒商的技術秘密。[28]

　　到1880年，大藏省已將地方官吏排除在清酒稅的評估和徵收
工作以外，依靠本部門派出的專業官僚來徵收。當時，清酒產業
是日本經濟中最大的製造業部門；1882年，六大工業品（清酒、
棉織品、生絲、茶葉、染料和紙張）的總產值中，清酒生產佔
44%。[29]清酒稅入從1874年的126萬日圓急劇上升至1879年的
646萬日圓，說明了清酒稅本身的彈性。[30]建立集中型徵稅制度，
從清酒生產中收取彈性的收入增加，明治政府得以避免過度依賴
土地稅。而土地稅的徵收，在政治上相當敏感，在行政上也難以
增加稅入。

　　明治政府在集中政府財政管理和集中徵收清酒稅的過程中，
其發行的紙幣繼續是不可兌換。1873年，大藏省負責紙幣印製事

務的芳川顯正警告說，如果政府繼續通過發行紙幣來彌補赤字，將會破壞政府財政，給人民帶來巨大的災難。[31] 然而，為了鎮壓西鄉隆盛率領的下層士族叛亂，明治政府在1877年再次借助紙幣來支付軍費。結果，包括政府債券和國立銀行發行的銀行券在內的紙幣總額，從叛亂前的1.07億日圓增加到1879年的1.64億日圓。[32] 過度發行紙幣，造成通貨膨脹和隨之而來的銀幣囤積；而市面上銀貨短缺又導致了紙幣價值相對於銀幣進一步下跌。

儘管1877年以後出現了嚴重的通貨膨脹，日本經濟還是取得了重大發展。根據大阪商工會議所在1879年進行的市場調查，農民的購買力有所增加。普遍繁榮的農村地區，吸引了許多城市移民，刺激了國內貿易。農村地區所需商品的進口量增加了，儘管外國奢侈品進口有所減少。[33] 清酒的年產量，從1871年的300萬石躍升到1879年的500萬石。這為明治政府提供了一個重要的間接稅收來源。

國際市場的狀況也有利日本的出口。十九世紀七十年代中期以後西方國家採用金本位制，導致大量白銀流入東亞。1878年，由於銀幣不僅用於對外貿易，也用於國內交易，事實上日本已經實行了銀本位制。銀價下跌，對日本起到了「保護性關稅」的替代作用，而且也促進了日本商品的出口。1879年6月，大藏省關稅局要求東京和大阪的商工會議所調查進口對日本經濟的影響，以便政府能夠確定保護性關稅的適當稅率。這兩個城市的商會都認為保護性關稅是不必要的，並認為棉紗、糖、鐵的進口對日本經濟有利，儘管它們也承認提升關稅水平會增加政府收入。[34]

與此同時，隨着國立銀行和三井、安田等主要民間銀行建立全國通訊網絡以跨時空匯兌，國內金融網絡變得更加一體化。例如，150家國立銀行和三井銀行及其各自分支機構之間有往來業務關係的數目，從1877年6月的10家增加到1880年6月的1,027

家。[35] 為了促進日本不同銀行發行的銀行券流通，第一國立銀行行長澀澤榮一組織了名為「擇善會」的銀行同盟會，協調其會員銀行的業務活動。他對引進美國和瑞士的「結算所」制度有濃厚的興趣，這一制度可以幫助清算各會員銀行之間的債務和貼現彼此的票據。[36] 1880年，大阪成立了一個類似的銀行同盟會，由15家主要國立銀行和三井銀行組成。這種銀行協會在協調會員銀行票據貼現和紙幣兌換方面發揮了重要作用。[37] 民間銀行之間的這些密集網絡，為建立代表政府監管國內金融市場的中央銀行奠定了基礎。

　　1877年以後，嚴重通貨膨脹導致的政治反對運動浪潮，逼迫明治政府建立國會制度。而在政府內部，財政官員在紙幣問題上各持己見。日本到底應該用銀幣來兌換所有流通紙幣，從而放棄發行政府紙幣，還是應該通過增加政府銀幣的儲備同時減少紙幣數量，來恢復紙幣的價值呢？政府內部的權力鬥爭以及國家與社會之間的對抗，使日本邁向現代財政國家的下一步，即建立中央政府財政和金融市場之間的制度聯繫，變得錯綜複雜。

松方正義緊縮的政治經濟學

　　通貨膨脹對城市和農村有不同的分配效應。物價上漲極大地困擾着城市居民，尤其是那些依靠固定收入生活的士族，因此更多士族投入了「自由民權運動」。由於大米價格上漲，土地稅的實際負擔下降，農民從中獲益匪淺。儘管如此，農村地區的豪農和地方商人希望能夠參與地方管理，特別是在地方稅收、治水、道路建設和地方基礎設施維護等方面。在國家政治層面，他們則呼籲建立民選議院。從1878年起，豪農和農村商人的政治活動極大地推進了「自由民權運動」。建立國會制度的請願書和提案數，從

1879年的7份增加到1880年的85份。[38] 1880年3月，有87,000名
成員的愛國社選出114名代表，聚集在大阪向明治政府提交建立
議會制度的請願書。[39] 在這份頗具影響力的提案，代表對「巨額國
債、紙幣增發、物價騰貴」表示關切，他們要求建立國會來解決
這些嚴重問題。[40]

在這種情況下，紙幣價值的穩定對於明治政府來説，不僅在
經濟上而且在政治上也是至關重要的。1878年5月14日大久保利
通被士族暗殺後，大隈重信不得不首當其衝面對政府內部對通貨
膨脹的批評。1879年4月和5月，他下令從政府儲備金中拋出240
萬日圓的銀幣，試圖穩定市場上紙幣和銀幣之間的匯率，但卻毫
無成效。[41] 1880年4月，他再次下令拋出300萬日圓的現金。然
而，這一措施不僅沒有穩定紙幣的價值，反而使政府現金儲備與
紙幣總量的比率從1872年的21.5%陡降到1880年的4.5%。[42] 這些
市場反應表明，明治政府必須作出可信的承諾以保證未來不再依
靠發行更多的紙幣來彌補政府赤字。

「自由民權運動」的積極分子指出，持續的通貨膨脹是由政府
過度發行紙幣造成。[43] 對此意見，大隈重信堅持認為外貿逆差造
成了日本銀幣短缺，從而導致紙幣貶值，進而引發通貨膨脹。但
實際上，紙幣價值的下跌迫使大隈重信考慮如何通過增加財政盈
餘來減少紙幣的流通數量。1879年6月29日，他提議利用財政盈
餘在七年內註銷2,000萬日圓的紙幣。為了增強公眾對政府決心
減少紙幣數量的信任，他計劃在報紙上公布財政盈餘的數額和因
此而減少的紙幣數量。[44]

此時，大隈重信還沒有放棄通過增加政府銀幣儲備來穩定當
前政府紙幣數量的計劃。為此，他主張政府應該積極組織直接出
口，從海外市場賺取現金。[45] 1880年2月28日，大藏省從政府儲
備金中撥出300萬日圓的銀幣作為資本，成立橫濱正金銀行。該

銀行的主要任務是將政府銀幣借給特權商人，幫助他們組織生絲和茶葉的生產，然後將這些產品直接出口到海外市場。然而，橫濱正金銀行的許多貸款都是通過政治關係借出的，最後都成了不良貸款。[46] 私營商人，尤其是主要的生絲出口商，認為直接出口不切實際。這有兩個原因：首先，他們不得不與更熟悉海外市場環境的外國商人競爭；其次，運往國外的直接出口商品，在完成銷售之前會佔用大量資金。[47]

通貨膨脹和政府紙幣貶值，導致明治政府內部嚴重的緊張局勢。1880年2月，岩倉具視和伊藤博文推行改革，以加強正院對政府各部機構，特別是對大藏省所控制機構的監督。由大隈重信、伊藤博文和寺島宗則組成新的財政委員會，負責財政事務。同時，明治天皇已經長大成人，他越來越積極地參與決策。[48] 大藏省再也不能獨斷重大財政政策的制定了。

橫濱正金銀行令人失望的表現説明，通過促進直接出口來迅速增加銀幣儲備是不現實的。因此，明治政府必須設法通過減少紙幣流通量來恢復紙幣價值。此時，政府內部主要討論兩個政策選項：其一是用銀幣兌換所有紙幣；其二則是逐步減少紙幣數量，從而穩定其價值。因為來自反對派的壓力以及要求建立國會的呼聲不斷增強，每個選項都會帶來不同的政治後果。因此，政策的選擇並不是僅僅取決於經濟論證。

1880年5月，大隈重信提出了大膽的計劃，通過向國際市場舉債而一舉實現紙幣的可兌換性。在題為「請改通貨制度之議」（也稱「正金通用方案」）的提案，大隈重信提議以7%的利率在倫敦募集1,000萬英鎊（相當於5,000萬日本銀元）的外債。再加上大藏省提供的1,750萬元現金，政府能夠以1：1.16的銀幣匯率從市場上兌換7,800萬日圓的紙幣。市場上剩餘的2,700萬日圓紙幣，將由國立銀行收購。國立銀行使用政府紙幣來兌換政府債券，以

換取發行等額銀行券的特權。在此次兌換之後,明治政府便可以用銀幣代替政府紙幣。大隈重信預計,被囤積起來的現金將重回市場。至於每年所需支付的368萬日圓的利息,大隈重信建議提高酒稅,預計每年可獲得662萬日圓的額外收入。[49]

大隈重信提案的主要目標,是盡快用銀幣取代流通的政府紙幣。這次兌換之後,政府將停止發行紙幣,僅僅鑄造銀幣。而國立銀行發行的銀行券只是私人票據,不具有法定貨幣的地位。大隈重信可能對明治政府在國際市場的舉債能力過於樂觀,也沒有預見將來英鎊升值可能帶來的額外利息壓力。但是,他的提議並沒有像批評者所指責的那樣有損日本主權,因為每年的利息支付,主要來自大藏省已經集中徵收的國內間接稅。

然而,這一計劃在政府內部引起很大爭議。岩倉具視等保守人士批評如此巨額的外債將「導致亡國」。伊藤博文、井上馨、佐野常民則擔心巨額外債會帶來沉重的利息負擔,並招致「自由民權運動」分子的強烈批評。而陸軍卿和海軍卿都支持大隈重信的計劃,因為它沒有削減軍事開支。[50]松方正義承認該計劃「就議理而考之,固貨幣之常則也」,但他認為利用外債來兌換紙幣是危險的。相反,他建議鼓勵直接出口,以增加政府銀幣儲備,並逐步減少紙幣數量。[51]由於官員無法達成協議,明治天皇於1880年6月作出聖斷,否決了大隈重信的提案。

雖然大隈重信的提案未獲批准,但該方案中有兩點值得我們注意。首先,儘管大隈重信仍然認為導致通貨膨脹的主要原因是國際貿易赤字,而非紙幣過度發行,但他現在認為貨幣貶值可以解決日本對外貿易逆差問題。對於大隈重信來說,進口替代不再是解決日本對外貿易逆差的主要手段。他認為,這種貿易逆差造成的現金外流,會在增加進口商品價格的同時降低國內物價;此後,日本的出口會增加,進口會減少。結果,現金將通過國際貿

易回流到日本，儘管日本使用紙幣可能會延遲這種機制的正常運作。[52] 其次，更重要的是，通過用銀幣兌換紙幣，大隈重信希望避免因貨幣供應量急劇下降而導致國內通貨緊縮。他明確警告說，紙幣數量的迅速減少，可能有助恢復其相對於銀幣的價值，但這也將產生嚴重的通貨緊縮，極大損害國內的商業和製造業。[53]

大幅削減紙幣數量會引起通貨緊縮，大隈重信的這一擔憂，得到了商界領袖的一致認同。1880年11月，五代友厚代表大阪商工會議所向大藏省請願。他提出，政府阻止紙幣貶值的簡單方法就是直接「減殺流通紙幣」。但五代友厚隨後警告說，這種做法會引發國內通貨緊縮，從而造成「金融擁塞，利子高貴，商工不能營業」，最終結果是「全國士工商將不得不大蒙禍害」。他敦促政府在試圖恢復紙幣價值時，要考慮到整個經濟的發展。[54]

大隈重信的提案被否決後，僅有的政策選擇是通過增加財政盈餘來逐步減少紙幣數量。但是明治政府怎樣才能做到這一點呢？國內越來越高的反對浪潮，打消了明治政府提高土地稅的念頭。例如，1880年9月，明治政府否決了以米納而不是紙幣來徵收25%土地稅的提案，原因是擔心這樣做會引起農民暴動，並進一步刺激「自由民權運動」。[55] 政府因此轉向對煙酒等消費品增稅，以期獲得更多的收入。為此，大藏省進一步將清酒稅從每100石1日圓增加到2日圓，並希望通過高稅率淘汰小型釀造商，促進大型釀酒商的發展。[56] 此外，為了將每年的財政盈餘增加到1,000萬日圓的水平，明治政府決定通過加速出售官營企業、減少政府採購進口貨物、削減中央政府對地方基礎設施、警察、監獄的補貼和支出，從而大幅節省中央政府開支。[57] 這體現了從早期的積極財政到緊縮財政的根本性轉變。

至於如何處理擬議中的1,000萬日圓年度財政盈餘，各方意見不一。一種意見是將這些盈餘核銷，以減少紙幣數量。另一種

意見正如井上馨和五代友厚在1880年底向政府提出，將財政盈餘作為資本，組建一家由保險公司和貿易公司支持的日本中央銀行。該中央銀行將向貿易公司提供貸款，以組織生絲和茶葉的直接出口，從國外賺取銀幣，增加政府的現金儲備。保險公司將提供相應的服務。[58]但是，這個計劃與恢復紙幣價值的努力背道而馳。此外，橫濱正金銀行在組織直接出口方面令人失望的表現，使得這一建議缺乏說服力。

1881年7月29日，大隈重信和伊藤博文共同起草了通過出售政府債券籌集5,000萬日圓的計劃，並以此作為資本建立了中央銀行。該計劃想要設立「一大銀行」，其主要業務是貼現日本外貿匯票，管理政府收支，以及發行可兌換紙幣，「就像英格蘭銀行之於英國和法蘭西銀行之於法國。」[59]為了迅速獲得所需資金，大隈重信和伊藤博文決定允許外國人認購股份，其主要目標是在不降低通貨水平的情況下，迅速實現紙幣的可兌換性。與1880年大隈重信提出的1,000萬英鎊外債相比，這個計劃在政治上似乎沒有什麼爭議，但卻遭到松方正義的強烈反對。1881年9月，松方正義在給日本太政大臣三條實美的報告中警告說，大隈重信和伊藤博文的計劃，「仰外人之資本，以之散布內地，固雖可得一時正金之流通，而其患害百出，不言自明。……國家之事業復不可為，全國之形勢為之一變，陷入若埃及、土耳其或如印度之慘狀。」[60]

儘管在如何建立中央銀行這個問題上尚有爭論，但財政緊縮政策向市場發出了明治政府將不再通過發行紙幣來彌補財政赤字的重要信號。同時，政府也停止了向政商和官營企業借貸政府銀幣儲備金的危險做法。[61]1881年4月，銀幣兌換紙幣的匯率在達到1.795的峰值後開始下降，幾個月後穩定在1.63左右。同年2月，明治政府縮短了農民交納土地稅的期限，這迫使他們以較低的價格出售大米。1881年4月以後，大米價格開始下跌。[62]

作為財政緊縮的一部分，政府減少了從國外購買商品的銀幣支出。鑒於國際市場銀價不斷下跌，按銀本位制結算的日本經濟不會長期遭受國際貿易逆差的影響。即使沒有政府組織到海外市場賺取白銀的直接出口，明治政府徵收到的以白銀結算的關稅，在十九世紀八十年代初期也超過了250萬日本銀元。因此，為了實現紙幣的可兌換性，關稅收入是增加政府銀幣儲備的可靠來源。在這種情況下，如果政府繼續執行財政緊縮政策，逐步減少紙幣是有望實現的。此外，當人們對政府不再靠發行紙幣來彌補其赤字的承諾充滿信心時，囤積的銀幣將逐漸回流到市場，進一步幫助恢復紙幣的價值。但是，當時的政治形勢不利於這種經濟上穩健的漸進消化紙幣的方案。

「自由民權運動」分子欣然接受財政緊縮的政策轉向，並歡迎政府停止印製紙幣來彌補其赤字。針對日本政府提高稅收的企圖，他們認為，日本人民有權立即成立國會，以便其代表能夠參與政府預算和稅收政策的制定過程。[63]同時，財政緊縮政策也極大地刺激了地方精英參與政治活動。隨着越來越多的公路建設、地方基礎設施和土木工程支出來自地方稅而非國稅，新的財政負擔使得富農和地方商人更多地參與地方事務。[64]他們反對將政府開支的大部分負擔轉嫁給地方，特別是主要道路的建設費用。他們希望憑藉國會這樣的代議機構，在財政政策的制定中擁有發言權。[65]

「自由民權運動」的士族、地方商人和豪農聯盟，嚴重威脅專制的明治政權，政府因此採取打壓措施。當局在1879年關閉了3家報社，1880年關閉了12家，1881年被關閉的報社更是高達46家。1880年4月5日，明治政府禁止任何被認為「危害國家安全」的政治結社和集會，也禁止府縣會議員之間的通訊聯絡。[66]明治政府與「自由民權運動」分子之間的政治對抗一觸即發。

1881年3月，大隈重信建議明治政府於1882年底舉行全國的議員選舉，並於1883年建立英國式的兩院制。為了讓未來的政府能夠代表「國人之輿望」，大隈重信主張，國會中佔多數的政黨應該有權組成責任內閣，「政黨官」和「永久官」(即與政黨中立的公務員)應該嚴格分開。[67]他的這項提議，得罪了許多政府成員。井上毅當時正根據普魯士模式起草一部保守的憲法，在他看來，英國君主立憲制的實質是議會主權的共和政體，君主只是傀儡。[68]1881年10月，大隈重信和其他15名被懷疑是其追隨者的官員，被政治保守派趕出政府。[69]松方正義成為大藏卿。

在這次政治清洗之前，松方正義也贊成逐步減少紙幣數量。在向太政大臣三條實美提交的一份關於財政的報告中，松方正義重復了大隈重信對通貨膨脹原因的診斷，即通貨膨脹不是由於紙幣發行過多引起，而是由於國際貿易逆差導致銀貨儲備不足而造成的。松方正義認為，穩定紙幣價值的正確方法是通過鼓勵國內生產和出口來增加政府現金儲備。[70]為此，他建議停止借貸政府儲備現金，而是採用新的「貨幣運用之機制」，即由儲蓄銀行和投資銀行來共同支撐的中央銀行。儲蓄銀行通過郵政網絡將小額存款匯入中央銀行，而投資銀行將利用這些累積的儲蓄，向農業、製造業和運輸業提供低利率的長期貸款，以增加出口。[71]這是根據比利時經驗提出的一種中央銀行模式。[72]然而，在短時間內指望政府能將小額儲蓄納入國家引導的長期工業發展是不切實際的；因此，松方正義的想法暫時還是紙上談兵。[73]

松方正義擔任大藏卿後，繼續通過出售官營企業進行財政緊縮，還試圖讓橫濱正金銀行為直接出口提供貸款，以增加政府銀貨儲備。為了平息對政府的批評，他必須採取措施抑制通貨膨脹，並防止紙幣價格下跌。由於政府增加銀貨儲備需要較長的時間，他決定通過削減政府的預備紙幣來減少紙幣的數量。這些預備紙幣最初

由大藏省於1872年發行，其用途是在一個財政年度內（從7月1日
到次年6月30日），在所徵稅款尚未送抵大藏省時，支付各項政府
開支。[74] 1876年後，政府日益依賴印製預備紙幣來填充財政赤字。

　　在財政緊縮時期，政府內部對削減預備紙幣並沒有異議。儘
管松方正義早前另有說法，但他現在似乎認為，通貨膨脹和紙幣
貶值是由於1877年後紙幣發行數量過多所造成，因此，紙幣總量
應迅速減少到1877年的水平。[75] 結果，他大幅削減了政府預備紙
幣的數量，從1881年的1,300萬日圓下降至1882年的400萬日
圓，並在1883年進一步下降至零。換句話說，松方正義在不到兩
年內將通貨總額（包括紙幣）減少了13.7%，或者將政府紙幣總額
減少了17.6%。這便是引發「松方緊縮」的關鍵因素。[76]

　　松方正義1882年1月採取的措施，在年度預算和政府減少紙
幣數量的計劃中都沒有提及，因此市場完全沒有預料到通貨水平
突然下降。在1882年，著名的金融政策評論家田口卯吉也不清
楚，明治政府宣布每年註銷300萬日圓紙幣是否能夠迅速恢復紙
幣的價值。他後來承認，自己直到1883年末才意識到通貨緊縮和
削減預備紙幣之間的聯繫。[77] 結果，在市場繁榮的1881年，豪
農、地主和商人積極從當地銀行或金融中介機構借款，而到了
1882他們卻遭遇到實際利率上升和物價下跌的雙重打擊。

　　1883年初，由於農民購買力下降迅速引起了影響整個經濟的
連鎖反應，通貨緊縮十分明顯。根據1883年2月23日大阪商工會
議所的報告，使用進口棉紗紡織粗棉布以迎合農民需求的工場，
大多數在1880年和1881年間都生意興隆，但在1882年春天後卻
紛紛破產。[78] 由於大米價格下跌，導致農民收入大幅減少；第一
國立銀行發現，都市商人很難向農村地區出售商品。[79] 通貨緊縮
的嚴重程度，也極大地損害了農村「自由民權運動」的經濟基礎；
農村的民權積極分子缺乏財力去組織政治社團。[80]

國內投資更是直線下降。根據東京第一國立銀行的報告，有些商人在1882年認為經濟衰退是暫時的，仍然從銀行貸款。然而，由於市場物價持續下跌，他們最終陷入了困境。因此，1882年以後，銀行放貸變得越來越困難。商界不願投資，導致銀行閒置資本持續積累。[81] 1883年8月底和9月初，由於大多數商家預計物價會進一步下跌，因此市場上幾乎沒有交易。[82]

圖4.2 1868年至1895年日本的紙幣數量

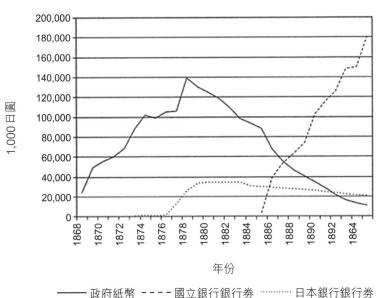

資料來源：東京銀行統計局編：《日本經濟百年統計》（東京：日本銀行，1966年），頁166。

當松方正義大幅削減政府預備紙幣時，他似乎完全沒有預料到隨後產生的通貨緊縮效應。1882年7月，日本與中國在朝鮮發生史稱「壬午事變」的衝突，日本海軍和陸軍要求大規模增加軍事開支，以抗衡中國新購西洋軍艦組成的北洋水師。同年9月，松

方正義計劃通過增加煙酒課稅，每年籌集750萬日圓。他認為，儘管課稅已經很高，但1881年酒類總產量和零售價格都有所上升，意味着應該有再提高稅率的空間。這一樂觀估計表明，松方正義甚至沒有考慮到通貨緊縮對酒類生產和需求可能帶來的影響。[83] 然而，經濟通貨緊縮引發了嚴重的稅款拖欠。1883年，日本清酒總產量下降了35%，進而拖累了大米價格。[84] 松方正義被迫縮減軍事擴張的規模，1883年和1884年的實際軍事開支較原計劃分別減少了13%和22%。[85]

雖然松方正義把恢復紙幣價值作為首要任務，但也不能忽視全國性通貨緊縮的惡果。1883年12月10日，他承認物價下跌致使商人持幣觀望，從而阻礙了當前的投資。[86] 不過，他堅持認為，紙幣價值的完全恢復將培養日本人「勤儉節約」的美德，使他們從事「實業」而非「投機」的商業活動。[87] 然而，紙幣與銀幣之間價值差距的縮小，對於減輕通貨緊縮給日本經濟造成的損害幾乎無濟於事。對物價進一步下跌的預期，阻礙了投資；而投資的減少，又進一步拉低了物價。如果沒有國家的有效干預，市場本身不會自動打破這種惡性循環。在實踐中，松方正義不能被動地期盼他所謂的「通縮—刺激—實業投資」理論來拯救經濟。

松方正義在建立中央銀行的提議中指出，這種「銀行的銀行」可以採取商業票據貼現或短期貸款等措施，來緩解通貨的季節性波動，從而調整經濟。[88] 但是，1882年10月成立的日本銀行並沒有做好準備來履行這些中央銀行的標準職能。它的原始資本只有200萬日圓，1883年僅達到500萬日圓。然而，在1880年關於中央銀行業務的討論，大多數財政官員都認為中央銀行的資本規模必須至少達到1,000萬日圓。相比之下，日本有143家國立銀行和176家民間銀行，1883年的總資本為6,136萬日圓。[89] 而在日本銀行開設往來賬戶的銀行數目，1883年僅為1家，1884年也不過區區10家。[90]

　　因此，新成立的日本銀行幾乎沒有能力調節金融市場，以緩解1883年和1884年的嚴重通貨緊縮。更糟糕的是，明治政府首先利用日本銀行作為政治武器，去攻擊大隈重信的立憲改進黨。由於該黨的資金主要來自當時日本航運業最大的三菱公司，明治政府於1883年1月1日成立了共同運輸會社，作為競爭對手來試圖削弱三菱公司。[91]日本銀行向共同運輸會社提供30萬日圓無需任何擔保的定期貸款，這佔到了該行1883年上半年定期貸款總額的46%。[92]

　　1882年以後，在軍費開支增加和稅收減少的雙重壓力下，松方正義首先求助於日本銀行的短期借款和大藏省的儲備金，以便在所收稅款尚未送到中央時滿足政府開支。1886年以後，大藏省發行的短期債券滿足了這一支出需要。[93]雖然松方正義嚴厲批評大隈重信的外債計劃，但他本人在1884年和1885年也曾兩次試圖從倫敦的資本市場募集外債，以獲得必要的現金，但都沒有成功。[94]松方正義最初要求橫濱正金銀行向海外市場的直接出口提供貸款，以延續增加政府現金儲備的政策。然而，直接出口表現不佳，迫使他作出改變。1884年7月，他允許橫濱正金銀行貸款給參與日本對外貿易的外國商人。[95]

　　由於松方正義依靠恢復紙幣價值以合理化其經濟政策，他不得不尋求增加通貨投入以外的措施來刺激國內的經濟活動。其中的一項措施是發行長期國債。嚴重的國內通貨緊縮，為國債的發行創造了有利的環境；因為缺乏其他投資機會，國債對投資者頗具吸引力。例如，在通貨膨脹期間市場價值一直在下降的秩祿公債，現在反而吸引了許多投資者，尤其是當明治政府能按時支付這些公債的利息和本金的時候。[96]同樣，松方正義在1884年推出低息長期債券，以籌集巨額資金用於鐵路建設以及海軍和陸軍的現代化，這些債券也被超額認購。[97]1886年，松方正義利用利率

為 5% 的新貸款來兌換利率為 6% 或更高的舊國債，從而使年息支付額減少了 300 多萬日圓。[98]

此外，松方正義還計劃使用票據貼現來鼓勵商業交易。在 1884 年 2 月，他甚至敦促日本銀行貼現那些沒有預先指定抵押品的商業票據。商界領袖澀澤榮一認為，這樣的做法太過冒險。作為折衷方案，日本銀行首先嘗試對以庫存貨物或國家債券作擔保的票據進行貼現。[99]松方正義隨後將貼現率從 1885 年的 9.49% 下降至 1886 年的 4.93%。此外，他還允許日本銀行不僅接受債券而且接受鐵路建設、海運、採礦和紡織品等行業的公司股票，作為低息貸款的抵押品。[100]這刺激了新一輪投資熱潮。日本銀行的貸款從 1885 年的 1,600 萬日圓猛增到 1889 年的 1.05 億日圓；同期，國立銀行的貸款從 6.49 億日圓增加到 14.14 億日圓。[101]1886 年至 1889 年間，工業、鐵路和採礦業的公司數量多達 1,743 家，總資本達 10.86 億日圓。然而，由於許多公司股票只是部分以現金認購，因此這個繁榮存在着大量的「泡沫」。[102]

在現有的歷史敘述中，松方正義經常被描述為正統經濟學的倡導者，拒絕政府干預市場。[103]然而，1882 年至 1890 年間，大藏省高風險的金融政策與西歐中央銀行的模式和實踐背道而馳。儘管受到商界的批評，我們應該將這些非常規政策的實施放在持續通貨緊縮的背景下來考察。持續不斷的通貨緊縮，嚴重損害了明治政府的正當性；盡早結束通貨緊縮，在政治上至關重要。儘管如此，由於松方正義將紙幣和銀幣的等價交換作為其財政事務的最高目標，而不考慮經濟後果，他的政策選擇因此非常有限，尤其是在未能籌集到國外貸款的情況下。這樣的形勢，使他不得不更多地依靠商業票據或公司股票作為通貨投入的替代，以期在不增加紙幣數量的情況下緩解通貨的短缺。

集中徵收酒類生產稅的制度，對明治政府償還長期國內債券

利息的能力起到了決定性作用。由於通貨緊縮增加了土地稅的實際負擔，降低了農村居民的購買力，明治政府無法從土地稅中獲得更多的稅收。事實上，政府必須動用武力去鎮壓群馬、秩父和其他地區的大規模農民暴動。政府長期國內債券的彈性收入，主要來自提高清酒生產稅。市場上消費者對高額清酒稅的抵制，與農民對土地稅的抵制簡直無法相提並論。

在松方正義出任大藏卿之前，明治政府於1880年9月將清酒生產稅從每石1日圓提高到2日圓，許可證費從5日圓提高到30日圓。許多地方小型清酒釀造商組織請願活動以示抗議。然而，在兵庫和大阪等地區，面向全國市場銷售產品的主要清酒生產商並沒有參與這些抗議活動。[104] 1882年，松方正義進一步提高了清酒稅，從每石二日圓提高到四日圓，並加強了對無證釀酒的查處。結果，許多小型清酒釀造商被迫停業。[105]大型清酒釀造商借此機會擴大生產。1885年後，日本清酒產量在下降到300萬石後開始復蘇，生產規模隨即不斷擴大。例如在1895年，28%的酒廠年產量逾1,000石，另外65%的酒廠年產量在100到1,000石之間。[106]大型生產商的增加反過來又降低了政府的徵稅成本。壟斷利潤使大型釀酒商能夠承擔沉重的稅率，並將增稅的負擔轉嫁給消費者。

十九世紀八十年代末，現代財政國家在日本已經形成。1883年4月，日本銀行開始匯兌政府收入並支付政府開支。明治政府因此能夠鞏固集中化的財政運作，擺脫對民間銀行匯兌官方資金的依賴。這一成就將整個政府的收入和資金置於日本銀行的管理之下，同時也增強了大藏省的監管。集中化的財政制度，鞏固了作為中央銀行的日本銀行運作。[107]中央徵收的彈性間接稅，維持着明治政府長期債券的信譽。日本銀行在1886年壟斷了可兌換紙幣的發行，使之成為法定貨幣。隨着日本銀行與民間銀行越來越

多的往來關係，日本銀行在二十世紀初真正擔負起中央銀行調節
國內金融市場的重任。

明治政府在1891年召開帝國議會時，現代財政國家的體制已
經形成。在新成立的國會，辯論主要集中在這一制度是應該用來
支持軍事擴張還是用來促進國內福祉。反政府的「民黨」代表要求
降低稅收，增加地方福利和基礎設施支出和減少軍事開支。[108]與
此同時，像伊藤博文、井上馨和大隈重信(他重返政府擔任外務
大臣)等官員，計劃在司法審判制度上向西方列強作出讓步，以
換取恢復海關主權。他們打算利用這種方式來提高關稅稅率，從
而增加日本政府的收入，緩和中央與地方之間在國內稅收方面的
緊張關係。但政治保守派無法接受這些讓步。

值得注意的是，1891年至1894年間的財政爭議，都是在現代
財政國家的制度平台上展開。即使是明治政府的政治反對派，也沒
有要求取消徵收酒類間接稅的集中化制度，雖然他們更願意降低稅
率。他們也不想廢除壟斷可兌換紙幣發行的日本銀行，反而希望日
本銀行能夠便利向農村製造業發放貸款。同樣，要求增加地方福利
支出，並沒有挑戰中央政府的財政管理制度。然而，這場辯論在很
大程度上因為日本在1895年甲午戰爭大勝中國而顯得不再緊迫。
戰勝帶來的巨額賠款，使得明治政府能夠承擔大部分地方基礎建設
的開支，從而使自身在一定程度上擺脫了反對派代表的問責。[109]

總體而言，明治時期的制度具有很強的可塑性，政府主要領
導人之間的分歧和不斷變化的制度安排是最好例證。但無論誰掌
權，都必須面對如何兌換巨額紙幣的艱巨問題。為了解決這個重
大信用危機，財政官員致力集中徵收主要消費品的間接稅，並加
強對政府財政的集中監管。儘管政府內外存在着深刻的政治分
歧，但對財政制度集中化的努力從未中斷過。密集的私人金融匯
款網絡，極大地促進了財政體制的集中化。

　　財政的制度發展是高度政治化的，這在十九世紀八十年代日本邁向現代財政國家的最後一步尤其突出。如果1880年和1881年的政治形勢有利於採取「軟着陸」方式來抑制通貨膨脹，那麼就可以避免1882年至1884年間嚴重的通貨緊縮。然而，來自反對派的壓力越來越大，明治政府不可能以穩健的漸進方式逐步減少紙幣的數量。雖然國家決策者在1882年已經明確了集中徵收間接稅和政府財政集中化管理的方向，制度發展的實際路徑卻導致了嚴重的通貨緊縮，在農村地區造成災難性後果。通縮的經濟環境減少了投資機會，反而利於明治政府發行國內長期債券。現代財政國家制度極大提高了明治政府動員長期金融資源的能力，允許政府利用間接的財政政策而非直接經營企業，來刺激工業的發展。

註釋

1　On Matsukata Masayoshi and his financial policies after 1882, see Jackson H. Bailey, "The Meiji Leadership: Matsukata Masayoshi," in Harry Wray and Hilary Conroy, eds., *Japan Examined: Perspectives on Modern Japanese History* (Honolulu: University of Hawaii Press, 1983); Steven J. Ericson, "'Poor Peasant, Poor Country!' The Matsukata Deflation and Rural Distress in Mid-Meiji Japan," in Helen Hardacre and Adam L. Kern, eds., *New Directions in the Study of Meiji Japan* (Leiden and New York: Brill, 1997); 室山義正：『松方財政研究』（京都：ミネルヴァ書房，2004）。

2　1872年4月，小野組設立或計劃設立辦事處和分支機構的縣總數為35個，三井組為13個，島田組為8個。參見岩崎宏之：「国立銀行制度の成立と府県為替方」，『三井文庫論叢』，第2期（1968年3月），215。

3　同上，頁212。

4　小野組宣佈破產時，這個「兩替商」只有2萬日圓的現金和11萬日圓的債券和土地契約，而其負債總額為750萬日圓，其中包括450萬日圓的政府存款。加藤幸三郎：「政商資本の形成」，楫西光速編：『日本経済史大系』（東京：東京大学出版会，1965），第5卷（近代），頁143。

5　立脇和夫：『明治政府と英国東洋銀行』（東京：中央公論社，1992），頁156–157。

6　深谷徳次郎：『明治政府財政基盤の確立』（東京：御茶の水書房，1995），頁69、70。

7　杉山和雄：「金融制度の創設」，楫西光速編：『日本経済史大系』（東京：東京大学出版会，1965），第5巻（近代），頁210。

8　池田浩太郎：「官金取扱政策と資本主義の成立」，岡田俊平編：『明治初期の財政金融政策』（清明会叢書，1964），頁161。

9　深谷徳次郎：『明治政府財政基盤の確立』，頁97–98。

10　池田浩太郎：「官金取扱政策と資本主義の成立」，頁164。

11　大隈重信：「検査官派出之儀ニ付上申」（1877年10月30日），『大隈文書』，微縮膠卷，A2242。

12　深谷徳次郎：『明治政府財政基盤の確立』，頁74。

13　Yamamura Kozo, "The Meiji Land Tax Reform and Its Effects," in Marius B. Jansen and Gilbert Rozman, eds., *Japan in Transition: From Tokugawa to Meiji* (Princeton, NJ: Princeton University Press, 1986), pp. 387–388. 有關地租徵收的更多詳情，參見：福島正夫：『地租改正の研究』（東京：有斐閣，1970）。

14　千田稔、松尾正人：『明治維新研究序説：維新政権の直轄地』（東京：笠間書院，1977），頁253–254。

15　丹羽邦男著：「地租改正と農業構造の変化」，楫西光速編：『日本経済史大系』（東京：東京大学出版会，1965），第5巻（近代），頁236。

16　吉原重俊：「租税徴収法之建議」，『大隈文書』，微縮膠卷，A1907。

17　小松和生：「明治前期の酒税政策と都市酒造業の動向」，『大阪大学経済学』，第17巻，第1期（1967年6月），頁39–40。

18　大内兵衛、土屋喬雄、大藏省編：『明治前期財政経済史料集成』（東京：明治文献資料刊行会，1962），第2巻，頁239，329。

19　大蔵省翻訳課：「合衆王国内国税年報編纂書」，『大隈文書』，微縮膠卷，A1842。

20　吉原重俊、若山儀一：「第六か年報」，『大隈文書』，微縮膠卷，A1899。

21　深谷徳次郎：『明治政府財政基盤の確立』，頁186。

22　同上，頁169–172。

23　這是日本版的「政治算術」，曾在荷蘭學習過統計的前幕府官員，如津田真道、箕作麟祥，對這些努力作出了重要貢獻。參見羽賀祥二：『明治維新と「政表」の編製』，『日本史研究』，第388期（1994年12月），頁49–74。

24　大藏省：「租税興廃更正之儀上申」，『大隈文書』，第3巻，A1889，頁52–53。

25 深谷徳次郎：『明治政府財政基盤の確立』，頁171–176。

26 同上，頁172。

27 藤原隆男：『近代日本酒造業史』（京都：ミネルヴァ書房，1999），頁94–103。

28 同上，頁109。

29 土屋喬雄、岡崎三郎：『日本資本主義發達史概説』（東京：有斐閣，1948），頁371。

30 深谷徳次郎：『明治政府財政基盤の確立』，頁193。

31 「紙幣寮事務取扱帳：紙幣頭芳川顕正宛大蔵大輔井上馨書簡」，『大隈文書』，微縮膠卷，A2174。

32 Nihon Ginko Tokeikyoku, ed., *Hundred-Year Statistics of the Japanese Economy* (Tokyo: Nihon Ginko, 1966), p. 166.

33 五代友厚：「海関税改正ニ関スル答申書」（1879年10月5日）」，日本経営史研究所編：『五代友厚伝記資料』（東京：東洋経済新報社，1972），第2卷，頁254–263。

34 三和良一：『日本近代の経済政策史的研究』（東京：日本経済評論社，2002），頁47。

35 靎見誠良：『日本信用機構の確立：日本銀行と金融市場』（東京：有斐閣，1991），頁104。

36 同上，頁110–112。

37 Norio Tamaki, *Japanese Banking: A History, 1859–1959* (Cambridge and New York: Cambridge University Press, 1995), p. 45.

38 江村栄一：『自由民権革命の研究』（東京：法政大学出版局，1984），頁92。

39 升味準之輔：『日本政治史』（東京：東京大学出版会，1988），第1卷，頁185。

40 引自原田三喜雄：『日本の近代化と経済政策：明治工業化政策研究』（東京：東洋経済新報社，1972），頁162。

41 同上，頁149。

42 原田三喜雄：『日本の近代化と経済政策』，頁229。

43 室山義正：『松方財政研究』，頁70。

44 大隈重信：「財政四件ヲ挙行センフヲ請フノ議」（1879年6月29日），『大隈文書』，第3卷，A15，頁348。

45 小風秀雅：「大隈財政末期における財政論議の展開」，原朗編：『近代日本の経済と政治』（東京：山川出版社，1986），頁14–21。

46 葭原達之：「明治前・中期の横浜正金銀行」，正田健一郎編：『日本における近代社会の形成』（東京：山嶺書店，1995），頁262。

47　有關私營商人對直接出口計劃的批評，參見『横浜市史』（横浜：有隣堂，1958–1982）第 3 卷，第 1 部，頁 635–636。

48　飛鳥井雅道：「近代天皇像の展開」，朝尾直弘等編：『岩波講座日本通史』（東京：岩波書店，1994），第 17 卷（近代 2），頁 236–244。

49　大隈重信：「通貨ノ制度ヲ改メン┐ヲ請フノ議」（1880 年 5 月），『大隈文書』，第 3 卷，A18，頁 447–450。

50　室山義正：『近代日本の軍事と財政：海軍拡張をめぐる政策形成過程』（東京：東京大学出版会，1984），頁 28–29。

51　松方正義：「財政管窺概略」（1880 年 6 月），『松方正義関係文書』，第 20 卷，頁 529–535。

52　大隈重信稱之為國際貿易中的「天然回復之定法」，即他認為這是經濟的「不變法則」。大隈重信：「通貨ノ制度ヲ改メン┐ヲ請フノ議」（1880 年 5 月），『大隈文書』，第 3 卷，A18，頁 453。

53　同上，頁 454。

54　五代友厚：「財政救治意見書」，『五代友厚伝記資料』，第 2 卷，頁 333。

55　猪木武徳：「地租米納論と財政整理」，梅村又次、中村隆英編：『松方財政と殖産興業政策』（東京：国際連合大学，1983），頁 108。

56　池上和夫：「明治期の酒税政策」，『社会経済史学』，第 55 卷，第 2 期（1989 年 6 月），頁 74。

57　大隈重信：「財政更革ノ議」（1880 年 9 月），『大隈文書』，第 3 卷，A16，頁 457–458。

58　小風秀雅：「大隈財政末期における財政論議の展開」，頁 15–19。

59　大隈重信、伊藤博文：「公債ヲ新募シ及ヒ銀行ヲ設立セン┐ヲ請フノ議」，『大隈文書』，第 3 卷，A21，頁 472–474。

60　松方正義：「財政議」（1881 年 9 月），『松方正義関係文書』，第 20 卷，頁 340。

61　室山義正：『松方財政研究』，頁 127。

62　室山義正：「松方デフレーションのメカニズム」，梅村又次、中村隆英編：『松方財政と殖産興業政策』（東京：国際連合大学，1983），頁 149–151。

63　大石嘉一郎：『自由民権と大隈・松方財政』（東京：東京大学出版会，1989），頁 246。

64　升味準之輔：『日本政治史』，第 1 卷，頁 199。有關 1880 年神奈川縣地方豪農通過縣議會參與縣政府預算制定的研究，參見 M. William Steele, *Alternative Narratives in Modern Japanese History* (London: RoutledgeCurzon, 2003), pp. 142–148.

65 大石嘉一郎：『日本地方財行政史序説：自由民權運動と地方自治制』（改訂版）（東京：御茶の水書房，1978），頁355–361。

66 横山晃一郎：「刑罰・治安機構の整備」，福島正夫編：『日本近代法体制の形成』（2卷）（東京：日本評論社，1981），第1卷，頁328。

67 大隈重信於1881年3月提出的建議，參見『伊藤博文関係文書・書類の部』，第502号，国立国会図書館憲政資料室。

68 井上毅：「付伊藤書簡」（1881年6月），引自大久保利謙編：『明治国家の形成』（東京：吉川弘文館，1986），頁330。

69 大久保利謙：『明治国家の形成』，頁296。

70 松方正義：「財政議」（1881年9月），『松方正義関係文書』，第20卷，頁337–338。

71 同上，頁332–335。

72 有關比利時銀行模式在日本的影響，參見Michael Schiltz, "An 'Ideal Bank of Issue': The Banque Nationale de Belgique as a Model for the Bank of Japan," *Financial History Review* 13, no. 2 (2006): 179–196.

73 直到二十世紀初，日本的郵政儲蓄體系才對財政起到重要作用。參見Katalin Ferber, "'Run the State Like a Business': The Origin of the Deposit Fund in Meiji Japan," *Japanese Studies* 22, no. 2 (2002): 131–151.

74 室山義正：『近代日本の軍事と財政：海軍拡張をめぐる政策形成過程』（東京：東京大学出版会，1984），頁68。

75 在關於1883年12月發行國家債券的提案中，松方正義認為，1876年政府紙幣的投放量為1億日圓比較適合，因為這些不兌換紙幣是按照當時的面值使用的。松方正義：「公債証書發行意見書」（1883年12月），『松方正義関係文書』，第20卷，頁99。1880年，一些政府官員討論如何恢復紙幣的價值時，表達了這一觀點。例如，愛知縣官員黑川治愿，向中央政府提出了有效的抑制通貨膨脹的方法，即迅速將紙幣投放量恢復到1877年的水平，並聲稱消除過量和不必要的紙幣不會導致通貨緊縮。參見黑川治愿：「建議」，『井上馨関係文書』，第677–4号，国立国会図書館憲政資料室。

76 深谷德次郎：『明治政府財政基盤の確立』，頁144。室山義正：『松方デフレーションのメカニズム』，頁146。

77 深谷德次郎：『明治政府財政基盤の確立』，頁144–145。

78 五代友厚：「大阪府勧業課」，（1883年2月23日），『五代友厚伝記資料』，第2卷，頁381。

79 「第一国立銀行半季実際考課状，第18回」，渋沢青淵記念財団竜門社編：『渋沢栄一伝記資料』（東京：渋沢栄一伝記資料刊行会，1955–1971），第4卷，頁425–426。

80　升味準之輔：『日本政治史』，頁204–205。

81　「第一国立銀行半季実際考課状，第19回，第20回」，『渋沢栄一伝記資料』，第4巻，頁427，428。

82　「第一国立銀行半季実際考課状，第21回」，『渋沢栄一伝記資料』，第4巻，頁430。

83　松方正義：「酒類造石税増加之議」(1882年)，『松方正義関係文書』，第20巻，頁250。

84　五代友厚：「大阪府勧業課答申書」(1884年1月19日)，『五代友厚伝記資料』，第2巻，頁484。

85　高橋秀直：「松方財政期の軍備拡張問題」，『社会経済史学』，第56巻，第1期(1990年4月)，頁7，表3。

86　松方正義：「大蔵省ニ各地方官集会ノ席上ニ於テ」(1883年12月10日)，『松方正義関係文書』，第20巻，頁619。

87　同上，頁622。

88　松方正義：「日本銀行創立趣旨書」，『松方正義関係文書』，第20巻，頁351。

89　Hugh T. Patrick, "Japan, 1868–1914," in Rondo Cameron, Olga Crisp, and Hugh T. Patrick, eds., *Banking in the Early Stages of Industrialization: A Study in Comparative Economic History* (Oxford and New York: Oxford University Press, 1967), p. 248.

90　八木慶和：『「明治一四年政変」と日本銀行：共同運輸会社貸出をめぐって』，『社会経済史学』第53巻，第5期(1987年12月)，頁643。

91　同上，頁637。

92　同上，頁636。

93　神山恒雄：『明治経済政策史の研究』(東京：塙書房，1995)，頁56–57。

94　同上，頁28–29。

95　『横浜市史』，第3巻，第1部，頁625。

96　當時第一國立銀行注意到了這一點。「第一国立銀行半季実際考課状，第25回」，『渋沢栄一伝記資料』，第4巻，頁437。

97　神山恒雄：『明治経済政策史の研究』，頁24–26。

98　室山義正：『松方財政研究』，頁210。

99　靎見誠良：『日本信用機構の確立』，頁157–177。

100　石井寛治、原朗、武田晴人等編：『日本経済史1：幕末維新期』(東京：東京大学出版会，2001)，頁27。

101　中村隆英：「マクロ経済と戦後経営」，西川俊作、阿部武司編：『産業化の時代(下)』(日本経済史)(東京：岩波書店，1990)，第5巻，頁11。

102 長岡新吉:「明治恐慌史序説」(東京:東京大学出版会,1971),頁19–21;Steven J. Ericson, *The Sound of the Whistle: Railroads and the State in Meiji Japan* (Cambridge, MA: Council on East Asian Studies of Harvard University Press, 1996), pp. 123–126.

103 Henry Rosovsky, "Japan's Transition to Modern Economic Growth, 1868–1885," in Henry Rosovsky, ed., *Industrialization in Two Systems: Essays in Honor of Alexander Gerschenkron by a Group of His Students* (New York: John Wiley & Sons, 1966); Richard Sylla, "Financial Systems and Economic Modernization," *Journal of Economic History* 62, no. 2 (June 2002): 277–292.

104 小松和生:「明治前期の酒税政策と都市酒造業の動向」,頁48。

105 柚木学:『酒造りの歴史』(東京:雄山閣,1987),頁345–346。

106 中村隆英:「酒造業の数量史 —— 明治—昭和初期」,『社会経済史学』,第55卷,第2期(1989年6月),頁217。

107 深谷徳次郎:『明治政府財政基盤の確立』,頁110–111。

108 Banno Junji, *The Establishment of the Japanese Constitutional System*, trans. J. A. A. Stockwin (London and New York: Routledge, 1992), chapter 2.

109 中村隆英:「マクロ経済と戦後経営」,頁13–16。

第5章

經濟動蕩和中國紙幣發行的失敗，
1851–1864

　　清政府沒有鑄造計量銀幣，因此不能用貨幣貶值來緩解十九世紀二十至四十年代因為國內白銀短缺造成的嚴重通貨緊縮。這些年間嚴重的經濟蕭條和失業問題，最終在1851年觸發了太平天國運動，並給清政府帶來增加軍費的壓力。從1851年到1868年，為了鎮壓太平天國運動、捻軍起義以及廣東、福建和西南地區爆發的其他小規模起義，政府開銷的軍費總額高達三億兩白銀。[1]這對在十九世紀五十年代年收入僅約4,000萬兩的清政府來說，不啻是天文數字。

　　為了應付困境，清政府除了開始徵收間接消費稅外，還試圖通過發行紙幣，鑄造貶值的銅錢甚至鐵錢來彌補赤字。來自釐金的稅收，很快成為政府重要的收入來源，它幫助清政府在1864年平定了太平天國運動，並在七十年代中期剿滅了捻軍起義。然而，紙鈔的發行——實際上是十五世紀初以來中國政府首次大規模發行鈔票的嘗試——卻徹底失敗了。[2]清政府於1864年廢止了紙鈔，繼續實行原有的分散型財政制度。

既有的文獻認為，發行紙鈔只是孤注一擲的「通脹融資」(inflationary financing) 的一個例子。[3] 然而，這些紙鈔和大錢 (即面值較大的貶值銅錢) 並未能廣泛流通。當時的人已經注意到，雖然1857年紙幣和惡鑄大錢在京城造成了嚴重的通貨膨脹，但北京城外幾十里的郊區，物價仍然較低而且穩定。[4] 十九世紀五十年代以後各地編纂的地方誌，大多沒有提到這些紙鈔。紙鈔未能流通，意味着清政府沒有從發行中獲得經濟利益。這與日本明治初年不兌換紙幣的成功流通形成了鮮明對比，儘管日本政府直到1886年才實現了紙幣的可兌換性。國家發行的紙幣與民間銀行發行的銀行券有着根本的差異。國家可以利用政治權力在其領土內，賦予其發行的紙幣以法定貨幣的地位。[5] 因此，不可兌換本身並不必然導致紙幣的失敗。那為什麼十九世紀五十年代的清政府，甚至無法迫使自己的軍隊和督撫接受政府發行的紙幣呢？

有些貨幣史家仍然認為，濫發紙幣代表着清朝專制政府對市場和商人利益懷有敵意。[6] 但是，這種觀點沒有考慮到十八世紀中葉以後清政府在糧食貿易、煤炭開採等領域針對市場和商人的實際政策，這些政策顯示清政府官員愈來愈認識市場運作的重要。[7] 事實上，1853年前的貨幣改革計劃條理清晰，推進謹慎。[8] 清政府發行的紙幣，分別以在經濟生活中使用的白銀和制錢計價。中央和省級財政官員都明白，官府發行的紙鈔要獲得成功，需要能夠在商業交易中得以流通。為了確保紙幣的價值，清政府在城市和主要市鎮設立了官錢局，這是在一定的儲備金基礎上發行和流通紙鈔的金融中介機構。政府動員民間金融商以當時的錢莊模式來管理這些機構，並試圖利用公款支持其運作。然而，這項制度建設的嘗試未能成功。

為什麼中國十九世紀五十年代發行的不兌換紙幣失敗了呢？為什麼中國發行紙幣沒有像日本明治時期那樣，成為激勵國家決

策者尋求財政集中管理的動力呢？社會經濟條件對制度發展的影響，是不可忽視的重要因素。自十八世紀中葉以後，清政府在處理貨幣問題上尊重市場的政策框架，對其漸進流通紙幣的計劃至關重要。然而，這樣漸進的方法，實際上並沒有起到應有的作用；因為在經濟核心地區的長江中下游發生的殘酷戰爭，打亂了地區間的私人金融和貿易網絡，擾亂了政府正常的財政運作。在這樣的狀況下，銀票(即以白銀計價的紙鈔)流通十分困難。

　　清政府官員在1855年之前沒有找到有效的方法來流通銀票，反而決定採用以制錢計價的寶鈔來代替銀票。這是清政府第一次認真地嘗試用銅本位制來替換銀本位制，並用鈔票作輔助手段。這一想法自十九世紀二十年代以來就在經世學派的官員和學者中得到深入討論。而「改(銀)票用(寶)鈔」這一決定，對保證紙幣可兌換的制度建設產生了深遠影響。在十九世紀五十年代飽受戰爭蹂躪的國內經濟狀況下，清政府不能用糧食或食鹽來擔保紙幣的價值，只能用銅錢來兌換紙幣。此外，跨地區運輸大量笨重而低價的銅錢極其困難，迫使中央將寶鈔兌換的問題轉嫁給各省政府。依賴以制錢為單位的紙幣，使兌換工作高度分散。在這樣的戰時經濟運作中，清政府顯然難以建立集中的財政制度以保障紙幣的價值。清政府失敗的紙幣實驗表明，要使制度建設持續邁向集中化，相應的社會經濟條件必不可少，例如繁榮的跨地區貿易和全國性的金融網絡。

貨幣問題與國家紙幣

　　十八世紀的清政府在管理貨幣、規範金融市場方面的經驗，對其十九世紀五十年代貨幣政策的制定有着重要影響。維持銀兩和制錢之間1：1000的官方兌換價，是清政府的重要政策目標。

十八世紀初，清政府對「錢貴銀賤」現象（即制錢相對於銀兩的高價值）非常關注。[9] 乾隆在位時期（1736–1796），清政府制定了一系列立足於市場經濟的政策來管理貨幣。

這些政策有兩個重要特徵。首先，政府的目標是保持白銀與制錢之間的供需平衡，而不是依靠嚴厲的行政手段進行控制。例如，面對1兩白銀只能兌換大約700到800文制錢的市場匯率，清政府下令各省開鑄制錢，希望增加新鑄制錢的產量來提高銀兩的相對價值。出於同樣的考慮，中央政府還下令將地方政府存留的制錢，定期投放市場以兌換白銀。[10] 當然還有一些更直接的行政干預手段，如禁止跨地區運輸制錢，限制私營商鋪和當鋪囤積制錢等。但這些行政手段，僅被清政府視為緩解經濟生活中制錢短缺的「權宜之計」，而非「經久可行」的措施。[11]

其次，清政府對商人的利潤動機採取了現實的態度，認為強迫私人經營者遵守與其經濟利益相抵觸的政策是不切實際的。比如，在十八世紀中葉，清政府的財政官員已經注意到，「銅貴錢重，則有私行銷毀之弊；銅賤錢輕，即滋私鑄射利之端。」這給政府帶來了極大的困擾。[12] 換言之，當制錢中銅的市場價值較高的時候，常有人將官鑄制錢溶化取銅；而當制錢中銅的價值低於銅錢的面值時，常有人偽造官鑄制錢以牟利。[13] 在1736年初一份題為「奏請弛銅禁，以資鼓鑄，以便民生」的奏折中，戶部尚書兼內務府總管海望指出，這兩種行為與銅的市場價格密切相關。海望認為，既然「銅器為民間必需之物」，「是以錢文輕重，必須隨銅價之低昂而增減之，庶可杜私毀私鑄，不必屑於禁銅之末。」即政府應該取消對銅的貿易、生產的限制，根據市場價格來調整制錢中的含銅量。[14] 針對禁止私人使用銅器或銷售銅的所謂銅禁政策，戶部尚書署理湖廣總督史貽直進一步論證道：「銅禁適得其反，禁銅愈嚴，銅價愈昂，而私銷制錢之獲利愈高」。史貽直

的奏折，得到了乾隆帝「明晰妥協，情理允當，朕嘉悦覽之」的
激賞。[15]

　　由於經常調整制錢中的含銅量不具備可行性，所以，如何增
加銅的供應量以降低市場上的銅價成了政策關注的焦點。為此，
清政府採取了許多措施鼓勵私人投資，例如向民間商人開放由國
家控制的銅礦和銅貿易。這麼做的目的是增加市場上銅的供應
量；這不僅可以用於國家鑄造制錢，而且可以滿足民間社會對銅
的需求。這些措施與雍正在位時期 (1723–1735)，政府試圖對銅
實施國家壟斷的銅禁政策有着根本的不同。

　　為了更好地滿足各地對制錢的不同需求，中央給予各省一定
程度的自主權以決定其鑄造制錢中銅的含量和成色。[16] 十八世紀
七十年代以後，由於雲南銅礦產量大幅提高，銅和制錢的短缺得
到了緩解。白銀和制錢的市場兌換率，接近官方的 1：1000。[17]
在這種情況下，清政府重申了國家對鑄幣的主權，改變了以往對
私鑄銅錢 (即所謂私錢或小錢) 的容忍態度，下令將其兌換成官鑄
制錢。[18]

　　清政府也意識到私人信貸工具如匯票和本票使用的日益增
加。十九世紀上半葉，城市的錢商、當鋪，甚至米鋪、鹽鋪經常
發行以制錢計價的私人本票 (即錢票)，用於日常交易。1836 年，
清廷徵求各省督撫對這一現象的看法。大多數議覆都確認了私人
錢票和匯票對經濟生活的重要，認為禁止私人票據毫無必要，甚
至是有害的。各督撫建議進一步規範私人票據的發行，以確保其
信用，防止蓄意欺詐。[19] 比較有代表性的做法包括，官府規定只
允許信譽卓著的商人發行私人票據，並規定發行票據必須由其他
商鋪以「聯名互保」的方式共同擔保。在處理私人票據兌換遇到的
法律糾紛時，清政府慎重區分了有意欺詐和由於流動性不足導致
無法兌現這兩種不同的情況。比如，如果錢莊在無法兌換其所發

行的票據時宣布破產，政府通常會給它一段時間將存款退還給客戶。如果他能做到，就不會受到懲罰。[20]

然而，清政府在十九世紀上半葉發現，其早先處理貨幣問題的成功經驗，難以用來緩解因白銀不足而造成的嚴重通貨緊縮。為了解決這個棘手的問題，許多經世官員和學者想到了用官鑄制錢來取代白銀。由於制錢不適於進行跨地區長途貿易和批發貿易，為此，他們提出了一些解決措施。一是發行「錢鈔」，即以制錢計價的紙幣；一是鑄「大錢」，即鑄造大面值的銅錢，如當十文、當五十文、當百文、當五百文、甚至當千文的大錢。[21]

不過，清政府對發行紙鈔極不情願，因為紙幣在中國歷史上的記錄可謂毀譽參半。擁護者常常會引述南宋（1127–1279）時期紙幣的積極作用；反對者則會提到十四世紀末和十五世紀初紙幣過度發行造成的惡性通貨膨脹。[22]針對鑄造大面額銅錢的建議，戶部官員認為，這些銅錢的面值與實際銅含量之間的巨大差異，將會誘發令政府防不勝防的私鑄銅錢現象。[23]

直到1851年太平天國起義爆發，政策討論尚未形成任何具體意見。當年11月，清政府戶部的白銀庫存只剩下187萬兩。政府收入幾乎無法支付1851年至1853年間戰爭和河工的特別開支，這些開支總計超過3,000萬兩白銀。[24]由於捐納制度已經不足以解決財政困難，清政府被迫尋找新的出路。

通過鑄造計量銀幣來增加收入，這一措施再次被提起。1854年2月，國子監司業宗室保極建議鑄造名為「銀寶」的計量銀幣，政府能憑藉鑄幣所用銀的面值和實際價值之間的差異，從中獲利。[25]1855年，福建巡撫呂佺孫也提出了類似的建議。他向朝廷呈上兩枚他讓福建工匠製作的銀幣樣品。儘管如此，戶部擔心政府不能強制民眾使用新銀幣，因此拒絕了這一提議。[26]

彌補財政赤字的另一種方法，是向商人借款。清政府在1850年使用過債券。由京師內務府設立並管理的官號發行這些票據，戶部指定將這些總數為50萬兩白銀的銀票用於江蘇豐縣的河工。河道總督把這些銀票賣給商人，商人隨後又拿這些銀票去京城用於捐納。雖然這些債券沒有利息，卻讓政府和商人擺脫了在北京和江蘇之間運送白銀的負擔。[27] 然而到了1853年，與太平軍的戰爭導致各省上繳京城的京餉數額急劇下降。由於無法預料各省的稅收能否按時運抵京城，戶部官員對通過發行類似1850年銀票這樣的「期票」(即短期信貸票據) 來增加政府收入的想法幾乎沒有興趣。[28] 十九世紀五十年代，清政府也不願利用高利率來吸引商人的借貸。[29]

在1851年至1853年間，戶部官員主要關心如何通過發行紙幣來滿足政府支出需要。紙幣的倡導者經常用私人錢票和匯票的使用來說明政府紙幣的可行性。例如，福建巡撫王懿德認為，如果私人錢鋪發行的錢票在市場上可以被接受，那麼可以合理地假設，國家發行的紙幣也能被市場接受。[30] 在他看來，國家發行紙幣有兩個特殊優勢是民間金融商無法擁有的。首先，私人錢莊可能破產倒閉，而國家銀行則不會。其次，每年的稅收和政府支出構成了穩定的現金循環，可以支持大量官鈔的流通。[31] 此外，江蘇巡撫楊文定也就紙幣發行問題諮詢過蘇州商界。他認為，政府也可以利用紙幣來緩解由於白銀短缺導致長達數十年的通貨緊縮；而經濟的復蘇，又會給國家帶來更多的稅收。[32]

1853年初，失控的財政赤字迫使清政府鑄造大錢和印製紙鈔。1853年6月，戶部決定在北京限量發行面值10文的銅錢 (即當十大錢)。[33] 新發行的大錢得到市場的接受。受此鼓舞，戶部要求各省採取類似措施。[34]

在紙幣發行方面，西道監察御史王茂蔭因其1850年關於發鈔的奏折而廣為人知，戶部因此於1853年2月請求將其調任戶部右侍郎兼管錢法堂事務以參加相關的政策制定。[35] 戶部最初計劃首先讓江蘇進行紙幣試驗，然後再將政策推廣到全國各地。[36] 但是，閩浙總督王懿德認為這麼做不切實際，因為一個省發行的紙幣可能無法在其他省流通。他建議在中央的協調下，所有省份統一進行試驗。[37]

1853年4月5日，清政府首次在北京印製銀票（官票），總額12萬兩。面額分別為一兩、三兩、五兩、十兩和五十兩。這些面額是為了方便市場交易而設計的。[38] 1853年8月7日，清政府下令各省發行銀票，總計175萬兩。[39] 1853年12月17日，戶部進一步發行銅鈔（寶鈔），其面額分別為五百文、一千文、一千五百文和二千文。兩種鈔票之間的官方兌換率定為1：2000，即一兩銀票等於二千文銅鈔。[40] 1854年8月12日，戶部決定用紙鈔代替面值較大的銅錢，如當五百文、當千文和當二千文的大錢，因為這些大錢未曾得到市場的認可。[41] 由此可見，對清政府來說，發行鈔票比鑄大錢更為重要。

根據戶部的設想，銀票可以在遠距離長途貿易取代白銀，而銅鈔則用於當地的小額交易。[42] 戶部還設立了官票局和寶鈔局來管理這兩種鈔票。雖然偽造政府鈔票被定為死罪，但政府並沒有禁止使用私人票據。[43] 儘管發行鈔票最初是為了滿足政府開支而採取的緊急財政措施，清政府希望在戰爭結束後紙鈔能繼續流通，從而緩解十九世紀二十年代以來白銀短缺給中國經濟帶來的困擾。[44] 戶部官員明白，最重要的事情是讓新印製的紙幣能在經濟中流通起來。用他們的話來說就是：「使造一法、製一幣，官自發之，官自收之，而民不肯用，則不行；即官用之於民、民用之官，而民與民不便、商與商不通，則終不行。」[45]

戶部要求各省在其省會城市設立官錢總局，並在重要市鎮和
軍隊駐扎重地設立分局。這些金融機構的運作，類似按照一定的
保證金比例發行鈔票的銀行，可以依靠政府資金作為部分現金儲
備來兌換發行的紙鈔。戶部還要求各省政府動員信譽卓著的商人
管理這些官錢局。這項計劃預備用三年時間，逐步將紙鈔在政府
開支和稅收所佔的比例提高到50%。[46]漸進流通紙鈔計劃的基本
原理是，如果一定比例的稅費必須用政府發行的紙鈔來支付，那
麼人們將不得不從官錢局購買紙鈔。一旦政府紙鈔的信用度建立
起來，人們就會把它們用於納稅以外的其他用途。在1853年12
月17日的一份奏折，戶部官員強調了跨地區貿易對紙鈔流通的
重要作用。他們的結論是：「今舉行鈔法，將以惠民，則請先恤
商。」[47]

官錢局將公款用作現金儲備，這就與私人錢莊區別開來。
理論上說，政府和民間金融商都可從這些新制度受益。在前現代
經濟中，國家稅收和支出的規模是任何民間金融商都無法相比
的。如果官錢局開始在省府州縣存入公款，收繳稅款，並作為支
付政府開支的出納機構，這將大大提高管理這些政府資金的民
間金融商的信用度。在不同地區設立的官錢局，也可以跨地區匯
寄政府資金。如果這些鈔票在市場上流通起來，政府自然會從中
受益。

一些官員也特別指出，發行官票有利跨地區貿易的商人。例
如，廣西道監察御史章嗣衡認為，中央政府和各省政府應該統一
使用銀票。章嗣衡的提議依據私人匯票的運作：商人可以來京城
出售商品，然後將銀票帶回，而這些銀票可以在州府當地兌換成
白銀。這樣一來，政府就可以免除將徵收到的稅銀運往京城的負
擔，而商人也可以免除從京城運回白銀的麻煩。[48]江南河道總督
楊以增提議，戶部應允許各省使用銀票向京城交付稅款或其他指

定款項，因為發行的銀票總額不到戶部年度稅收額的10%。在楊以增看來，如果各省商人對銀票有信心，他們會為了方便繼續持有這些票據，而不是立刻將其兌換為白銀，這樣就減輕了政府兌換這些鈔票的壓力。[49]

戶部發行的銀票以庫平兩為單位。各省銀票則以地方銀兩甚至外國銀元為單位。事實上，當時中國的銀兩標準有上千種。然而，這些不同的銀兩單位能夠很容易地轉換成一個共同單位，因此，缺乏統一標準的銀兩單位並不構成流通政府銀票不可逾越的障礙。例如，晉商在十九世紀三十年代建立的金融網絡連接二十多個主要城市和集鎮。他們經常將各地不同的銀兩單位轉換成「本平」這樣一個通用的匯款單位。[50]

就像十八世紀鑄造制錢時一樣，清政府允許各省擁有一定程度的自主權去嘗試發行紙鈔的新方法。例如，江蘇政府發現，從戶部收到的銀票，其面值往往超過5兩白銀，這對普通的市場交易來說還是大了一點。於是，它要求設立在重要集鎮清江浦的中和官錢局，按照戶部銀票的形式，印製從1兩至5兩不等的小面額銀票。江蘇巡撫向朝廷上奏稱這一措施實屬「因地制宜」，因為要獲得朝廷的許可，再從戶部那裏收到所需印製的銀票，需要長達數月的時間。朝廷立即准奏。[51]浙江大美字號官錢局和福建永豐官錢局也獲得中央批准，不僅發行按當地銀兩標準計價的銀票，而且還發行了按洋銀的「元」計價的銀票。[52]在中央與地方的互動中，如果省政府找到流通紙鈔的有效方法，便會向朝廷報告，就像1853年徵收釐金所表現的那樣。[53]然而，中央和省級政府在紙鈔流通方面都遇到了很大的困難。

改（銀）票為（銅）鈔

　　戰爭引起的天下大亂，嚴重影響了各省向京城運送徵收到的稅款。結果，京城和滿洲的民用和軍事開支，迅速耗盡了中央政府的白銀庫存。1853年9月26日，戶部手頭只有大約10萬兩白銀。這些銀兩甚至不足以支付京城駐防八旗一個月的軍餉。此外，到1854年3月，各省預期上交的京餉，只能沖抵460萬白銀支出中的20%。[54]

　　1853年3月，太平軍佔領揚州，切斷了江西、安徽、湖南和湖北各省經大運河到北京的漕糧運輸。北京約80萬的人口，不得不依靠江浙兩省通過海運經天津送達的小量糧食供應。[55]華北和華南之間的貿易聯繫也被切斷。[56]1853年10月，太平天國北伐軍逼近天津的消息，在北京引起了極大的恐慌。一個月內，100多家票號被迫關閉，其餘的錢莊和典當行也都停止了借貸。許多晉商大號紛紛逃離北京和天津。[57]通過私人匯票匯兌白銀的交易停止了。[58]

　　由於受到京城白銀短缺的壓力，戶部只允許人們在京師官錢局將銀票兌換成銅鈔或制錢，而不允許兌換成白銀。[59]這些規定顯然不利於建立銀票在市場上的信用，並立即遭致政府內部的批評。為了增強人們對銀票的信心，戶部右侍郎王茂蔭極力主張政府允許商人在各地政府兌換銀票。[60]然而，戶部擔心保持銀票的可兌換性，只會促使商人將紙鈔兌換成銀兩，而這將很快耗盡政府已經非常有限的白銀儲備。[61]

　　戶部的擔心正反映了清政府在銀票發行初期所面臨的兩難困境。這些紙鈔是用來彌補政府赤字的；而對於利用有限的白銀儲備以紙鈔形式來調動更多財政資源的計劃而言，市場經濟參與者的信任至關重要。但是，由於商人對清政府財政枯竭的狀況心知

肚明，他們怎麼可能對銀票的價值抱有信心呢？[62]在這種情況下，保持銀票的完全可兌換性，就將在短時間內耗盡政府的白銀庫存。然而，沒有可兌換性的保證，很少有人會去信任這些票據。

在各省設立官錢局也難以推動銀票的流通。在戰時的政府財政運行中，各省都沒有足夠的資金供應官錢局以維持銀票的兌換。十九世紀五十年代，清廷將在和平年代本該運往京城的絕大部分稅款直接分配給軍用糧台。位於戰爭地區的省政府，也不得不把稅收轉運給軍隊。這些稅收包括從商業交易中新獲得的釐金，這是省政府增加收入的一項重要來源。省政府的其他資金，也經常直接送到軍隊駐地，而不是像往常一樣送繳省庫。[63]因此，省級官錢局大多資金不足。[64]要保證銀票的完全可兌換性，則其發行量會大受限制。

此外，銀票也不容易通過軍費和河工費用來支出，這是這一時期政府開支最大的兩個項目。河工官員需要把白銀轉換成銅錢，以便從附近的農民或小商販那裏購買原材料，並向民夫支付工資。[65]同樣，軍費開支的很大一部分是士兵的口糧。只有大糧商或大鹽商才有足夠的財力，在為軍隊提供物資時接受銀票以等待將來的兌現。然而，連續不斷的戰爭，以及由此造成的跨地區貿易中斷，致使這些實力雄厚的商人遭受重創。

到了1853年，晉商建立的跨地區匯款網絡已經被徹底摧毀。[66]1853年3月，太平軍宣布定都南京後，展開了一系列軍事行動來控制江西、湖南、安徽等省的糧食供應。長江沿岸的重要交通線成了主要戰場，嚴重阻礙了跨地區的糧食貿易。[67]10月22日，王茂蔭上奏説，由於太平軍的阻礙，安徽廬州地區的餘糧無法出售給鄰近的江蘇。[68]同樣，由於商家無法將餘糧運往其他省份，山西糧價幾乎下跌了一半。[69]淮南生產的鹽也運不出去，而

江西、湖南兩省卻嚴重缺鹽。[70] 1853 年，華北主要產鹽區長蘆鹽
場的鹽生產和銷售已經完全停止。[71] 與南宋通過「鹽引」（鹽商向
朝廷支付費用取得的合法售鹽憑證）來協助流通政府紙鈔的鹽商
不同，清朝的鹽商在朝廷需要他們幫助流通紙鈔的關鍵時刻卻已
經破產了。[72]

　　因此，從軍隊收到銀票的供應商，只有將銀票賣給那些想用
於捐納的人這一條途徑。[73] 這是一條非常有限的渠道，因為那些
已經捐納過的就不再需要銀票了。河南巡撫英桂向朝廷報告說，
銀票不受民眾歡迎，因為這些銀票只有在叛亂被鎮壓後才能兌
現，而這在當時看來前景渺茫。[74]

　　很多奏折都報告銀票遭到拒收的情況。山東巡撫張亮基上
奏稱，糧台從當地市場購買物資，只能使用白銀而不能使用銀
票。[75] 中央分配給徐州糧台價值 20 萬兩的銀票，不能用於當地的
小額交易，戶部敦促糧台向當地士紳和商人尋求幫助，以便將這
些銀票兌換成白銀或者銅錢。[76] 在江蘇的一些地方，士兵的軍餉
是用鈔票發放的。官員強調，這些鈔票必須保證能在官錢局兌換
成銅錢，以防止因無法使用而導致兵變。[77]

　　由於軍隊和河工官員不得不用白銀從當地商人那裏購買物
資，他們也不願意接受省政府的銀票。負責將稅款送交軍隊和河
工的地方政府或榷關官員把這當成他們在收稅時拒收銀票的最佳
借口。正如江南河道總督庚長所言：「現在藩關運庫所收之款，
多解大營，而兵勇不能用票。是以徵收衙門藉口大營之不用，遂
寢閣不辦，而官票成為廢紙矣。」[78]

　　由於各省督撫的首要任務是將大部分徵收到的稅款送繳軍
隊，他們不願承擔兌現由其他省份發行或從其他省份收到銀票的
額外負擔。例如，貴州巡撫蔣霨遠以貴州缺銀為正當理由，乾脆
拒絕兌現江南糧台或他省督撫發行的銀票。[79] 江蘇省政府只能在

當地使用本省的銀票。[80]福建巡撫王懿德上奏朝廷稱，永豐官錢局發行的銀票幾乎沒有在福建省之外的地方流通過。[81]

在交戰地區，對銀票需求的低下與對銅錢需求的旺盛形成鮮明對比。如果士兵要在市場上購買食物，他們必須用銅錢支付，所以軍隊開拔到哪裏，當地銅錢的價格都比銀兩漲得快；要是士兵用銀兩來支付，他們甚至買不到足夠的食物來填飽肚子。[82]為解決這一問題，江蘇省政府在山陽、清江浦等集鎮設立了三個官錢局來發行銅錢，以應付士兵、小農和零售商的需要。[83]

在經濟上懸為孤城的北京，對銀兩的需求也大幅下降。銀兩相對於銅錢的價值在1853年初暴跌。[84]為了應對京城因私人錢莊倒閉而導致大量民眾失業的問題，官員敦促政府發行以制錢為單位的官鈔，並借給零售商和店主用以取代私人錢票。[85]1853年5月，戶部在京城設立乾豫、乾恒、乾益、乾豐四個官號，以辦理兌換鈔票業務。他們用寶泉局和寶源局這兩個鑄錢局發行的制錢作為現金儲備來發行銅鈔。這些機構類似內務府於1841年設立的五家官銀號。[86]1854年，戶部開始使用這些銅鈔來支付京城駐防旗兵的軍餉。

由於京城和各省銀票流通不暢，1855年3月28日，戶部決定將銀票換成小面值的銅鈔，即所謂的「改票用鈔」。[87]至於各糧台持有的銀票，常常被兌換成小面額的糧台票，用於當地交易。[88]在京城，戶部特許民間商人管理的宇謙、宇豐、宇升、宇恒、宇泰的「五宇」官號來打理京城銅鈔的發行和兌換。1855年11月22日的上諭，敦促各省政府在三個月內設立官錢局，以便流通銅鈔。[89]除了支付政府開支外，戶部還希望銅鈔能補充制錢的使用，並在市場交易中取代白銀，從而緩解因白銀缺乏造成的市場蕭條。[90]

作出「改票用鈔」決策之後，清政府僅為特殊目的發行過數量非常有限的銀票。例如，1860年12月15日，山東巡撫文煜請求

戶部頒發官票174,500兩，以供江北糧台償還所欠商人債務。[91]這種銀票類似於平定太平天國起義後，清政府發給官兵的欠餉券，屬於無息債券，而不是市場上的通用貨幣。[92]

但改票用鈔的決策，使銅鈔的兌換性問題嚴重惡化。這些銅鈔顯然比銅錢更容易運輸，但兌換卻是另一回事。戰爭摧毀了雲南銅的生產和運輸。[93]清政府敦促各省尋找新的銅礦，甚至試圖從蒙古、朝鮮獲取銅。[94]這些嘗試都因當地缺乏銅礦而受挫。

銅的嚴重短缺，極大地影響了鑄錢局發行銅錢的數量、成色和質量。[95]只要一文錢供應不足，當五文、當十文、當二十文等面額的銅錢就難以在市場上順利流通。然而，銅的缺乏導致鑄錢局難以承擔一文制錢的鑄造。戶部官員對這種情況感到絕望。用他們的話說：「現當部庫支絀，銅斤短少之時，若停鑄大錢，則經費藉何補苴；若專鑄制錢，則局銅不敷提取。上籌國計，下念民生，顧此失彼，幾無兩全之策。」[96]北京、山西、直隸、河南、福建等地的鑄錢局甚至去鑄造鐵幣、鉛幣，乃至大面額的鐵幣，這些都無法在市場上流通。[97]

由於京城無法從其他地區獲得足夠的原銅或銅錢供應，戶部便將兌換銅鈔的負擔轉嫁給各省督撫。戶部將發行的銅鈔分成兩類。一種叫京鈔（市場上也叫長號鈔），可以跨省使用，但只能在京城兌換；另一種叫省鈔（市場上也稱短號鈔），省政府必須在上面加蓋鈐印，因而有責任確保其兌換性。[98]

但商人將各省發行的銅鈔帶到京城，京師官錢局卻拒絕兌換。戶部官員以京城銅錢儲備不足為由，斥責各省督撫沒有妥善管理各省發行的銅鈔。[99]江南河道總督庚長、河東河道總督李鈞都上奏朝廷稱，如果從戶部收到的用於支付河工費用的銅鈔不能兌現，那就沒有商人願意接受這些鈔票了。[100]由於戶部無法向位於江蘇和山東的這兩個河道總督衙門運送所需數量的銅錢，

只好要求他們設立自己的官錢局，以兌現所收銅鈔。[101]而鄰近各省由於沒有足夠的銅錢儲備兌現這些為河工發行的鈔票，因此在收稅時拒收這些紙鈔。結果，這些鈔票在市面上變得一文不值。[102]

在京城，戶部甚至沒有足夠的銅錢來擔保自己發行的銅鈔。因此，它命令五個官號將這些紙鈔作為資本，並要求它們發行本票，以支付駐防旗兵的軍餉。官號本身沒有足夠的銅錢來保證兌換，只能用官方的銅鈔來兌換本票。[103]到了1859年1月，戶部不得不動員京城50家錢莊來周轉這些政府銅鈔。京師自太平天國起義以來，在財政和跨地區貿易上均處孤懸狀態，這意味着這些民間金融商無法將他們收到的銅鈔轉變成資本，用於與其他地區商人進行的長距離貿易。此外，1860年與英法兩國的衝突在京城引起了巨大的金融恐慌。人們爭先恐後地用鈔票兌換銅錢，總計高達1,000多萬吊（1吊合制錢1,000文）。[104]到了1861年9月，再沒有人願意在京城的市場交易接受銅鈔。[105]

這些大幅貶值的鈔票，為地方官員提供了在稅收中謀利的機會。他們強迫人們用銅錢或白銀交稅，然後以折扣價從市場上購買鈔票，以湊足在稅收中政府要求的鈔票比例，交給上級。[106]只要紙幣和金屬貨幣的價值存在着顯著差異，中央政府就很難阻止官員的這些牟利行為。解決這一困境的方法之一，就是像日本明治政府在1868年至1870年所做的那樣，把紙幣作為唯一合法貨幣，以消除地方官員利用市場兌換差價套利的機會。事實上，這種方法對清朝官員並不陌生。在銀票的使用問題上，閩浙巡撫王懿德於1854年4月23日提議，中央和地方各級的所有公共支出和稅收都應該只用紙鈔。這樣做便是向全國表明，官方發行的鈔票就是法定貨幣，從而為鈔票創造需求。[107]然而，當時清政府正與太平軍打得難分勝負，哪裏敢採取如此激進的紙幣政策。

　　並非所有的官錢局都歷經挫折。至少有兩個案例表明銅鈔在當地可以成功流通，但這兩次的銅鈔發行量都不大。江蘇徐州糧台設立通源官錢局，通過從商業交易中以銅錢收取的釐金，確保其發行銅鈔的兌換性。這些鈔票是用來支付徐州駐軍的兵餉，並可以在鄰近地區流通，這一狀況持續到1862年。受此經驗的鼓舞，漕運總督吳棠計劃籌集更多資金在淮安設立通源總局，並在邵伯、清桃等處添設分局，以便發行更多的銅鈔來支付駐軍的軍餉。[108]同樣，西安官錢局發行的銅鈔也被當地人所接受，流通銅鈔的總額約30萬吊。[109]

　　但我們很難確切地知道，為什麼這些地方的成功經驗沒有鼓勵清政府去找到更好的方法來維持銅鈔在全國的信用。由於發行銅鈔失敗的例子太多了，特別是在京城，戶部可能會對此過於沮喪，因而認為上述成功純屬偶然。此外，地方的成功經驗並沒有涉及如何協調大量銅錢跨地區轉移的關鍵問題。而這種轉移能力，對於確保全國銅鈔的兌換性至關重要，尤其是在那些銅錢供應不足以兌換銅鈔的地方。

　　在十九世紀五十年代後期，中國大部分地區白銀價格開始下跌，重新回到使用政府更為熟悉的白銀成為可行的替代方案。[110]銀價下跌意味着財政可以回到使用白銀而毋需繼續進行紙鈔試驗。在福建，永豐官錢局發行面值總計為391,600,000串（1串合制錢1,000文）的銅鈔，在市場上幾乎一文不值。結果，福建省政府決定停止發行紙幣，並使用白銀來兌換這些銅鈔。[111]在山東，由於白銀貶值，省政府得以在稅收和政府支出上用白銀代替銅錢。[112]同樣，當白銀價格跌破官方水平時，直隸的百姓更願意用白銀納稅。[113]在這種情況下，清政府正式廢除了紙鈔的發行。

　　十九世紀五十年代，清政府未能利用發行紙幣來克服財政危機。這說明了在國家建立必要的制度安排以支持新的信貸工具方

面，社會經濟環境的作用相當重要。在英國和日本，中央政府試行短期信用債券或紙鈔的初期，都在市場上遭遇缺乏信任和大幅貶值的情況。但是，從這兩個國家我們都可以觀察到一個相互促進的互動過程來實現向現代財政國家的轉變。一方面，國家對沒有擔保的信貸工具的依賴，迫使國家集中徵收、集中管理其稅收，而財政的集中又增加了國家可動用的收入，以保障市場上那些信貸工具的信用。另一方面，隨之而來的市場信任又促使國家進一步加強財政集中，以確保國家信貸工具在金融市場上的信用。

然而，中國在十九世紀五十年代叛亂和內戰的分裂狀態，既損害了國內經濟，又使得政府不得不進一步下放財政權以維持軍事行動。因此，這樣的社會經濟環境對於展開相互促進的制度建設極為不利。儘管一些官員提議，利用國家強制手段使政府發行的紙鈔成為法定貨幣；但在與太平軍作戰失利的情況下，清政府似乎不敢實施這樣的政策。這與1868年至1871年間日本明治政府發行不兌換紙幣的政策比較，是非常有意義的。明治政府當時雖然根基尚未穩固，但在國內不需要面對另一個敵對政權的挑戰。因此，強制不兌換紙幣成為法定貨幣是可行的。這樣一來，明治政府可以確保徵稅官員不會到市場上購買打折的紙幣，再以其面值向政府上交所收稅款。此外，日本明治初期，國內經濟和出口的擴大導致強勁的貨幣需求，有利中央政府發行的不兌換紙幣被市場接受。

明治政府發行紙幣的努力，也得到了民間金融商建立的金融網絡的支持。與政府合作的金融商，可以利用存儲穩定的政府稅收以提高其在金融市場的信譽。而政府既得益於稅收從地方到中央的快速匯兌，又得益於金融商將經濟落後地區以大米交納的稅收兌換為貨幣。然而，在十九世紀五十年代的中國，京城與全國

各地的稅收和長途貿易的運輸渠道都被戰爭切斷。戰爭摧毀了既有的跨地區金融網絡和交通設施，導致銀票流通不足。1855年改銀票為銅鈔，則進一步分散了財政運作。銅錢運輸帶來的難題，使得朝廷無法有效地協調各省兌換銅鈔。朝廷也不能用穀物或食鹽等商品，來擔保已發行銅鈔的價值。

十九世紀五十年代中國的社會經濟狀況，與十八世紀初的英國也形成鮮明對比。英國國內和對外貿易的中心是倫敦，大約有70%至80%的關稅都來自倫敦。與此同時，在向現代財政國家轉變的過程中，英國參加的主要戰爭要麼在海上，要麼在歐洲大陸。中央政府很自然地將各地徵收到的稅款集中到倫敦，以便向陸軍和海軍提供物資，而國內金融和運輸網絡並未受到多大傷害。

有趣的是，當清政府在1862年決定廢除紙鈔的時候，隨着清軍重新控制長江中游地區，長江三角洲地區開始出現一種民間金融商與政府合作的新形式。1860年，浙江巡撫王有齡不僅將糧食和彈藥的供給委託給徽商胡光墉（胡雪岩），而且還將公款存入胡光墉成立不久的銀號。與英國和日本的同行一樣，胡光墉充分利用與政府的關係，迅速在金融市場上建立自己的信譽。到了十九世紀七十年代初，他的阜康銀號已躋身中國最大的本土銀行之列。[114]

隨着金融匯兌網絡的逐步恢復，地方政府開始通過民間金融商，特別是晉商，將部分京餉匯往北京。例如，1859年，福州海關要求一位民間商人在一年內將兩筆款項匯往北京，每筆價值五萬兩白銀。[115] 1862和1863年，廣東、福建、上海各地海關，以及廣東、四川、浙江、湖北、湖南、江西各省政府，都開始借助晉商向北京匯款。雖然每筆匯款金額不超過五萬兩，但匯款路線表明，晉商已經恢復並擴展了自己的金融網絡。這一網絡不僅將北京與上海、廣州、福州、寧波等沿海城市聯繫在一起，而且還將它們與成都、漢口、南昌、長沙等內陸城市連接起來。[116] 有證據

表明個別督撫甚至在此之前就與晉商合作匯寄各項公款。[117]這標誌着民間銀行家已經開始廣泛參與政府資金的匯兌。

有了這些發展，為什麼清代中國不能在十九世紀末建立現代財政國家呢？考察十九世紀七十至九十年代中國政府與經濟的互動，我們將會看到，一個充滿活力、擁有廣泛金融網絡和徵收富有彈性間接稅收潛力的國內經濟，在支持建立現代財政國家制度的互動進程中，只是必要而非充分的條件。

註釋

1　彭澤益：《19世紀後半期的中國財政與經濟》(北京：人民出版社，1983)，頁 136。

2　1651年和1661年間，清政府發行了數量有限的紙幣以彌補赤字。1661年，政府有了足夠的收入，便廢棄了這一做法。彭信威：《中國貨幣史》(第二版)(上海：上海人民出版社，1965)，頁 808。

3　同上，頁 834。楊端六：《清代貨幣金融史稿》(北京：三聯書店，1962)，頁 105–108；彭澤益：《19世紀後半期的中國財政與經濟》(北京：人民出版社，1983)，頁 91–96；周育民：《晚清財政與社會變遷》(上海：上海人民出版社，2000)，頁 198；加藤繁：「咸豐朝の貨幣」，加藤繁編：『支那經濟史考証』(東京：東洋文庫，1953)，第2卷，頁 438；Jerome Ch'en, "The Hsien-Feng Inflation," *Bulletin of the School of Oriental and African Studies* 21 (1958): 578–586.

4　御史唐壬森折，咸豐四年七月二十二日，中國人民銀行參事室金融史料組編：《中國近代貨幣史資料》(2卷)(北京：中華書局，1964)，第1卷，頁 265。

5　對國家在建立貨幣壟斷方面的政治權威的強調，參見 Eric Helleiner, *The Making of National Money: Territorial Currencies in Historical Perspective* (Ithaca, NY: Cornell University Press 2003).

6　彭澤益：《19世紀後半期的中國財政與經濟》，頁 96；魏建猷：《中國近代貨幣史》(合肥：黃山書社，1986)，頁 89–90。

7　邱澎生：〈十八世紀滇銅市場中的官商關係與利益觀念〉，《中央研究院歷史語言研究所集刊》第72卷，第1期 (2001)，頁 91–104；關於糧食市場，參見岸本美緒：『清代中國の物價と經濟變動』(東京：研文出版，

1997），頁289-325；Helen Dunstan, *State or Merchant? Political Economy and Political Process in 1740s China* (Cambridge, MA: Harvard University Asia Center, 2006), chapter 3.

8　Frank H. H. King, *Money and Monetary Policy in China, 1845-1895* (Cambridge, MA: Harvard University Press, 1965), p. 154.

9　參見陳昭南：《雍正乾隆年間的銀錢比價變動 (1723-95)》（台北：中國 學術著作獎助委員會，1966），頁42；足立啓二：「清代前期における国 家と錢」，『東洋史研究』，第49卷，第4期 (1991年3月)，頁47-73；黑 田明伸：「乾隆の錢貴」，『東洋史研究』，第45卷，第4期 (1987年3 月)，頁692-723。

10　有關這些在供需關係平衡基礎上展開的政策討論，參見 Hans Ulrich Vogel, "Chinese Central Monetary Policy, 1644-1800," *Late Imperial China* 8, no. 2 (December 1987): 13-14.

11　乾隆十年正月初九的上諭，將上述兩條以及其他四項措施作為北京遏制 錢貴的「有效方法」推薦給各省督撫。湖南、湖北、四川、福建、江西 等省以及蘇州府的回覆，都認為這些措施，要麼不切實際（例如，限制 當鋪的銅幣庫存），要麼沒有必要（例如，要求在大宗交易中使用白 銀）。乾隆帝也承認，這些措施「不過補偏救弊，非經久可行之事」。《宮 中硃批奏折》，第60盒，第1610-1616、1622-1625、1637-1643、1657- 1661、1662-1667、1746- 1750號。

12　1684年，清政府開始鑄造銅含量較低的銅幣（1錢，約3.7克）時，私鑄 更為頻繁；而在1702年，政府鑄造銅含量較高的銅幣 (1.4錢) 時，銅幣 的熔化現象則十分普遍。黑田明伸：「乾隆の錢貴」，頁694。

13　黑田明伸：「乾隆の錢貴」，頁694；Richard von Glahn, *Fountain of Fortune: Money and Monetary Policy in China, 1000-1700* (Berkeley: University of California Press, 1996), p. 211；戶部尚書兼內務府總管海望折，乾隆元年 二月初七，《宮中硃批奏折》，第60盒，第119-124號。

14　戶部尚書兼內務府總管海望折，乾隆元年二月初七，《宮中硃批奏折》， 第60盒，第119-124號。這份著名的奏折，後來被收入十九世紀經世學 派的經典《皇朝經世文編》。

15　乾隆帝朱批，見戶部尚書署理湖廣總督史貽直折，乾隆元年三月二十七 日，《宮中硃批奏折》，第60盒，第142-145號。

16　雖然官方規定制錢的含銅量為1.2錢（約4.44克），但中央允許江蘇和湖 北兩省的鑄幣廠分別鑄造含銅量為每文1錢和每文0.8錢的銅錢，以滿 足這兩個省日益增長的對小額貨幣的需求。黑田明伸：「乾隆の錢貴」， 頁698。

17 Vogel, "Chinese Central Monetary Policy, 1644–1800," 45 and 48–49.

18 乾隆三十四年六月二十八日上諭,《宮中硃批奏折》,第61盒,第2482–2484號。乾隆五十六年四月二十五日的上諭,明確表明「小民私用小錢已干法禁。」《宮中硃批奏折》,第63盒,第75–77號。

19 王業鍵:《中國近代貨幣與銀行的演進(1644–1937)》(台北:中央研究院經濟研究所,1981),頁16–18。

20 如係小民、兵丁存入錢鋪錢文,期限為兩個月;如係客商交易買賣借貸銀錢,期限則可以放寬為兩年。步軍統領莫和等折,道光五年三月初五日,《軍機處錄副奏折》,第678盒,第147–150號。

21 葉世昌:《鴉片戰爭前後我國的貨幣學說》(上海:上海人民出版社,1963),頁39。

22 Lin Man-houng, "Two Social Theories Revealed: Statecraft Controversies over China's Monetary Crisis, 1808–1854," *Late Imperial China* 12, no. 2 (December 1991): 1–35."

23 引自戶部折(1843年1月10日),中國人民銀行參事室金融史料組編:《中國近代貨幣史資料》,2卷(北京:中華書局,1964),第1卷,頁150。

24 引自戶部折(1850年12月20日)〉,中國人民銀行參事室金融史料組編:《中國近代貨幣史資料》(2卷)(北京:中華書局,1964),第1卷,頁171。

25 國子監司業保極折,咸豐四年正月二十八日,《軍機處錄副奏折》,第678盒,第2557–2560號。

26 參見呂佺孫折及戶部議覆,中國人民銀行參事室金融史料組編:《中國近代貨幣史資料》(2卷)(北京:中華書局,1964),第1卷,頁191–194。

27 賈世行折,咸豐三年十二月初四日,中國人民銀行參事室金融史料組編:《中國近代貨幣史資料》(2卷)(北京:中華書局,1964),第1卷,頁379。

28 戶部請推行鈔法折,咸豐三年七月二十一日,中國人民銀行參事室金融史料組編:《中國近代貨幣史資料》(2卷)(北京:中華書局,1964),第1卷,頁361。

29 清政府似乎認為,鎮壓國內叛亂也符合商人的利益,因此,商人不應該對政府借款收取利息。這種態度可見瑞華會同戶部折,其中談及銀票並無利息時辯稱:「際此賊燄毒遍東南,敷天共憤,即毀家紓難亦屬分所當然,況暫時貸銀給票,計年持票償銀,自無不鼓舞樂從,爭先恐後。」瑞華會同戶部折,咸豐十年六月十八日,《軍機處錄副奏折》,第679盒,第2920–2923號。

30　參見戶部議駁福建巡撫王懿德「建議發行鈔票」折，中國人民銀行參事室金融史料組編：《中國近代貨幣史資料》(2卷)(北京：中華書局，1964)，第1卷，頁322。

31　參見江蘇巡撫楊文定奏折及戶部議覆，咸豐二年十一月十三日，中國人民銀行參事室金融史料組編：《中國近代貨幣史資料》(2卷)(北京：中華書局，1964)，第1卷，頁324–327。

32　同上。第1卷，頁327。

33　戶部折，中國人民銀行參事室金融史料組編：《中國近代貨幣史資料》(2卷)(北京：中華書局，1964)，第1卷，頁203–205。

34　同上，第1卷，頁206–207。

35　戶部折，咸豐三年正月十九日，《軍機處錄副奏折》，第310盒，第4463卷，第24號。

36　戶部折，咸豐二年十一月十三日，中國人民銀行參事室金融史料組編：《中國近代貨幣史資料》(2卷)(北京：中華書局，1964)，第1卷，頁327。

37　王懿德折，咸豐三年三月初七日，中國人民銀行參事室金融史料組編：《中國近代貨幣史資料》(2卷)(北京：中華書局，1964)，第1卷，頁338。

38　針對銀票問題的戶部折，咸豐三年二月十七日，中國人民銀行參事室金融史料組編：《中國近代貨幣史資料》(2卷)(北京：中華書局，1964)，第1卷，頁349–351。

39　戶部折，咸豐三年七月初三日，中國人民銀行參事室金融史料組編：《中國近代貨幣史資料》(2卷)(北京：中華書局，1964)，第1卷，頁352–355。

40　戶部折，咸豐三年十一月十七日，中國人民銀行參事室金融史料組編：《中國近代貨幣史資料》(2卷)(北京：中華書局，1964)，第1卷，頁372–377。

41　「當千、當五百、兩種大錢，折當過多，頗為重滯，而交官之項，又不如寶鈔之多，擬以寶鈔將其易回。」戶部片，《軍機處錄副奏折》，第679盒，第2985–2986號。

42　戶部針對紙幣的規章，參見中國人民銀行參事室金融史料組編：《中國近代貨幣史資料》(2卷)(北京：中華書局，1964)，第1卷，頁359。

43　批准發行官票的上諭，參見中國人民銀行參事室金融史料組編：《中國近代貨幣史資料》(2卷)(北京：中華書局，1964)，第1卷，頁352。

44　批准發行官票的上諭，參見中國人民銀行參事室金融史料組編：《中國近代貨幣史資料》(2卷)(北京：中華書局，1964)，第1卷，頁352。

45 戶部折咸豐三年二月二十七日,《軍機處錄副奏折》,第678盒,第1993–2001號。

46 戶部折,咸豐三年七月初三日,中國人民銀行參事室金融史料組編:《中國近代貨幣史資料》(2卷)(北京:中華書局,1964),第1卷,頁354。

47 「今舉行鈔法,將以惠民,則先請恤商。」戶部折,咸豐三年十一月十七日,中國人民銀行參事室金融史料組編:《中國近代貨幣史資料》(2卷)(北京:中華書局,1964),第1卷,頁373。

48 御史章嗣衡折,咸豐三年八月二十二日,中國人民銀行參事室金融史料組編:《中國近代貨幣史資料》(2卷)(北京:中華書局,1964),第1卷,頁364–365。

49 楊以增折,咸豐三年十一月十九日,中國人民銀行參事室金融史料組編:《中國近代貨幣史資料》(2卷)(北京:中華書局,1964),第1卷,頁378。

50 黃鑒暉:《山西票號史》(再版)(太原:山西經濟出版社,2002年),頁114–121。

51 「若再咨部,往返需時,且費票局工本,自應在外變通,乃可因勢利導。今清江……設立中和官局……擬即令該局製造一兩暨五兩官銀票五種,其式即照部票,並由江寧藩司蓋用印信,以昭慎重。」朱批:「所擬是,應隨時變通者。」兩江總督怡良、江南河道總督楊以增折,咸豐四年六月十七日,《軍機處錄副奏折》,第678盒,第2876–2877號。

52 「部頒銀票系以庫紋定平色,便於官項,未盡便於流用。浙省市肆交易多用洋錢,與福建情形相仿。因查函閩省章程,於部票之外增造銀洋錢三項局票,一律推廣試行。」浙江巡撫黃宗漢片,咸豐四年十二月初九日,《軍機處錄副奏折》,第678盒,第3499–3501號。

53 江蘇省的地方政府官員首先報告稱,徵收釐金稅是增加中央收入的有效途徑;中央立即批准了這一辦法,並要求其他省級政府採取同樣的措施。See Susan Mann, *Local Merchants and the Chinese Bureaucracy, 1750–1950* (Stanford, CA: Stanford University Press, 1987), pp. 95–96.

54 戶部折,咸豐三年八月二十四日,中國人民銀行參事室金融史料組編:《中國近代貨幣史資料》(2卷)(北京:中華書局,1964),第1卷,頁260–261。

55 倪玉平:《清代漕糧海運與社會變遷》(上海:上海書店出版社,2005),頁101–102。

56 在和平年代,來自江蘇、浙江、安徽、江西、湖北等地的棉布、茶葉、紙等產品,沿大運河向北運送,而來自山東、河南和直隸的糧食、大

豆，沿大運河向南運送。參見李文治、江太新：《清代漕運》（北京：中華書局，1993），頁 482–513。

57　黃鑒暉：《山西票號史》，頁 174。

58　御史章嗣衡折，咸豐三年八月二十二日，中國人民銀行參事室金融史料組編：《中國近代貨幣史資料》（2 卷）（北京：中華書局，1964），第 1卷，頁 364；王茂蔭折，咸豐四年三月初五日，中國人民銀行參事室金融史料組編：《中國近代貨幣史資料》（2 卷）（北京：中華書局，1964），第 1 卷，頁 392。

59　戶部折，咸豐三年七月初三日，中國人民銀行參事室金融史料組編：《中國近代貨幣史資料》（2 卷）（北京：中華書局，1964），第 1 卷，頁354。

60　王茂蔭折，咸豐四年三月初五日，中國人民銀行參事室金融史料組編：《中國近代貨幣史資料》（2 卷）（北京：中華書局，1964），第 1 卷，頁392。

61　軍機處、戶部對王茂蔭奏折的議覆，咸豐四年三月初八日，中國人民銀行參事室金融史料組編：《中國近代貨幣史資料》（2 卷）（北京：中華書局，1964），第 1 卷，頁 395。

62　正如御史吳艾生指出的那樣，「京師居民鋪戶無不閱看《邸抄》，年來戶部具奏經費支絀各折，往往隨意發抄，以致庫儲虛實，草野周知。」御史吳艾生奏折，咸豐四年四月二十四日，中國人民銀行參事室金融史料組編：《中國近代貨幣史資料》（2 卷）（北京：中華書局，1964），第 1卷，頁 402。

63　例如，中央劃撥到江西省的廣東資金，不經過江西省庫，直接送到江南糧台。參見兩廣總督葉名琛、廣東巡撫柏貴折，中國第一歷史檔案館編：《清政府鎮壓太平天國檔案史料》（北京：社會科學文獻出版社，1994），第 11 卷，頁 442。

64　王懿德的觀點具有代表性。「第查藩、鹽各庫，現在存銀，則支應軍需，尚虞不給，實無餘款可籌。」署閩浙總督王懿德折，咸豐三年七月二十四日，中國人民銀行參事室金融史料組編：《中國近代貨幣史資料》（2 卷）（北京：中華書局，1964），第 1 卷，頁 431。

65　「（河工所領銀票）工員領票，祇能押購料石，其買土雇夫向用現銀，顯不能以官票散。」江南河道總督楊以增折，咸豐四年五月十一日，《軍機處錄副奏折》，第 678 盒，第 2839–2841 號。

66　御史章嗣衡折，咸豐三年八月二十二日，中國人民銀行參事室金融史料組編：《中國近代貨幣史資料》（2 卷）（北京：中華書局，1964），第 1卷，頁 364；王茂蔭折，咸豐四年三月初五日，中國人民銀行參事室金

融史料組編：《中國近代貨幣史資料》(2卷)(北京：中華書局，1964)，第1卷，頁392。

67　崔之清等：《太平天國戰爭全史》(南京：南京大學出版社，2002)，第2卷，頁851–852、864–866、890–894。

68　王茂蔭折，中國第一歷史檔案館：《清政府鎮壓太平天國檔案史料》(北京：社會科學文獻出版社，1994)，第10卷，頁234。

69　山西巡撫折，中國第一歷史檔案館編：《清政府鎮壓太平天國檔案史料》(北京：社會科學文獻出版社，1994)，第10卷，頁103、232。

70　倪玉平：《博弈與均衡：清代兩淮鹽政改革》(福州：福建人民出版社，2006)，頁157。

71　長蘆鹽政文謙折，咸豐三年十月二十日，中國第一歷史檔案館編：《清政府鎮壓太平天國檔案史料》(北京：社會科學文獻出版社，1994)，第10卷，頁602。

72　南宋時期，鹽商人願意持有朝廷發行的不兌換紙幣，因為他們能夠獲得朝廷授予的售鹽壟斷權。高聰明：《宋代貨幣與貨幣流通研究》(保定：河北大學出版社，2000)，頁290–293。

73　即「餉票收捐」。戶部折，咸豐八年九月二十二日，《軍機處錄副奏折》，第679盒，第1773–1782號。

74　「糧台購辦物料，均系急需之物。現值道路梗阻，百貨不能流通，無物不貴，購辦已形竭蹙。此項銀票須俟軍務事竣方能支取，恐非商民所願，擬請毋庸搭放，以免商民裹足。」英桂折，咸豐四年五月二十四日，《軍機處錄副奏折》，第678盒，第2852–2856號。

75　「軍營採辦物料及收買糧食等項，均系與商民平價交易，俱應按時價發給實銀，應請免其搭放銀票。」革職留任山東巡撫張亮基折，咸豐三年十二月初八日，《軍機處錄副奏折》，第310盒，第4462卷，第56–57號。

76　戶部折，咸豐四年二月十二日，中國第一歷史檔案館編：《清政府鎮壓太平天國檔案史料》(北京：社會科學文獻出版社，1994)，第12卷，頁493–494。

77　「兵丁鹽糧，計口授食，必須逐日零星給發。若以無本之票搭解大營，散給兵丁，各兵無處取錢，勢必籍端滋事。」江南河道總督楊以增等折，咸豐四年九月初三日，《軍機處錄副奏折》，第678盒，第3314–3315號。

78　江南河道總督庚長折，咸豐六年六月二十四日，《軍機處錄副奏折》，第679盒，第709–711號。

79　「黔庫舊存各款，因歷年挪墊餉需，掃刮迨盡……是以上年部發之票，再四籌辦，一時尚未流通，今若江南大營之票接踵而來，無論接應為

難。……萬一他省亦將鈔票搭餉解黔，更難措置。江南推行官票章程，於黔省窒礙難行。」（朱批：戶部知道）貴州巡撫蔣霨遠折，咸豐五年五月三十日，《軍機處錄副奏折》，第679盒，第281–283號。

80　「惟外制之票，只准行之本省，不得通行他省。」兩江總督怡良，江南河道總督楊以增折，咸豐四年六月十七日，《軍機處錄副奏折》，第678盒，第2876–2877號。

81　「閩省原開永豐官局，製造官銀錢票，提發正雜各款。……又閩省局票提發各款，均准赴局支取現銀現錢，並按時價兌易時錢。今部票不准支銀，竊恐易滋民惑，且與已行官票亦有妨礙。」閩浙總督王懿德奏折，咸豐四年三月初十日，《軍機處錄副奏折》，第678盒，第2687–2691號。

82　王茂蔭折（1853年），王雲五編：《道咸同光四朝奏議》（台北：台灣商務印書館，1970），第3卷，頁1098。

83　「戶部所發銀鈔，十兩五兩者居多。民間一戶所納之糧，一商所交之稅，為數無多。擬即由藩司製造若干一千、兩千之錢票，製成後由藩司發交官局，委員會同府縣轉給董事，作為官局鈔本。」江南河道總督楊以增等的奏折，咸豐四年七月二十八日，《軍機處錄副奏折》，第678盒，第3054–3056號。

84　御史陳慶鏞注意到，1853年初，制錢相對於白銀的價值幾乎翻了一番，有時「甚至有銀無處可換（制錢）」。御史陳慶鏞折，咸豐三年二月十六日，中國人民銀行參事室金融史料組編：《中國近代貨幣史資料》（2卷）（北京：中華書局，1964），第1卷，342。

85　御史賈世行建議政府將官鈔借給錢局和當鋪，以恢復其正常運作。在他看來，「當此私票短絀之際，正官票暢行之機。」御史賈世行折，咸豐三年五月初二日，《軍機處錄副奏折》，第678盒，第2095–2096號。

86　這五家官銀號是天元、天亨、天利、天貞、西天元。內務府撥50萬兩白銀給它們作為資本。內務府大臣敬徵折，道光二十一年十二月初六日，中國人民銀行參事室金融史料組編：《中國近代貨幣史資料》（2卷）（北京：中華書局，1964），第1卷，頁467。

87　戶部「會議地丁改票用鈔搭交章程」，咸豐五年二月十一日，中國人民銀行參事室金融史料組編：《中國近代貨幣史資料》（2卷）（北京：中華書局，1964），第1卷，頁409。

88　「餉票折錢收捐。」戶部折，咸豐八年九月二十二日，《軍機處錄副奏折》，第679盒，第1773–1782號。

89　上諭—催各省設官銀錢號推行寶鈔，咸豐五年十月十三日，中國人民銀行參事室金融史料組編：《中國近代貨幣史資料》（2卷）（北京：中華書局，1964），第1卷，頁450。

90　戶部折，咸豐五年十月十三日，中國人民銀行參事室金融史料組編：《中國近代貨幣史資料》(2卷)(北京：中華書局，1964)，第1卷，頁448。

91　「(江北糧台)數載以來，共欠支運送採辦製造雇用項下銀二十萬餘兩，請敕下戶部頒發官票十七萬四千六百兩，解交山東巡撫衙門，以便發交江省承辦委員，轉給該欠戶等具領。」山東巡撫文煜折，咸豐十年十一月初四日，《軍機處錄副奏折》，第679盒，第2964–2966號。

92　「惟有援照江北各營成案，一律發給餉票，以清積欠。其餉票統按籌餉例及現行常例正項銀數請獎，不准減成。」喬松年折，太平天國歷史博物館編：《吳煦檔案選編》(南京：江蘇人民出版社，1983)，第6卷，頁97。

93　楊端六：《清代貨幣金融史稿》(北京：三聯書店，1962)，頁35。

94　惠親王綿愉等折，咸豐七年二月初二日，《軍機處錄副奏折》，第679盒，第1008–1011號；承志、倭仁折，咸豐七年四月初一日，《軍機處錄副奏折》，第679盒，第1090–1091號。

95　各省鑄錢中含銅量的參差不齊，參見：中國人民銀行參事室金融史料組編：《中國近代貨幣史資料》(2卷)(北京：中華書局，1964)，第1卷，頁252–259。

96　戶部折，咸豐四年八月初三日，《軍機處錄副奏折》，第678盒，第3192–3194號。

97　King, *Money and Monetary Policy in China*, pp. 149–150.

98　「長號鈔專由京師取錢，短號鈔應由外省備本，界限本極分明。」怡親王載垣會同戶部折，咸豐十年三月十一日，《軍機處錄副奏折》，第679盒，第2554–2557號。

99　「臣部頒發外省寶鈔，令其開設官號發錢，並准搭收地丁。嗣又奏准將五宇發交外省，蓋用司印，仍解京師。原欲使商販在京購買，運至各該省，賣與民間，以便搭交錢糧，是暗移外省搭成錢糧於買鈔時交在部中接濟京師急需也。初行之時，尚有買鈔出京者，曾收過銀三萬兩。其後外省截留及奏請頒發寶鈔有五宇戳記者共一千二百餘萬吊之多。今則紛紛來京取錢，可見外省並無官號發錢，又不肯搭收錢糧，反為州縣抵換實銀之計。而京師經費支絀，豈能當此巨款開發。」戶部片，咸豐七年十一月二十六日，《軍機處錄副奏折》，第679盒，第1448–1450號。

100　「南河寶鈔較之官票易行者，緣掣字寶鈔，商賈京外貿易可以持赴官號取錢。故頒發以來，每千售錢二三百文，工具承領猶能敷衍辦理，市肆亦尚流通。前於數月間驟然壅滯，竟無收票之人，問系戶部出世外省寶鈔不准赴京師五宇字號取錢之故。…… 所有南河積存掣字寶鈔及續發未

掣字空鈔,勢必回歸無用。」江南河道總督庚長折,咸豐七年十二月十二日,《軍機處錄副奏折》,第 679 盒,第 1512–1516 號;「黃河工需搭用寶鈔。自上冬五字號停止取錢,捐銅局停止收捐,各鈔蜂擁外行,以致每千僅易錢二百餘文……勢將成為廢紙。」河東河道總督李鈞折,咸豐八年三月十二日,《軍機處錄副奏折》,第 679 盒,第 1643–1645 號。

101 「查舊鈔向無鈔本。嗣因京城兵糧維艱,乃奏請鼓鑄鐵錢,增設五字官號,准兵民持鈔易票,此專為京餉起見,非令行鈔省分批向五字取錢也。……應請敕下東河總督及河南巡撫……籌款開設官錢鋪。」戶部議覆李鈞折,咸豐八年三月二十八日,《軍機處錄副奏折》,第 679 盒,第 1646–1649 號。

102 「現在東省司庫徵解錢糧停止搭收(寶鈔),以致(河工)寶鈔不能行使,已成廢紙。」河東河道總督李鈞折,咸豐八年二月十九日,《軍機處錄副奏折》,第 679 盒,第 1623–1625 號;「臣部所發全系省鈔,江南藩關運庫雖經奏奉諭旨,仍未能照章搭收,南河寶鈔愈積愈多,有放無收,竟同廢紙。」兼署漕運總督、江南河道總督庚長折,咸豐九年五月二十二日,《軍機處錄副奏折》,第 679 盒,第 1953–1955 號。

103 惠王綿愉等折,咸豐十年二月初九日,中國人民銀行參事室金融史料組編:《中國近代貨幣史資料》(2 卷)(北京:中華書局,1964),第 1 卷,頁 412。

104 「九官號歷年代發兵餉,長開鈔票一千餘萬吊,散布城市,並無票本。現在紛紛向官號取錢,情形僉見吃緊。」戶部折,咸豐十年九月十四日,《軍機處錄副奏折》,第 679 盒,第 2949–2950 號。

105 彭澤益:《19 世紀後半期的中國財政與經濟》,頁 95–96。

106 河南學政張之萬折,咸豐五年正月初十日,中國人民銀行參事室金融史料組編:《中國近代貨幣史資料》(2 卷)(北京:中華書局,1964),第 1 卷,頁 441。

107 閩浙總督王懿德折,咸豐四年三月二十七日,中國人民銀行參事室金融史料組編:《中國近代貨幣史資料》(2 卷)(北京:中華書局,1964),第 1 卷,頁 399;閩浙總督兼署福建巡撫王懿德片,咸豐四年六月二十八日,《軍機處錄副奏折》,第 678 盒,第 3059–3061 號。

108 「徐州糧台設有通源官錢局……仿照市肆行使錢票,近數年來如宿州、徐屬一帶俱能通行。上年徐餉久缺,籍此隔資周轉,迄今尚有三萬餘吊錢未經到局取錢,此流通之明證也。臣現在籌劃票本,於淮城開設通源總局,並於邵伯、清桃等處添設分局,一律付錢,以示簡便……以接濟清淮兵勇口糧。」吳棠片,同治元年三月十四日,《軍機處錄副奏折》,第 679 盒,第 3199 號。

109 「官鋪錢票行用已久，兵民相信，流通在外者約有三十餘萬串。」陝西巡
　　撫英啓折，同治元年三月十九日，《軍機處錄副奏折》，第679盒，第
　　3224–3225號。

110 彭信威：《中國貨幣史》，頁832；王宏斌：〈論光緒時期銀價下落與幣制
　　改革〉，《史學月刊》，第5期 (1988)，頁47–53。

111 閩浙總督王懿德等折，咸豐九年二月初二日，《軍機處錄副奏折》，第
　　679盒，第1873–1877號。

112 「今年銀價大減，每兩僅值制錢一千三四百文，至多不過一千五六百
　　文。而官票每兩合制錢二千文。請自八年上忙為始，凡徵收新舊錢糧臨
　　清關稅及地丁項下統徵各解之河銀漕食，概用實銀解兌，其官員兵丁養
　　廉俸餉亦以實銀支發。」山東巡撫崇恩折，咸豐七年十二月初七日，《軍
　　機處錄副奏折》，第679盒，第1498–1500號。

113 「現時天津、大名、正定各府，銀價悉在四串以下，民願完銀而不願完
　　錢，殊難相強。」御前大臣、軍機大臣會同譚廷襄折，咸豐七年五月初
　　十日，《軍機處錄副奏折》，第679盒，第1161–1170號。

114 C. John Stanley, *Late Ch'ing Finance: Hu Kuang-yung as an Innovator* (Cambridge,
　　MA: East Asian Research Center of Harvard University, 1961), pp. 9–12.

115 「查上年二次解京銀兩，曾因江南匪氣不靖，系交付赴京便商匯兌，頗
　　為妥速。此次惟有查照上年，設法匯兌。現已將此項京餉銀五萬兩，招
　　得赴京股實商人發交承領，飭令匯兌。」閩浙總督慶端，福建巡撫瑞
　　折，咸豐十年二月十六日，《軍機處錄副奏折》，第679盒，第2734–
　　2737號。

116 黃鑒暉等編：《山西票號史料》(再版)（太原：山西經濟出版社，2002
　　年），頁75–80。

117 江西巡撫沈葆楨委託新泰厚票莊將5萬兩白銀匯往北京時，本來還有些
　　擔心，而「督同司道訪諸輿論，僉謂該票行在江開設多年，為官商往來
　　匯兌，從無貽誤。」參見沈葆楨折，同治二年二月二十五日，轉引黃鑒
　　暉等編：《山西票號史料》，頁80。

第6章

中國分散型財政的延續，1864–1911

太平天國戰亂平定之後，中國的財政制度既有深刻的變化，又表現出較強的惰性，簡單地用清政府的政治保守主義顯然難以解釋這一雙重現象。[1]正如我們看到的，白銀價格在十九世紀二十至五十年代居高不下，對中國經濟和政府財政造成了極大困擾，但在1858年後開始回落。十九世紀七十年代中期，主要西方列強實行金本位制，國際銀價下跌，大量白銀湧入東亞。[2]白銀的流入刺激了中國經濟，白銀相對於黃金的廉價，有利中國商品出口世界市場。在這樣的形勢下，清政府得以繼續將白銀作為稱量貨幣來使用。

清政府每年的稅收總額，從十九世紀四十年代的約4,000萬兩白銀上升到八十年代的約8,000萬兩白銀。雖然清政府繼續利用捐納以增加收入，但政府官員認為這種辦法對政府財政幫助不大，因為其實際收益遠遠低於預期。[3]當稅收不足以支付軍事行動和國內建設開支時，清政府能確實倚靠的金融政策，就是從在華的外資銀行獲取短期貸款。各省督撫也開始與私人錢莊和票號合

作,將稅收款項匯往京城,或者進行省際間轉賬。民間金融商廣泛參與財政的運作,在清朝歷史上可謂史無前例。

此外,十九世紀初開始出現獨立於戶部奏銷制度的非正式省級財政,在六十年代以後正式制度化。[4]這種被稱為「外銷款項」的新制度,給予督撫更大的財政自主權,去滿足地方建設基礎設施、維護社會秩序、提供社會福利等方面的支出需要。[5]這一時期,各省的布政使不再承擔代表中央監督各省督撫的政治任務,這也增強了督撫在財政問題上的自主權。[6]

但是,獨立省級財政的出現,並不代表以督撫為主導的地方政治勢力的興起,也不代表中央財政大權的旁落。各省督撫與布政使之間的關係本質上是制度性的,因為中央擁有絕對的權力定期調動他們的職位。這有效地防止了督撫與布政使相互勾結,形成獨立於中央的權力基礎。[7]但中央無法為各省制定符合實際支出的定額,以適應地方不斷變化的開支需要,這倒是個實實在在的問題,並導致了在定額基礎上展開的財政運作功能失調。[8]然而,這並不意味着中央在財政問題上完全失去了對督撫的控制。首先,中央對督撫的任命和任期有無可置疑的政治控制權,並牢牢掌控着軍事開支的分配。[9]其次,中央有權向各省督撫下達指撥命令,要求他們將存留在各省司庫中的資金,用於國家的各項支出,沒有哪位督撫敢對這些指令置之不理。[10]最後,未經中央批准,各省督撫不得擅自尋求外國貸款。[11]

十九世紀六十年代以後,中國稅收結構中發生的最大變化是,清政府更加倚重關稅和對國內消費徵收的釐金來增加收入。從六十年代末開始,清政府開始僱傭西方人擔任政府官員去集中管理海關,以保證可靠地收繳關稅。[12]釐金的徵收始於1853年,當時只是作為緊急的戰時財政措施;但戶部早在1861年便着手加強監督這些稅款的徵收和支出。為了把釐金納入年度中央審計系

統 (即所謂「奏銷」)，戶部要求督撫定期上報徵收的釐金數目、釐金局的數量和地點以及收稅官員的名冊。到了1874年，大多數省份都按要求將所需賬目上報戶部。處於經濟核心地區的省份，每年上報兩次；而偏遠地區的省份，則每年上報一次。只有戶部才有權分撥使用所徵收的釐金。[13] 由於釐金和地丁稅、關稅一樣，被列入戶部年度奏銷系統，由朝廷支配，所以應將其視為中央稅而不是省級地方稅。儘管督撫可以將所徵釐金的10%到20%用於省內的支出需要而無需經過戶部審計，他們也完全承認這筆稅款屬於中央稅入的一部分而非省級的地方收入。[14]

儘管稅收的規模和構成均發生了重大變化，但清政府的財政運作仍然是分散的。戶部沒有從匯總的稅收統一進行分配各項支出，而是依靠指撥這一行政命令來將絕大部分稅款，從徵收地直接分撥用於支付各地的開銷。雖然海關徵收關稅成效卓著，戶部也只將其中的40%直接收入國庫，而將其餘的稅款直接從徵收地送交到各個不同的支出地。

十七世紀八十年代的英國政府、十九世紀七十年代的日本政府都曾使用民間金融網絡來集中財政運作，為什麼清政府沒有這麼做呢？既然清政府償還短期外債的信譽良好，為什麼沒有進一步去尋求長期信貸呢？十九世紀五十年代紙幣發行失敗，對清政府財政制度的發展有着深遠的影響。這次慘痛的教訓使清政府對在財政運作中引入信貸工具的任何提議都疑慮重重，甚至充滿敵意。考慮到在中國跨地區運輸銀兩所需的時間，清政府將其年收入的一大部分存放在各省的司庫中，再根據距離遠近和可用的運輸條件，將這些資金分配到各個支出地，這顯然是相當明智的做法。

但這樣分散型的財政制度，實際運作起來十分困難。將各地不同的稅收款項與不同地區的各項支出需要相匹配，所需的信息

量浩繁異常。然而，只要分散型財政制度還能夠滿足政府的緊急支出，清政府就沒有動力將看似風險較高的信貸工具納入中央財政運作。相比之下，各省督撫在收到中央有關戰爭、河工及償還外債等方面的緊急指撥命令時，壓力巨大，因為他們必須將所需款項及時送抵中央指定的目的地。由於釐金是各省督撫在太平天國戰亂之後最為重要的收入來源，這一巨大壓力迫使他們想方設法來監督釐金的直接徵收。他們的監管手段，類似十八世紀英國的國內消費稅和明治時期日本清酒稅的徵收方法。清政府分散型財政體制下信息和風險特有的分佈狀況，是導致釐金由各省而非中央直接徵收的主要原因。

傳統財政國家在十九世紀晚期中國持續存在，表明在沒有信用危機直接威脅中央政府的情況下，即使有社會經濟條件的支持，國家決策者也不太可能去尋求財政集中運作的方式。這意味着，如果中國遭遇到類似英國和日本發生的信用危機，就有可能轉型為現代財政國家。為了說明這一「反事實」論證的合理性，我做了一個「自然試驗」，把1895年日本索取的2.3億兩白銀的甲午戰爭賠款，作為清政府承受信用危機的一個模擬。結果表明，在這壓力之下，清政府確實試圖採用督撫在各省實施過的直接徵收方式來集中徵收釐金。此外，清政府為了支付日本賠款不得不大借外債，而它按時支付這些外債利息的表現，說明其具備通過長期借貸建立現代財政國家的行政能力。

分散型財政運作的延續

十九世紀七十年代以來，隨着國內外貿易的擴展，民間金融市場迅速復蘇。到了八十年代，晉商的私人金融網絡已經連接了54個城市和重要市鎮。同時，由浙江和上海商人創辦的阜康銀

號、源豐潤票號等大銀行也創建了自己的跨地區匯兌網絡。[15]除了接收存款、向商家提供信貸外，各大票號和銀號也越來越多地參與財政。上海、寧波、漢口、福州等城市的海關和釐金局，通常選擇特定的民間銀行存放收到的稅款，並在收到政府指令後將其匯往支出地。[16]各省匯往京城的稅收總額，從1862年至1874年間的1,900萬兩增加到1875年至1893年間的6,300萬兩。[17]

民間金融商和政府資金之間的合作，具有很大的發展潛力。例如，從十九世紀六十到八十年代，各省匯往京城每年的稅款，從800萬兩增加到1,300萬兩，而中央分撥給各省的開銷與各省匯到北京的稅收，流動的方向正好相反。如果中央也通過民間金融網絡向各省匯款，將大大減少政府跨地區運輸實銀的需要，而政府資金的運轉則更為快捷和更能預測。中央政府和民間銀行家之間的這種合作，也是互惠互利的。正如在日本和英國發生的那樣，匯寄政府資金的民間銀行在將匯款轉交給政府之前，通常有一至三個月的時間可持有這些資金而不用支付利息，它們可以從這個間隔中獲利。擁有定期的政府資金，也會提高他們在金融市場的信譽。政府還可以鼓勵民間銀行承接安徽、陝西、山東等省的京餉，用匯兌來取代之前的鞘銀運送京城，從而拓展國內的金融網絡。

然而，這一切並沒有發生。戶部繼續使用傳統的鞘銀運輸來管理財政，不願將快捷的信貸工具納入財政運作。在1885年夏天，來自中國當時最大外國洋行之一的怡和洋行的兩名英國商人，建議清政府建立一家仿效英格蘭銀行的國家銀行。該銀行存儲所收關稅，發行可用於納稅的銀行券，並代理戶部管理稅款的收入和經費的支出。[18]直隸總督李鴻章支持這一建議，並敦促官員更深入了解西方國家銀行如何能在金融市場緊張時幫助政府緩解貨幣短缺。李鴻章認為，胡光墉的阜康銀號倒閉之後，「貨幣

無可流通，商市蕭索，殊非公家之利，亟應仿照西法，為窮變通久之計。」而「創設國家有限銀行……於國家利益實多。（銀行所出銀票）但有常存三分之一之現銀，足資周轉。」[19]然而，戶部對此強烈反對。[20]外國人的參與，並不是他們反對的主要原因。就連閻敬銘這樣以理財能力而著稱的大臣，也對紙幣和匯兌政府資金深有戒心。[21]一些大臣則提到美國和俄羅斯的紙幣貶值，以及十九世紀五十年代中國發行紙幣的失敗，以此強調國家發行紙幣的危險。在他們看來，用匯票匯兌政府資金風險太大。[22]

在1887年，李鴻章派出盛宣懷、周馥和馬建忠三名官員，與代表費城財團和美國白銀集團的美國商人米建威（E.S.K. de Mitkiewicz）協商創辦銀行的計劃。他們商討建立的並非國家銀行，而是可為清政府籌集低息貸款的銀行。[23]盛宣懷（1844–1916）出身殷實的錢莊之家，是推動包括電報、鐵路和礦業在內的現代企業發展的重要人物。早在1882年，他就向李鴻章提議成立一家大銀行，通過電報匯兌官方資金。[24]朝廷拒絕了設立銀行的計劃，但也保護倡導者免遭監察御史的彈劾。

戶部不僅拒絕將信貸工具納入其財政運作，甚至禁止各省督撫在京城白銀價格居高不下時使用民間票號匯兌京餉。[25]私人錢莊和票號承匯各省稅款的北京分號，必須把收到的匯票兌換成銀錠交給戶部。這樣一來，稅款和政府資金的匯兌反而受到民間金融市場環境的限制。當市面銀根緊張時，民間金融商就不太願意將官方資金匯往京城，例如1894年和1895年，陝西和江西的票號就拒絕匯兌京餉。[26]因此，北京和各省之間政府資金匯兌的效益未能充分實現。

為了更好地理解分散型財政為什麼持續存在，我們需要更仔細地研究它在十九世紀後半葉是如何運作的。在中央與各省之間新近形成的財政分工機制中，朝廷很難染指獨立於戶部奏銷體系

之外的「外銷」省級財政資金。各省督撫可以強調其對維護國家
利益的貢獻（如國防、維持國內秩序和地方福利），來保留這部分
稅收。

　　例如，1884 年與法國的衝突迫使清政府增加海防開支。戶部
命令陝西省將以前存留在該省的釐金交給中央。陝西巡撫邊寶泉
向戶部報告陝西省在 1876 年至 1881 年間，「每年酌提釐金一、二
成，為留外辦公款項。計截止九年止，共留銀三十八萬五千六百
餘兩。除修理城池、倉廠、文廟書院貢院等工，及添買書籍，籌
備墾荒牛種，採辦省倉積谷，京官津貼，差徭生息，並地方一切
應辦事宜，節年動用外，現余銀十六萬七千二百餘兩。現因籌撥
餉項，正款不敷，隨時借用，尚未撥還，實存銀不過十萬兩有
奇，此外銷款項現存之實數也。」但他明確拒絕將這些稅款交給中
央。邊寶泉奏稱：「陝省度支匱乏 …… 遇有要需，全賴此等留外
款項，挪墊通融，得以無誤。至於地方應辦諸務，事機各有緩
急，情勢各有重輕，要在因地因時，熟籌妥辦，既非部臣所能遙
度，亦非部臣所能代謀。如事無巨細，概行咨部請示；款無多
寡，一律報部覈消。繩之以文法，稽之以歲時，貽誤地方，誰執
其咎？故外銷款項，實各省所必不能無，但當論其為公為私，不
當論其報部不報部。」邊寶泉進一步指出，現「海防吃緊，需餉浩
繁，理宜畛域不分，先其所急。第部臣維持大局，籌撥邊餉，洵
屬要需。而奴才忝領封圻，慎固疆圉，是其專責。若（戶部）竟盡
力搜剔，竭澤而漁，庫儲則羅掘一空，疆吏則束手坐困，設遇緩
急，何以應之？」在邊寶泉看來，陝西省需要這些存留的外銷釐
金款項救急通融，因為戶部根本沒有辦法按時撥出足夠的經費來
支付各省的各項必要開支。邊寶泉最後的結論是，國內治理同國
防一樣重要，即使緊急的國防事務也不能成為中央試圖榨取省內
治理所需存留釐金的藉口。[27] 戶部最終不得不作出讓步。[28]

儘管戶部很難從「外銷」這一省級財政索取更多資金，但是每年仍有大約 8,000 萬兩可供其使用。在中央協調下的分散型財政運作制度下，每年中央稅收約有 18% 至 28% 被送至北京。[29] 1880 年到 1895 年，督撫設法每年按時向北京送去了 800 萬兩的京餉。[30] 其餘稅收，一部分「留省支用」，一部分則以「協餉」的形式分撥到其他省份，還有一些則存放在各省的藩庫，聽候中央今後調撥命令，即所謂「存儲候撥」。由於戶部需要將各省實際的稅收款項，指派用以滿足中國廣袤地域上各種各樣的具體開支需要，這樣的分散型財政運作極為繁雜。[31]

為了保證這一分散型財政制度有效運行，戶部需要掌握有關具體稅收來源和地方支出項目的準確信息，以便通過指撥進行相應的分配。各省督撫定期送交戶部監督審計的「奏銷」年度支出和收入賬目報告，為此類信息提供了依據。戶部為各省制定了稅收和支出的定額制度，在一定程度上簡化了戶部向督撫下達指撥方案的工作。為了讓戶部牢牢掌握分散在全國各地國庫中每項收入名目下的實際錢款數額，清政府禁止督撫在未經中央批准的情況下擅自動用存留的資金。

然而，當中央制定的支出定額不能滿足各省正常的支出需要時，督撫常常採取「非正式財政」的方法，即在未向中央上報的情況下，動用存留在藩庫的資金來彌補赤字。[32] 這樣的資金動用並非中飽私囊，因為這些資金是用於公共支出。但是，如果督撫沒有及時將挪用的資金返還到原先的賬戶下，隨着時間的推移，各省挪用資金的金額不斷積累，便會導致各省藩庫中各個款項賬目下實際存有的白銀數量與戶部掌握的賬面數字嚴重不符。這就破壞了戶部在制定切實可行的財政指撥方案時不可或缺的真實信息基礎，進一步加大了分散型財政制度的運行複雜程度。

圖6.1 清政府的分散型財政運作

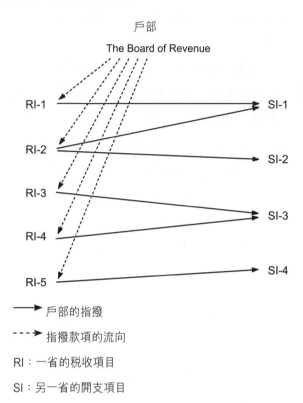

> 戶部
> The Board of Revenue
>
> RI-1　　　　　　　　　　　　　SI-1
> RI-2　　　　　　　　　　　　　SI-2
> RI-3
> RI-4　　　　　　　　　　　　　SI-3
> RI-5　　　　　　　　　　　　　SI-4

——▶　戶部的指撥

- - - ▶　指撥款項的流向

RI：一省的稅收項目

SI：另一省的開支項目

　　這當然並不是晚清才出現的新現象。例如，在1822年9月，戶部準備從原來存放在直隸省「自乾隆三十五年起至嘉慶十九年止實存各年賑濟存剩、部餉協餉、並撥給經費等項共銀五十一萬五千七百兩」中，撥出50萬兩用於該省賑災。然而，直隸總督顏檢向戶部奏稱，由於前幾任督撫和布政使挪用以彌補地方開支的不足，這筆款項有40萬兩的虧空，而這些情況從未報戶部備案。[33]中央官員在十九世紀四十年代初也注意到，「每年春秋二季奏效，往往州縣已徵未解，因公那移，日久遲延，盈千累萬，以致庫款

虛懸，實數不及十分之五。至有要需動撥，無款可籌，該司始將實在情形呈請奏辦。縱然查封備抵，而國帑已虧，要需無可指撥，計將安施？」[34]

太平天國戰亂之後，中央與各省之間的信息不對稱嚴重惡化，因為戶部不能準確預見地方稅收和支出需要方面出現的各種變動情況。戶部指撥給各省的經費，要麼不敷支用，要麼延宕不至。為了應對這一局面，督撫頻繁從中央未指撥的存留款項挪用資金，以彌補地方治理經費的不足。例如，戶部指派督撫留存專款用於廣東省的海防。而當戶部試圖從這一專項賬目中劃撥資金時，兩江總督曾國荃奏稱，「前項撥歸海防備支各款，或已先後罄用無存，或未能如數解足，其間並有移緩就急，借以湊解京協各餉，未能實歸海防支用者。」[35]同樣，1883年，戶部要求各省「每月就釐金內提銀一千兩，專作備荒經費」。而1890年「因畿輔被水，支撥賑款需用繁重」，戶部要求督撫將此專款下的資金匯到順天、直隸的受災地區。廣西巡撫馬丕瑤只得承認，「廣西應解備荒之款，連年因邊餉支絀，竟不能提存解部，以致遇此重災，無可撥支。」既然該省這筆款項早已挪作他用，廣西省只得從其他款項下挪移經費，湊足四萬兩解部交差了事。[36]這種情況甚至發生在海關徵收的、由戶部直接控制的40%關稅中。當海關官員沒有款項以應付戶部緊急指撥命令時，他們也經常從這筆資金中挪用。以粵海關為例，光緒七年十一月十五日上諭要求粵海關從欠解南洋經費銀約十五六萬兩的款項內，迅速撥銀十三萬兩，供福建省仿造快船的經費，粵海關監督崇光不得不承認：「南北洋海防經費，雖專由四成洋稅內撥解，無如六成洋稅項下協撥繁多，內如解部京餉等款，均有定限，不容遲逾。當左支右絀之時，不得不為把彼注茲之計。始則尚冀稅收稍旺即可如數提換；久則積累愈重，雖併四成六成洋稅悉數撥解，仍屬不敷。只得向西商銀

號借墊，以資周轉。近來舊欠未償，新欠又繼，即西商亦筋疲力盡，呼應不靈。」[37]

由於戶部根據各省各項收入賬目上的數字來指撥經費的支出，如果這些賬目下沒有相應的實銀，那戶部的指撥也就逐漸失去了現實意義。例如，1884年8月，兩江總督曾國荃奏請海軍衙門指撥確實「的款」，用於南洋防費。海軍衙門則「擬將蘇浙兩省釐金銀各四十萬兩，按原定八成解交南洋兌收，暫供本年用款」。浙江巡撫劉秉璋告知曾國荃，浙江省「本年釐金項下應解南北洋防費十八萬兩，本應盡解海軍衙門。而現在委員業經啓程，押送鞘銀進京」。而現又要「奉文改解南洋，而款已起解，無法可施」。劉秉璋的解決方案，是建議曾國荃從戶部指撥的其他款項內扣留相應的十八萬兩。曾國荃不敢擅自做主，遂諮問海軍衙門會同戶部協商，江蘇省應該從哪項應解京城而尚未啓運的款項下截留這十八萬兩，以充抵浙江應解江蘇的南洋防費。戶部回覆，「查歷年京餉撥有兩淮鹽課鹽釐各款，積欠甚巨，擬將光緒二年欠解之九萬兩，三年欠解之十萬兩內，提銀十八萬兩，由南洋就近截留。」曾國荃認為這簡直是畫餅充飢，因為戶部指撥的鹽務課釐京餉的實際的賬目情況是，「實緣撥款太多，遂致頻年積欠，計時閱十年，積數至六十餘萬。其間，官非一任，事非一時。不特以後之四十六萬無計取盈，即目下之十八萬先難猝辦。凋敝如此其甚，追呼之力已窮，嚴札頻催，終成畫餅。」無奈之下，兩江總督曾國荃請求戶部，允許他從「寧蘇司局及兩淮運庫本年應行解部項下，無論何款，照數截留十八萬兩，暫解燃眉之急」。在他看來，「浙省此項解交海軍衙門釐金，已由戶部抵作應發神機營餉項，是南洋現在截留之款，乃系戶部已經收用之款。如此一轉移間，於部款毫無出入，庶南洋得以支撐一隅之局。」[38]比較而言，中央集中管理的財政制度下，對

同屬國庫的不同款項的分配,要比分散型財政下的指撥派送容易得多。

然而,儘管財政運行亂作一團,清政府仍然設法為巨額軍事開支提供了資金,包括1875年至1884年為收復新疆而進行耗資巨大的西征(約8,000萬兩),以及1883年12月至1885年6月的中法戰爭(約3,000萬兩)。此外,清政府按時償還了十九世紀六十至八十年代間所借的約4,400萬兩外債。[39]中央在協調各省之間稅收轉移支付方面,有着凌駕各省督撫的政治權威,這對取得上述業績至關重要。為了滿足這些緊急指撥,當指撥款項下的資金不敷支用時,督撫別無選擇,只能「移緩就急」,即從其他未指定的款項挪用資金,拆東牆補西牆。[40]這一做法,後來甚至反映在戶部自己下發的指撥命令中;即有時候戶部不再指定具體的撥款款項,而是要求督撫從「無論何種款項」中,為緊急事務調配一定數額的經費。河工或飢荒賑濟等緊急的國內需要,也以這種方式解決。[41]廣東、福建的督撫和海關官員,有時不得不向國內銀行短期借貸,以完成戶部的緊急指撥。[42]這種「非正式財政」,也用來滿足慈禧太后聲名狼藉的奢侈生活;督撫從普通款項甚至海軍日常維護費用中挪出錢款,送繳內務府。

然而,督撫在為緊急支出提供資金方面的成功,與面對中央常規指撥時經常出現的延宕、解不足額和乾脆拖欠,形成了鮮明對比。這些常規款項的指撥,包括用於西南和東北邊境省份防務的各省協餉以及海軍的日常訓練費用。例如,戶部1880年從江蘇、浙江、江西的釐金和上海、寧波、福州、廣州的關稅中,每年劃撥資金400萬兩給北洋海軍。但北洋海軍每年實際收到的現金總額,從未超過300萬兩。[43]

在十九世紀晚期,戶部在這類日常財政指撥上的功能失調,對於當時的人和後世的歷史學家來說,都是司空見慣的現象。[44]

為什麼清政府在其正常財政運作中，不能利用其對督撫的政治權威，來規訓督撫不打折扣地執行中央指撥命令呢？關鍵的因素是，戶部無法實時追蹤到督撫為了應對緊急支出而挪用稅收款項的來源和金額；因此，當督撫不能完成日常經費指撥時，戶部官員無法區分哪些屬於有意疏忽，而哪些屬於確實無力執行。

緊急支出方面的成功和許多常規指撥的失敗，是分散型財政運作的一體兩面。如何將具體個別稅收項目與特定支出目的相匹配，是分散型財政運作制度本身所特有的難題，而這在很大程度上可以通過集中型財政制度得到緩解，即戶部可以從年度總收入中劃撥各項經費支出。這樣的集中型財政制度，使得戶部可以直接管理分置各地的國庫金，從而極大地提高中央每年8,000萬兩收入的使用效率。然而，從1864年到1894年，中央政府並沒有遇到什麼分散型財政制度無法應對的緊急情況。

釐金稅以及中央與地方關係

從十九世紀六十年代起，釐金和關稅是清政府的兩大主要收入來源。儘管海關徵收的效率和可靠性很高，但由於中國的關稅被西方列強限定為5%，清政府無法通過提高稅率來獲得更多關稅收入。1860年以後，外國商人在通商口岸繳納2.5%的附加關稅，即所謂的「子口稅」後，便可以免交國內的釐金。但在對包括進口鴉片在內的國內消費品徵收釐金時，清政府仍然有充分的自主權來決定稅率和徵收方法。

由於中央讓督撫根據各省的情況決定如何妥善徵收釐金，督撫也得面臨如何有效地監督釐金徵收來提高收入的挑戰。正如歷史學家劉廣京指出，如果晚清時期督撫尚且不能有效地監督各省釐金局徵收委員的表現，那麼中央政府就更不可能集中徵收釐金

了。[45]而督撫如果無法直接監督釐金的徵收，他們便應該會有強烈的動機採取包稅制，以獲得可靠的釐金收入。但晚清時期，起碼在1894年以前的釐金徵收，包稅制（即包繳或包辦）並不佔主導地位。[46]

中央和督撫都認同採用直接徵稅代替釐金包稅的重要性。比如，1861年，廣東省將十個行業的釐金徵收轉給包稅人。這些包稅人並不是信譽卓著的富商；他們的勒索行為激起了當地小商販的抵制，小商販罷市並拒交釐金，甚至向地方政府請願。結果，有六個行業的釐金包稅人無法履行與政府簽訂的合同。有三處釐金徵收點的情況更糟，那裏的釐金都是由不受政府官員監督的胥吏來徵收的。[47]1862年，為了更好地控制廣東釐金的徵收，以資助江蘇、浙江、安徽三省的軍隊，監察御史朱潮和兩江總督曾國藩都提議政府直接徵收釐金，以取代廣東的包稅制。[48]因此，廣東省在省會廣州設立了釐金總局，並從候補官員中挑選稅務官到韶州、南海、三水、順德、新會等縣市集鎮去徵收釐金。政府直接徵收的釐金，佔廣東釐金的四分之三左右；其餘針對一些小商品的稅費，則由富商來包徵。[49]

督撫在釐金的徵收上也不受包稅人牽制。即使存在針對一些小商品的釐金包稅合同，督撫在接到戶部要求直接徵收的命令後，也可以終止合同，改為直接徵稅。例如，1887年，戶部在1887年決定由海關統一徵收進口鴉片的附加釐金時，廣東省便終止了與鴉片包稅商所簽訂的合同。[50]同樣，為了協助湖廣總督張之洞在福建恢復售賣廣東生產的食鹽，閩浙總督楊昌濬於1887年不再與福建食鹽釐金包稅商續簽合同，而福建省的該項收入則由廣東省提供。[51]

各省督撫直接徵收釐金的動機不難理解。督撫都面臨着巨大的壓力，尤其是那些富裕省份的督撫，不僅要為地方重建和防務

提供資金，還要滿足中央的緊急指撥。由於釐金是增加收入的主要來源，督撫有強烈的動機去制定監督稅收的方法。各省釐金的徵收，通常由領薪金的釐金委員組成的科層官僚來管理。他們獨立於地方州縣，而布政使則協助督撫來監督釐金的徵收。[52]這些徵收委員主要是一些候補官員，即已具有為官資格，卻還在等候職位空缺的人員。

歷史學家羅玉東認為，地方紳商負責湖南省的釐金徵收，效率較高而貪腐較少，因為這些士紳出身於富裕家庭，非常在乎自己在當地的名聲。[53]然而，在湖南管理釐金徵收的高級釐金委員，都是由巡撫任命的官員；而參與徵收的地方士紳，都是從湖南釐金總局準備好的候選人中挑選出來的。[54]這些士紳也領薪金，而湖南巡撫卞寶第認為，「所有卡局需用之費，在事官紳薪水之需，稍令寬余，俾得潔己奉公，無虞拮據。亦以養其廉恥，杜絕侵欺。」[55]而由商人來徵收釐金，因其與當地的利益關聯，也可能導致偷稅漏稅。例如，1880年直隸總督李鴻章任命官員代替天津的士紳來徵釐金後，年稅收從2萬兩猛增至6萬兩。[56]

在徵收釐金時，督撫主要盯着從事跨區域貿易的大批發商或行會，而不以小生產商或零售商為目標。[57]例如，甘肅省在1858年6月下令煙草商在蘭州和靖遠這兩個當地主要種植區成立三個煙草行會，以便於煙草釐金的徵收。[58]清政府的官員也很清楚明白，間接消費稅既可以從生產地徵收，也可以在交通要道向大批發商徵收。但清代中國並沒有大規模集中生產的消費品。

以鹽稅徵收為例，雖然清政府試圖從生產地徵收賦稅，即所謂的「就場徵課」，但曬鹽法的普及極大降低了生產成本，並促使小生產者將食鹽出售給無證商人。[59]由於無法對大量私運私販的食鹽徵稅，清政府早在1831年便考慮在主要運輸要道統一徵收鹽稅，不管這些鹽商是否有政府的銷售許可。[60]雖然這一徵收鹽稅

的構想，最終並沒有被採用；但後來在徵收釐金時，這一方法得
以全面實施。

　　清政府設立釐金徵收卡或釐金局，會考慮以下三種情況：(1)
某一大宗商品包裝準備進入運輸渠道的地點；(2) 貨物通過運輸
網絡中的某些樞紐節點，特別是主要水路運輸的通衢要道；(3)
貨物到達新市場，準備分銷給小零售商之前所存放的貨棧。對於
大批發商而言，很難將大宗商品隱藏起來以逃避政府的檢查；而
避開關鍵運輸路線的高昂成本，更是會令其裹足不前。由於可以
通過提高零售價格把釐金負擔轉嫁給消費者，他們抵制釐金的動
機並不強烈。這種情況，類似英國國內消費稅和日本明治時期的
清酒稅徵收。

　　由於間接釐金稅的收入受市場波動影響，戶部無法以設定徵
收定額的方式來管理，但戶部也的確想方設法來監督釐金的徵
收。在各省直接徵收釐金的科層制組織中，釐卡或釐局的徵收
委員，每月必須將當月賬簿連同所收的釐金一起送到監管「專
局」。匯總這些賬目後，監管「專局」於次月將賬簿送往釐金總局
核查。[61] 釐金委員的任期一般不能超過三年，他們的賬目還要接
受下任稅務官的審計。[62] 定期調動和離任審計 (即所謂「交代」) 等
管理制度，與英國的國內消費稅管理和日本的清酒稅管理也十分
類似。

　　定期調動和離任審計並非釐金徵收特有，這也是地方州縣徵
收地丁錢糧的常規。儘管如此，地方官不僅有地丁錢糧以外的收
入來源，如地契買賣稅，而且還掌握若干公共支出的經費。當上
級劃撥的資金不足以應付日常行政或特別開支時，地方官常常未
經上級批准，便挪用所徵收的地丁錢糧來彌補這些缺口。之後，
他可以「民欠」為由，向督撫隱瞞其挪用地丁稅的不足。這類做法
在十八和十九世紀已經相當普遍。例如，山東巡撫惠齡在 1800 年

向戶部承認，1799年山東欠收的100多萬兩稅款中，其實有很大一部分是徵收後被挪用去彌補當地河工和基礎設施建設上的虧空。[63]

地方州縣的賬簿本身就很複雜，再加上「非正規財政」的頻繁使用，使得地方官離任審計實際上非常耗時費力。例如，武昌縣知縣呂仕祺於1812年2月9日離任後，其繼任者王余菖在交代審計中發現了問題。王余菖隨即要求上級派專員前來進行第三方審計。上級部門不得不召集已遷調各地的三任前任知縣，一起核對審查簿記。將近一年過去之後，才確認了所徵收的地丁中確有16,124兩的拖欠。不過，到底呂仕祺是將這筆資金用於彌補公共支出上的虧空，還是中飽私囊，仍然沒有調查清楚。[64]考慮到這類「非正規財政」對州縣運作的重要，很少有督撫會僅僅為了懲戒地方官而嚴格執行交代審計。

相比之下，釐金委員沒有其他行政責任。因此，他們沒有其他稅收來源或政府經費來填補其徵收的拖欠。釐金徵收的離任交代審計有一定的成效。江西省政府於1863年以這種方法，發現經理江西釐金的廣東補用直隸州知州萬永熙故意低報了收入，私扣罰金，還操縱白銀和銅錢的比價以謀取私利。萬永熙被革職，並被勒限賠繳其非法所得。[65]同樣地，陝西龍駒寨釐卡新上任的釐金委員發現，其前任毓麒漏報出境貨釐的銀兩。經過進一步調查，發現毓麒有2,530兩左右的釐金收入沒有上交，被勒限賠繳。[66]在某些情況下，即使由於下屬和商人勾結而造成不足之數，釐金委員也要承擔責任。例如，離任交代審計顯示，廣東省後瀝釐廠隱漏驗照銀2,000餘兩。釐卡委員廣東試用知縣丁墉因此被參處，並被勒令如數賠繳，儘管該漏稅是由司巡串同商人造成的。[67]

除了以有效的離任審計來監督釐金委員，上級官員還可以利用市場交易的情況來評估徵釐的績效。例如，在產茶和銷路「均

甚暢旺」的1883年，雲貴總督對思茅和普洱這兩個主要產茶區的茶釐收入下降表示懷疑。委派司局察訪該釐局委員在光裕豐商號匯兌省城總局的賬簿記錄，發現其「匯兌銀兩數目與解交總局的釐金銀數大相懸殊」，其中飽私囊的現象立刻曝光。[68]如果同一批商品通過兩個釐局或釐卡站，那麼，一個站點有意漏稅會被另一個站點發現。[69]為了激勵釐金委員提高徵稅效率，督撫經常向戶部推薦那些表現良好，值得升遷或留任正式崗位的人員。比如，武昌釐廠委員稅務官李有棻自接任後，因管理得當，每年所收釐金從過去三十餘年的年均二萬兩左右，增加到四萬五千七百餘兩，翻了一番，被湖廣總督裕祿和湖北巡撫奎斌聯名舉薦「交部議敘，以示獎勵」。[70]

因此，我們不應該想當然地認定督撫無力規訓和激勵釐金委員。但是，1870年到1895年間，每年釐金總收入穩定在1,400萬到1,500萬兩的水平，而到了1903年才達到1,600萬兩，我們該如何解釋這一現象呢？[71]除了貪污和管理不善之外，還有許多因素影響了釐金的收入。當時的政府官員意識到，釐金稅過高只會適得其反，導致人們想方設法逃稅。[72]中國商人還可以掛靠外商，以支付「子口稅」這樣附加關稅的方式來以規避釐金。因此，督撫經常把釐金稅率放低，以吸引國內商人支付釐金。[73]此外，商人可以選擇不同貿易路線，因此，鄰近省份的釐金稅競爭，也阻止了各省提高釐金稅率的企圖。[74]此外，由於在國際市場面臨日本茶和印度茶的競爭，茶葉出產大省的督巡撫也被迫減少茶葉的釐金稅。[75]清政府的「父愛主義」意識形態，也影響了釐金的收入；因為戶部經常在糧食歉收和飢荒年份，減少甚至暫時取消針對米穀的釐金。[76]

為了更好地理解十九世紀末中國釐金稅收入缺乏彈性的原因，我們有必要進一步分析中央和地方政府為改善針對茶葉、鴉

片、食鹽等主要消費品的釐金徵收所採取的措施。從英國的啤酒消費稅和日本清酒稅的徵收可以看到，政府增收間接稅的有效途徑，是鼓勵和培育主要消費品大規模集中的生產商或批發商。政府可以減少稅收的監督成本，而這些大生產商或大批發商也由於受益於市場的壟斷利潤而能夠承受重稅。晚清中央和地方政府對這一經濟邏輯相當了解。

1877年，四川總督丁寶楨在徵收食鹽釐金稅時，設立了官運局來負責四川和貴州的川鹽運輸。官方對鹽運的控制，使得政府更容易向承購包銷的持證鹽商徵收鹽稅，並得以廢除四川和貴州境內的鹽釐局卡。為了彌補貴州省因取消徵收川鹽釐金而造成的損失，四川省將其徵收鹽釐收入的一部分，直接劃撥給貴州省。[77]這樣，持證鹽商銷售食鹽的成本也有所降低。該項制度簡化了政府對川鹽釐金徵收的管理。[78]

戶部官員也認識到從產地或大型批發商徵收釐金的重要性，並減少過境釐金局卡的數量，簡化對釐金徵收的管理和監督。例如，戶部在1885年初建議產茶省份仿效甘肅省，從種植地直接徵收茶葉釐金，並取消所有國內沿途的茶葉過境釐金。其背後的依據是，在貨物發運前徵收釐金，以便減少徵收中的監督成本。[79]儘管主要產茶省份的督撫認為，這種做法在茶葉種植極為分散的中國不切實際，但同樣的方法被用於徵收國產和進口鴉片的釐金。

對於每100斤進口鴉片，除了徵收30兩白銀的正常關稅外，還要徵收80兩的消費稅，即所謂「洋藥釐金」，一些廣東商人因此請求戶部准許他們在香港成立一家公司，以壟斷印度鴉片的進口。直隸總督李鴻章支持這項計劃，並向戶部上奏稱，這將極大提高徵收進口鴉片釐金的效率。[80]但因外國鴉片商人反對，清政府被迫放棄這一計劃。儘管如此，戶部和督撫都明白，對進口鴉

片徵收釐金,在其整箱成批通過海關時徵收,遠比在其入境後分
裝運往各地時徵收更為有效。[81]因此,當戶部不滿各省督撫徵收
各自境內進口鴉片釐金的低下效率後,1887年2月決定由海關而
非各省督撫來統一徵收進口鴉片的釐金。[82]

　　至於所謂「土藥」的國產鴉片,戶部於1890年要求各省督撫
分別寄送每一季度徵收釐金的賬簿。那些土藥釐金稅額較大的省
份,如廣東、浙江和湖北等省,都服從了戶部的命令,儘管上報
的釐金徵收數額將被中央用於制定財政指撥計劃。[83]同年6月,戶
部還就如何提高各省土藥釐金的收入與各省督撫協商對策。沒有
鴉片種植省份的督撫,對此並不熱情。在他們看來,對土藥徵收
沉重的釐金稅是不切實際的,因為由此引發的鴉片走私販運將防
不勝防。而雲南、四川等鴉片種植大省的督撫也指出,向分散經
營的小農徵收高額鴉片稅幾乎是不可能的。[84]

　　儘管如此,一些督撫還是提出了增加土藥釐金收入的方法。
例如,湖北省在宜昌府設立了專門的釐金局,負責管理對過境
四川鴉片的釐金徵收,因為四川出產的大部分鴉片需要通過宜昌
運入湖北。[85]四川總督劉秉璋還向戶部建議,取消各地設立的徵
收國產鴉片釐金的釐局和釐卡,而代之以對主要鴉片生產省份的
主要批發商統一徵稅。商人在繳納了這種單一稅以後,毋需再在
任何其他省份支付過境釐金。正如劉秉璋向中央明確提議的那
樣,這種方法將有利於集中管理土藥釐金的徵收,並獲得更多的
收入。[86]

　　戶部很快下令江蘇省試驗「土藥統捐」這種新的徵收辦法。
1891年,江蘇省在鴉片主要產區的徐州成立了土藥統捐局,向商
人發放許可證,並對他們徵收統一的鴉片稅。在徐州支付過這筆
費用後,這些商人便不用再支付任何過境稅費給其他釐金徵收
點,包括南京、蘇州和上海的主要釐金局。戶部甚至要求駐紮在

徐州的軍隊保護持證商人的鴉片運輸。[87]江蘇巡撫剛毅起初對此
並不情願，認為徐州「地無扼要之處，走私偷漏容易」，但戶部顯
然在這個問題上有足夠的權威來迫使剛毅進行這項「徐州土藥統
捐」稅收試驗。[88]

一個反事實的推理

　　清政府在1895年以前在交通要道或商品產地徵收單一釐金的
種種嘗試，會不會導致集中徵收間接稅的制度發展呢？如果清政
府遭遇到的信用危機足夠嚴重，現代財政國家是不是就可能在十
九世紀末的中國出現呢？為了回答這些反事實的問題，我把1895
年日本向清政府索取2.3億兩戰爭賠款，迫使清朝中央政府承受
全部風險，視作信用危機的一個模擬。這一巨額賠款是隨後制度
變遷的外生因素，因為1894年前的清政府，完全沒有預料到與日
本的這場重大衝突，而這場耗時有限的局部戰爭也沒有搞垮中國
經濟。而賠款數額之大，則足以迫使清政府啟動財政改革，卻並
不至於使其完全破產。[89]因此，甲午戰爭的賠款可以用作一種「自
然試驗」，來探討十九世紀末清政府在遭受信用危機的反事實狀
況下可能發生的制度變革。[90]

　　甲午戰爭爆發後，軍費開支激增，清政府的白銀儲備很快耗
盡。除了向京城商人借來100萬兩外，總理各國事務衙門會同戶
部在1894年9月向匯豐銀行商借銀款，准其在倫敦發行股票，用
關稅作擔保，為「中國國家」募集兩筆共一千萬兩的借款。[91]這是
清朝中央政府第一次直接從國外舉債；之前的外債，都是由中央
授權督撫來募集。甲午戰敗後，現有財政制度無法應對巨額賠償
和增加的軍事開支。戶部被迫尋找替代性方案。1895年6月，戶
部向清廷陳情新形勢下改革「祖宗成法」的迫切。[92]1895年7月19

日,清廷發布上諭,明確改革目標,「以籌餉練兵為急務,以恤商惠工為本源。」[93]

財政問題嚴峻,官員需提出切實可行的解決辦法。康有為、梁啓超、譚嗣同等後來在1898年百日維新揚名的激進青年官員,既沒有財務方面的實際經驗,對西方國家或日本的財政制度也缺乏了解,因此無法提出任何實際有用的建議。而嚴重的財政困難,卻給諸如盛宣懷這樣有能力的財經官員提供了機會。1896年9月,當時最有權勢的兩位總督張之洞和王文韶聯名向朝廷舉薦盛宣懷。慈禧太后在1898年發動宮廷政變,扼殺了百日維新;但為獲取更多稅收和調動更多金融資源而開展的財政制度探索,並沒有因此而中斷。[94]

金融政策方面的一些新試驗,進一步暴露了分散型財政制度的弱點。例如,戶部在1898年1月決定發行1億兩名為「昭信股票」的國家債券。每股的價值為100兩,年利率為5%,期限是20年。然而,戶部並沒有委託民間銀行或剛成立的中國通商銀行來包銷這些債券。戶部也沒有集中管理昭信股票的認購和利息支付,反而將這些債券分發給各省,由各省督撫負責推銷債券和承擔利息支付。可是,像山東、湖南等欠發達地區的督撫很難找到認購者。雖然通過自願和強制認購的方式,籌集了1,000萬兩白銀,但其中大部分都分別存放在各省的藩庫,聽候戶部今後的指撥。在這樣分散型的財政運作,戶部將債券利息支付的負擔推給了督撫,卻沒有任何手段來約束督撫按時向認購者支付利息。利息支付的延宕,甚至拖欠,嚴重損害了昭信股票的信譽。[95]

徵收釐金和鹽稅等間接稅制度,也發生了重大變化。1894年前徐州、湖北等地實施的統一徵收土藥釐金的試驗,後來由戶部推廣到八個省。通過統一徵收釐金,戶部可以從此前各省表現出卓越能力的官員中選拔人才。例如,湖廣總督張之洞向戶部推薦

了程儀洛，他在江蘇省的江寧和徐州都展現出徵收釐金的出眾能力。[96]兵部左侍郎鐵良上奏提議將集中徵收土藥釐金擴大到八個省，其奏折中特別推薦了孫廷林，因為他對湖北宜昌鴉片釐金徵收的管理極為有效。[97]負責土藥釐金統徵的大臣柯逢時，在廣西釐金徵收的監管工作有出色的表現。

　　清政府開始對土藥統一徵收新的釐金。具體方式是，對通過關鍵運輸樞紐的鴉片總量徵收統一稅賦。分局每月向省內督辦送繳賬簿，然後每三個月向朝廷提交一次財務報告。對國產鴉片抽收的稅收總額，從1894年的220萬兩白銀增加到1907年的930萬兩，朝廷保留了370萬兩，其餘分配給各省。[98]1900年，清政府也開始集中徵收鹽稅，即對鹽場或官運商銷的食鹽徵收單一稅。[99]

　　儘管各省管理直接徵收釐金稅採用的方法與十八世紀英國和十九世紀晚期日本的消費稅徵收相似，但中國缺乏大規模集中生產的消費品，這使得釐金的收益相對缺乏彈性。而從國產鴉片和食鹽獲取更多稅收的嘗試，也經常受到走私活動的破壞。1895年以後，清政府又十分艱難地嘗試對白酒、煙草和糖徵稅，但這卻受制於中國這類產品的生產規模較小。以白酒釐金為例，在二十世紀的第一個十年，從直隸、四川、吉林、奉天等白酒生產省份徵收的釐金稅，每省都不超過100萬兩白銀。[100]

　　在金融改革方面，戶部此時認識到建立國家銀行對於中國工商業發展的重要，便計劃先在北京和上海設立銀行，然後在省會城市和重要市鎮設立分行。為此，戶部官員還希望收集更多有關歐美和日本銀行系統的知識，甚至借鑑山西票號的經營方法。[101]1897年5月27日，盛宣懷在上海成立了中國通商銀行。這是一家股份制銀行，名義資本為500萬兩，實際投入資本為250萬兩。十二位董事中有八位是實力雄厚的銀行家和商人，包括嚴信厚、

朱葆三和葉成忠。到1898年5月，該行已在北京、天津、漢口、廣州、汕頭、煙台、鎮江等地開設了分行。[102]

儘管如此，清政府仍然不願通過發行紙幣來解決當前的財政困難。康有為等一批改革派官員極力主張政府學習日本在改革財政方面的成功經驗。對他們來說，黃遵憲的《日本國志》是研究明治日本改革全面且權威的指南。1877年至1882年間，黃遵憲曾擔任駐日外交官；1887年夏天，他在中國完成了這本書的寫作。然而黃遵憲在書中警告說，濫發紙幣曾導致日本嚴重的通貨膨脹。他還談到，紙幣迅速貶值的現象，不僅曾經發生在中國的元明時期，也發生在美國和法國。值得注意的是，黃遵憲沒有提到十九世紀八十年代松方正義是如何取得紙幣的可兌換性。[103]戶部官員也認同黃遵憲的擔憂，還特別指出濫發紙幣導致紙幣大幅貶值，就是1877年日本爆發最大的士族叛亂的原因。[104]當然，負面的例子並不局限於外國，盛宣懷本人也承認，政府不應該忘記在十九世紀五十年代發行紙幣的慘痛教訓。[105]

到1899年1月，即便是支持盛宣懷建立中國通商銀行的戶部官員仍然認為，政府發行鈔票不切實際，難以在市面上流通，就如咸豐時期的紙幣試驗所證明的那樣。[106]儘管匯豐銀行發行的銀行券已經在北京和天津等許多城市流通，但戶部仍然認為這屬於純粹的私人信貸工具，國家不應參與其中。[107]戶部在這方面的謹小慎微，極大地限制了中國通商銀行的業績。作為國家銀行而非商業銀行，中國通商銀行不可以投資工業企業和不動產。但是，戶部並沒有授權中國通商銀行壟斷政府資金的匯兌，也沒有授予其銀行券以法定貨幣的地位。因此，中國通商銀行只能發行數量有限的銀行券，而這些銀行券在國內市場還不得不與中國境內外資銀行及本地銀行發行的其他銀行券競爭。[108]相比之下，發行紙幣則是日本銀行早期階段最賺錢的業務。

　　與對「空頭」紙幣的不信任相反，清政府更願意接受機器鑄造的銀幣。早在1888年，清政府就授意廣東和湖北省政府試驗鑄造這種銀幣。由於鑄造的銀幣在市場流通順利，戶部在1894年7月建議所有沿海省份都採用這些銀幣。1896年3月28日，清政府宣布偽造銀幣為死罪，結束了對計量銀幣長期的放任態度。[109] 1900年2月，湖廣總督張之洞派湖北造幣廠官員到北京協助建立京局造幣廠。至於銅幣，戶部也是讓省級政府先做試驗。當銅幣鑄造的利潤導致各省過度鑄幣時，戶部便試圖控制。[110]

　　清政府在這個時期對發行國債以籌集國內借款非常感興趣。中國通商銀行成立後不久，總理衙門便詢問銀行，是否可以向政府提供低息貸款，就像英格蘭銀行為英國政府所做的那樣。[111] 雖然昭信股票發行失敗了，但清政府在向日本支付賠款的過程中，表現出它有行政能力確保各省稅款按時到達上海這個指定城市，而這正是發行長期國債的必要條件。

　　為了在三年內向日本支付巨額戰爭賠款，清政府不得不向英國、法國、德國和俄羅斯的銀行借貸。每年支付的利息高達1,200萬兩白銀，1898年後更由於英鎊升值上升至1,700萬兩。法國和俄羅斯借款的利息償還，必須在每年的3月和9月底送達位於上海的江海關；英國和德國借款的利息償還，則必須在每年2月、5月、8月和11月底送抵江海關。儘管這些外國借款以中國的關稅收入作擔保，但實際利息支出的一半以上來自國內的稅收而非關稅。其中，41.2%來自15個海關徵收的關稅收入，41.5%來自15個省的釐金和地丁稅，其餘17.3%來自中央直接指撥各省和海關的其他資金。[112] 這一時期，清朝官員管理的主要釐金和鹽稅收入，通過中國的民間銀行匯兌到上海，或在官方監督下直接運到上海。

　　戶部要求，這些指定的資金抵達上海後，江海關要立即通過電報向戶部報告。如果指撥的分期款項有所拖欠，戶部即向相關

省份發電報施壓。[113] 督撫認真地執行了中央的命令。根據江海關的報告，1896 年到 1899 年間，95% 以上的錢款準時到達。[114] 如果清政府對各省督撫沒有足夠的權威，根本就難以按時支付四國借款的還款利息。因此，這些證據表明，十九世紀末的清政府完全有行政能力確保按時支付大量的年利息，而這正是獲得市場長期信貸的必要條件。

十九世紀末，中國的金融市場也能夠為清政府籌集長期信貸提供幫助。首先，1862 年至 1872 年間，上海出現了股票市場；為了便於股票交易，上海股票平準公司於 1882 年 10 月成立。[115] 從 1872 年到 1883 年，現代運輸業和採礦業通過在上海出售股票，籌集了總計達 664 萬兩的資金。[116] 其次，上海和沿海地區有大量閒散資金在尋求投資機會。到了 1894 年，一萬多名買辦持有的可用作投資的財富總額，據估算高達 2 億兩。[117] 然而，國內銀行和外資銀行的存款利率都很低；例如，上海外資銀行一年期定期存款的利率約為 5%。

與此同時，督撫在 1894 年以後，也開始嘗試從市場籌集金融資源的新方式。與戶部使用行政命令來籌集借款不同，直隸、江西、福建等省政府委託行會或富商而非政府機構，來負責向債權人借款和支付利息。[118] 督撫理解在國內借貸初始階段保持信譽的重要性，因為他們知道，許多擁有閒置資金的商人正在觀察政府是否能夠按時付息。湖北巡撫譚繼洵認為，如果政府能夠證明有調動稅收以按時還本付息的能力，富商將來就會踴躍借錢給政府。[119]

因此，中國實際上具備了通過長期借貸而建成現代財政國家的關鍵制度因素。一方面，許多高級官員理解委託民間金融中介機構管理國債的認購和利息支付的重要性。另一方面，清政府有行政能力確保指定稅收準時從各省送達上海。

儘管這些制度要素在現實中沒有連接成為整體，但類似英格蘭銀行的金融機構仍有可能出現在十九世紀末的中國，這一設想並不牽強。這個機構的總部最有可能設在上海，可以管理低息長期國債的認購和利息支付。就像十八世紀的英國那樣，這樣的銀行通過吸引王公貴族和主要官員投資國債，來贏得首都的政治支持；還可以像十八世紀的英格蘭銀行對英國財政部那樣，每年向戶部官員進貢「禮品」，以鞏固政府官員的好感。

清政府成功向日本支付了賠款，表明其完全有能力按時支付利息來維持2.3億兩白銀的長期信貸。有鑒於此，利用集中徵收的間接稅來確保長期借貸信譽的現代財政國家，應該是晚清中國財政制度發展的一種可能。即便間接稅在中國的增長受制於當時的經濟條件，現代財政國家的制度發展也能大大提升清政府的國家能力。然而，清政府並沒有遭遇重大歷史事件，被迫面對信用危機，因此沒有想方設法把這些既有的制度要素結合成為新的財政制度，使得政府按時支付利息與投資者對國債信心日益增強此二者之間，能夠產生相互增強的效應。

註釋

1　對「同治中興」的經典描述，參見Mary C. Wright, *The Last Stand of Chinese Conservatism: The T'ung-Chih Restoration, 1862–1874* (Stanford, CA: Stanford University Press, 1957).

2　1871年至1913年間，流入中國的白銀估計約有2.41億兩。數據計算自Charles F. Remer, *The Foreign Trade of China* (Shanghai: Commercial Press, 1926), p. 215, table IV.

3　許大齡：《清代捐納制度》(北京：燕京大學哈佛燕京學社，1950)，重印：《明清史論集》(北京：北京大學出版社，2000)，頁158。有關十九世紀六十、七十年代通過捐納來增加政府收入的討論，參見Elisabeth Kaske, "Fund-Raising Wars: Office Selling and Interprovincial Finance in Nineteenth-Century China," *Harvard Journal of Asiatic Studies* 71, no. 1 (June 2010): 69–141.

4　關於十九世紀初的非正式省級財政，參見岩井茂樹：「清代國家財政における中央と地方」，『東洋史研究』，第42卷，第2期（1983年9月），頁338–340。

5　周育民：《晚清財政與社會變遷》（上海：上海人民出版社，2000），頁242；何漢威：〈清季中央與各省財政關係的反思〉，《中央研究院歷史言語所集刊》，第72卷，第3期（2001年9月），頁608。

6　何漢威：〈清季中央與各省財政關係的反思〉，頁633；Marianne Bastid, "The Structure of Financial Institutions of the State in the Late Qing," in S. R. Schram, ed., *The Scope of State Power in China* (New York: St. Martin's Press, 1985), pp. 66–67.

7　例如，1881年7月2日，四川總督丁寶楨在給中央的奏折，對負責川黔之間川鹽運銷的唐炯的業績大加讚揚。儘管丁寶楨強烈希望唐炯繼續留任，但幾個月後，中央任命唐炯為雲南省布政使。參見朱壽朋編：《光緒朝東華錄》（北京：中華書局，1958），第1卷，頁1108，第2卷，頁1298。

8　魏光奇：「清代後期中央集權財政體制的瓦解」，《近代史研究》，第31卷，第1期（1986），頁207–230；陳鋒：〈清代中央財政與地方財政的調整〉，《歷史研究》，第5期（1997），頁111–114；何烈：《釐金制度新探》（台北：台灣商務印書館，1972），頁157–160。

9　劉廣京：〈晚清督撫權力問題商榷〉，重印：《經世思想與新興企業》（台灣：聯經出版事業公司，1990），頁243–297。有關晚清強調中央對督撫的控制和支配，參見劉偉：〈甲午前四十年間督撫權力的演變〉，《近代史研究》，第2期（1998），頁59–81。至於1885年建立的現代海軍，細見和弘認為，戶部可以通過控制海軍開支的分配來維護中央權威。參見細見和弘：「李鴻章と戶部」，『東洋史研究』，第56卷，第4期（1998年3月），頁811–838。

10　何漢威：〈清季中央與各省財政關係的反思〉，頁611。

11　馬陵合：晚清外債史研究（上海：復旦大學出版社，2005），頁43、53。

12　Stanley F. Wright, *Hart and the Chinese Customs* (Belfast: W. Mullan, 1950), chapters 10 and 11.

13　羅玉東：《中國釐金史》（上海：商務印書館，1936），第一卷，頁224。

14　正如山西巡撫張之洞在奏折中提到的那樣，「各省釐金，皆有奏定，外提一成以備本省公用，其出款雖雲外銷，其入款實為內案，不得與他項漫無稽考之外銷者並論。」也就是説由於各省需要向戶部報告釐金稅的總收入，因此省內留存的10%釐金稅，與其他不受戶部監管的外銷收入在性質上有所不同。張之洞「釐金外銷」折，光緒九年十二月，《光緒朝東華錄》，第2卷，總頁1643。

15 黃鑒暉：《山西票號史》（再版）（太原：山西經濟出版社，2002年），頁203、208。

16 宋惠中：〈票商與晚清財政〉，頁424–425。

17 黃鑒暉：《山西票號史》，頁240。

18 「該洋商原稟內稱，國家庫存現銀交存行內，毋庸收發現款，凡進出各項，皆由銀行經辦，以銀紙成交。又交納部庫、協濟鄰省銀款，一紙匯撥。又章程內開銀行益處，各省關收發官項亦可代理。又交帑納稅皆可以銀票上兑。」戶部折附件，光緒十一年九月十七日，《軍機處錄副奏折》，第680盒，第409–410號。

19 直隸總督李鴻章擬設官銀號節略，1885年（月份不詳），中國第一歷史檔案館編：《光緒朝朱批奏折》（北京：中華書局，1995–1996），第91卷，頁675。

20 李瑚：《中國經濟史叢稿》（長沙：湖南人民出版社，1986），頁242–244；汪敬虞：〈略論中國通商銀行成立的歷史條件及其在對外關係方面的特徵〉，《中國經濟史研究》，第3期（1988），頁95–97。

21 閻敬銘因在湖北、山東兩省的財務管理和稅收徵管工作中表現突出，被提拔為戶部尚書。參見魏秀梅：〈閻敬銘在山東——同治元年十月～六年二月〉，《故宮學術季刊》，頁117–153。

22 「夫舉中國公私千百萬兆之實銀，悉歸洋商掌握，官民徒有空票。……況實銀皆入銀行，銀紙遍布民間，凡公家一切徵收款項，舉無實銀。設有緩急，銀紙無人行用，其害終歸於國。」戶部折，光緒十一年九月十七日，《軍機處錄副奏折》，第680盒，第389–394、414、420號。

23 「密建威復稱該國富商各有銀礦，因本國通用金洋錢，無可生發。彼見各口英法德各銀行，每以重利盤剝中國官商，心甚不服，求准在通商口岸，與華商殷富者集股伙開銀行，如國家有公事借用，可仿照歐美各大邦國債之例，每年僅取息三、四釐。」李鴻章奏折，光緒十三年八月二十二日，《軍機處錄副奏折》，第680盒，第670–673號。

24 王爾敏：〈盛宣懷與中國實業利權之維護〉，《中央研究院近代史研究所集刊》第27期（1997），頁26。

25 黃鑒暉：《山西票號史》，頁266–272。

26 光緒二十年十月戶部令陝西省速解二十萬兩銀以供餉需。「惟據該票商等聲稱，現在京城銀項太緊，不敢全數領匯。當飭先行認匯一半銀一十萬兩發交票商協同慶等五家承領匯兑，定於十月初五日起程。其餘銀一十萬兩，現已飭司派委妥員，定於十月初十日起程分別前赴戶部交納。」陝西巡撫鹿傳霖折，光緒二十年十月二十日，《宮中檔光緒朝奏折》，第8卷，頁560；江西省於光緒二十一年五月「接戶部電令，速匯

二十三萬五千餘兩解部。」江西巡撫「與各號商商辦，茲據覆稱，因京師銀根太緊，必須六十天始能匯交，而匯費又較前倍增，似不如遴員管解較為直捷迅速。」江西巡撫德馨折，光緒二十一年五月二十日，《軍機處錄副奏折》，第680盒，第1156號。

27　陝西巡撫邊寶泉折，光緒十年十二月二十六日，《宮中硃批奏折》，第32盒，第695–699號。

28　戶部議覆見邊寶泉折，光緒十一年七月初三日，《宮中硃批奏折》，第32盒，第722–724號。

29　Marianne Bastid, "The Structure of Financial Institutions of the State in the Late Qing," p. 75.

30　劉增合：〈光緒前期戶部整頓財政中的歸附舊制及其限度〉，《中央研究院歷史語言研究所集刊》，第79卷，第2期（2008年6月），頁273–274。

31　從不同的鹽稅款項下指撥各項開支需求的例子，參見 S. A. M. Adshead, *The Modernization of the Chinese Salt Administration, 1900–1920* (Cambridge, MA: Harvard University Press, 1970), pp. 26–27.

32　另外兩種督撫經常求助的「非正式財政」方式，一是從中央撥款中截留資金，一是向當地居民攤派附加費。參見 Madeleine Zelin, *The Magistrate's Tael: Rationalizing Fiscal Reform in Eighteenth-Century Ch'ing China* (Berkeley: University of California Press, 1992), p. 47.

33　〈道光二年八月十六日上諭〉，中國第一歷史檔案館編：《嘉慶道光兩朝上諭檔》（共55卷）（桂林：廣西師範大學出版社，2000），第27卷，頁448–449。

34　御史張灝折，道光十九年九月十六日，《軍機處錄副奏折》，第678盒，第974–978號。

35　曾國荃折，光緒九年六月乙未，《光緒朝東華錄》，第2卷，頁1557。

36　廣西巡撫馬丕瑤折，光緒十六年十一月二十七日，《宮中檔光緒朝奏折》（台北：國立故宮博物院，1973），第5輯，頁802。

37　粵海關監督崇光折，《宮中檔光緒朝奏折》，第2輯，頁348–350。

38　曾國荃折，光緒十二年七月癸卯，《光緒朝東華錄》，第2卷，頁2133–2144。

39　這些數字來自：周育民：《晚清財政與社會變遷》（上海：上海人民出版社，2000），頁267、271、282–283。

40　例如，為了向匯豐銀行支付光緒十三年自正月至六月共四期應還本息，連同不敷磅價，共68萬9千餘兩白銀，「因洋款屆期，萬不得已，將司局各庫要款先行騰挪墊付，本省應支兵餉勇糧及擬解京協餉，旗營加餉，東北防務，暨新例捐輸項下認解海軍衙門銀十萬兩，皆已移緩就

急。」兩廣總督張之洞、廣東巡撫吳大澂折，光緒十三年七月初七日，《宮中硃批奏折》，第32盒，第879–882號。

41 例如，1887年，戶部要求各省巡撫通過捐納來籌集蘇皖賑災資金。山西巡撫剛毅奏稱，他命將「司庫尚有餘存地方善後一款」中提銀4萬兩發交票號匯往江蘇，而該款並非戶部指撥資金。山西巡撫剛毅折，光緒十三年十一月初四日，《宮中檔光緒朝奏折》，第3輯，頁501。1888年，戶部要求安徽省將未解本年地丁京餉銀5萬兩，解交河南省，用於賑救鄭州漫口黃河泛濫的災民。由於這一指定款項下無款可撥，安徽巡撫陳彝只得在「節年漕折項下暫行動借銀五萬兩」，解給河南省，而該款項目也非戶部所指撥。安徽巡撫陳彝折，光緒十三年十二月初二日，《宮中檔光緒朝奏折》，第3輯，頁540。

42 黃鑒暉：《山西票號史》，頁244。

43 周育民：《晚清財政與社會變遷》（上海：上海人民出版社，2000），頁269–270。

44 正如御史張道淵在1875年指出的那樣，「每閱各省奏報，情形本各不同，然於應撥之款，總謂庫存無多，難於籌解；又或短欠之項，本省實無可籌，不得已另請旨撥他省。其不能兼顧，已可概見。」張道淵折，光緒元年十二月癸未，《光緒朝東華錄》，第1卷，頁171。歷史學家對類似現象的描述，參見何烈：《清咸同時期的財政(1851–1874)》（台北：國立編譯館，1981），頁402–404；劉增合：〈光緒前期戶部整頓財政中的歸附舊制及其限度〉，頁278–283。

45 劉廣京：《經世思想與新興企業》（台灣：聯經出版事業公司，1990），頁251–252。

46 1900年以後，中央政府將巨額庚子賠款分攤到各省，基本上失去了對釐金稅徵收的控制，包稅制就更為常見了。詳情參見Susan Mann, *Local Merchants and the Chinese Bureaucracy, 1750–1950* (Stanford, CA: Stanford University Press, 1987), chapters 8 and 9.

47 「廣東抽釐，立有各行報銷、充商包抽名目。市儈無賴，惟利是趨，且承充者不盡本行之人。既充之後，任其指地設廠，官不過問，以致苛收橫索，屢滋事端。而本行之商，復以外齎，圖獲厚利，必皆不甘。於是弱者罷市，強者抗抽。承充之商，轉歸咎於官之不為禁止。求利而反失利，故有認而未繳者，有辦而未成者。是為期未及一年，已有不得不停之勢。又查開辦充商之際，除佛山、陳村、江門包抽認繳外，只有三水縣之蘆色，肇慶府之後瀝，惠州府之白沙三廠，由總局委員抽收，乃復有書吏巡丁，認繳報效銀兩，准令承充該三廠書吏巡丁每月收繳釐金，隨收隨解，委員不得過問，其害更甚於充商。」協辦廣東釐務都察院左

副都御史晏端書折,同治元年七月初九日,《軍機處錄副奏折》,第361
盒,第1652–1660號。

48 這兩份奏折,參見王雲五編:《道咸同光四朝奏議》(台北:台灣商務印
書館,1970),第4卷,頁1437–1439。

49 「(廣東釐金整頓之後)先於省城設立總局,派令大員總司其事外,設各
廠亦均派一總辦之員,即令分辦各員,聽其差遣,庶專責成而便稽察。
現皆於兩江督臣曾國藩奏派隨辦及諮詢各員中,慎加遴選,擇酌量派,
辦尚無浮濫。」協辦廣東釐務都察院左副都御史晏端書折,同治元年七
月初九日晏端書折,同治元年七月初九日,《軍機處錄副奏折》,第361
盒,第1652–1660號。

50 「(廣東洋藥釐捐八十萬兩原為商包)嗣因奉行新章,洋藥釐稅並徵,統
歸稅務司辦理,即據此將原辦包釐商人於本年正月稟准退辦。」兩廣總
督張之洞、廣東巡撫吳大澂折,光緒十三年七月初七日,《宮中硃批奏
折》,第32盒,第879–882號。

51 「潮橋鹽務,為粵省鹽課大枝,自咸豐以來,疲累日甚……查該埠疲困
之故,累在閩省汀州八埠。汀州府所屬八州縣,皆潮鹽運銷引地,自經
匪擾,招商不前,由官自行拆辦。現在各埠運鹽,系由潮州廣濟橋配
制,溯流而上,【運途遙遠,成本較重】以致寧化、白化、清流三埠,全
被閩私侵佔,潮鹽顆粒難銷。閩省銷鹽,潮埠貼餉,虧累無窮。此時補
救之法,惟有力紓商困,或可稍輓頹網。查福建西路邵武等屬所行閩
鹽,自光緒八年,已減釐金二成,續又量減二成。惟潮鹽引地未減。而
所抽釐金,閩系招商包收,諸多留難。潮埠深受其累。擬請閩省將汀屬
各埠鹽釐,援照邵武各埠,一律核減,以示持平,而輕潮本。即由潮埠
按照閩省每年所包釐金之數,再減二成,代抽解繳,如有短絀,粵省照
賠,於閩釐無損,而於潮網有益。閩省鹽釐,向系由商包繳,本非官
辦。若改由潮埠代抽,不過略為轉移,而彼此均有裨益。……當經電商
閩浙督臣楊昌浚,迭准函電覆稱,減釐節費,均可照辦,包商辦到年
底,亦屆期滿,即以正月為限,交替接辦等因。」湖廣總督張之洞折,
光緒十三年十月癸卯,《光緒朝東華錄》,第2卷,頁2371–2372。

52 有關釐金稅收的分層組織結構圖,參見羅玉東:《中國釐金史》(上海:
商務印書館,1936),第一卷,頁69–70。

53 同上,第1卷,頁87。

54 「(恩承等查釐金局所有刊定章程並歷年收支清冊及奏銷庫簿)統計總分
局一百零一處,每局遴派委員總辦之外,復有紳士一人襄辦其餘分司各
事。惟收支稽查,員紳並用;文案覈算填票等事,概派紳士與委員互相
箝制。抽釐之法,總局刊有三聯印票頒發各局卡,一給行商收執,曰照

票；一責總局核對，曰繳驗；一留外卡備案，曰存查。收穫銀錢並開支
數目，分晰造冊，每於月終由總局匯詳到院，名曰月報。同治十二年復
遵照部章，半年造報一次，立法極為詳密。並據該局提調朱士傑等稟
稱，但湘良接管局務，俱系照章辦理，毫無更改。其各局司事缺出，俱
系存記各紳內按名酌擬，會同藩司核派，但湘良從未授意指派一人。所
以薪水悉依舊額發給，委無捏串戚族、更名冒支等弊。(該道但湘良監
督局務，五年來收數有盈無絀，比前五年共多收四十六萬兩)。」恩承、
薛允升「奏陳湖南撫臣暨鎮道各員被參各款由」，《宮中檔光緒朝奏折》，
第3卷，頁306。

55　「所有卡局需用之費，在事官紳薪水之需，稍令寬餘，俾得潔己奉公，
　　無虞拮據。以養其廉恥，杜絕侵欺。」湖南巡撫卞寶第折，光緒十三年
　　五月二十四日，《宮中硃批奏折》，第32盒，第854–856號。

56　李鴻章折，光緒六年四月十三日，《軍機處錄副奏折》，第488盒，第
　　954–956號。

57　羅玉東：《中國釐金史》(上海：商務印書館，1936)，第一卷，頁38。

58　「甘省出售水煙，向無專行……若任其散漫，殊難稽查。必須先立煙
　　行，方有專責。該員等諭令議立行首，請領牙帖，輸納稅銀，責令按貨
　　捐釐。」陝甘總督樂斌折，咸豐八年四月二十八日，《宮中硃批奏折》，
　　第31盒，第2800–2803號。

59　張小也：《清代私鹽問題研究》(北京：社會科學文獻出版社，2001)，
　　頁39。

60　卓秉恬折，道光十一年十月二十日，《軍機處錄副奏折—常關—道光
　　朝》，第6盒，第2866–2869號。

61　羅玉東：《中國釐金史》(上海：商務印書館，1936)，第一卷，頁117–118。

62　同上，第一卷，119–121。

63　「查嘉慶四年分共未完正耗銀一百十二萬六千三百八兩，名為民欠，其
　　實各州縣因城工、挑河賠累，積年虧挪之項，即在其內。」山東巡撫惠
　　齡折，嘉慶五年六月二十七日，《宮中硃批奏折》，第2盒，第2262號。

64　湖廣總督馬慧裕、湖北巡撫張映漢折，嘉慶十八年二月二十七日，《宮
　　中硃批奏折》，第3盒，第44/24號。

65　一位不知名官員(很可能是江西巡撫)的奏折，同治三年(月份不詳)，
　　《宮中硃批奏折》，第32盒，第206–207號。

66　陝西巡撫葉伯英折，光緒十四年九月初八日，《軍機處錄副奏折》，第
　　489盒，第391–392號。

67　兩廣總督張之洞折，光緒十三年六月十四日，《宮中硃批奏折》，第32
　　盒，第868號。

68　雲貴總督岑毓英折，光緒九年五月二十二日，《軍機處錄副奏折》，第 488 盒，第 1849–1850 號。

69　羅玉東：《中國釐金史》(上海：商務印書館，1936)，第一卷，頁 97–99。

70　裕祿、奎斌折，光緒十五年十月初三日，《軍機處錄副奏折》，第 489 盒，第 733–736 號。

71　羅玉東：《中國釐金史》(上海：商務印書館，1936)，第一卷，頁 188。

72　「釐稅愈重，偷漏將必愈繁。」陝西巡撫葉伯英折，光緒十三年二月二十九日，《宮中硃批奏折》，第 32 盒，第 814–816 號。「若釐稅再加，偷漏將防不勝防。」湖廣總督裕祿、湖北巡撫奎斌折，光緒十三年三月十九日，《宮中硃批奏折》，第 32 盒，第 814–816 號。

73　戴一峰：《近代中國海關與中國財政》(廈門：廈門大學出版社，1993)，頁 136–139。

74　湖南巡撫張煦在徵收鴉片釐金稅時，向戶部奏報說，「若(湖南土藥稅釐)過重，商人避重就輕，紛紛繞越。且貴州、廣西皆系鄰省，(湖南稅重)則必盡繞黔粵而之江西。」湖南巡撫張煦折，光緒十七年九月二十八日，《宮中硃批奏折》，第 32 盒，第 1544–1547 號。

75　有關湖北、安徽和江西的此類例子，參見：「裕課首在恤商，必使商有贏餘，斯市面方能起色，稅釐可望旺收。……近年日本、印度等處產茶漸廣，……如今加重課銀，華商無利可牟。請將茶商免予加課，以廣招徠，而濟餉需大局。」署理湖廣總督卞寶第折，光緒十一年二月二十八日，《宮中硃批奏折》，第 32 盒，第 700–704 號；「近年印度、日本產茶日旺，售價較輕，西商皆爭購洋茶。皖南茶葉銷路大絀，茶商虧本。據皖南茶釐總局具詳，光緒十一、十二兩年虧本自三四成至五六成不等，十三年虧折尤甚，統計虧銀將及百萬兩，不獨商販受累，即皖南山戶園戶亦因之受困。迭據皖商赴局環叩稟請轉詳，酌減稅捐。」兩江總督曾國荃折，光緒十四年五月初二日，《軍機處錄副奏折》，第 489 盒，第 245–246 號；「江西徵收茶葉落地稅，(光緒十八年後所收逐年下降)印度、日本產茶日旺，售價亦輕，華商成本太重。(請援光緒十四年間皖南牙釐局奏請茶每引減捐銀二錢之例)江西茶商事同一律，擬請每百斤暫減稅銀一錢五分，以輕成本而恤商艱。」護理江西巡撫布政使方汝翼折，光緒十九年三月二十七日，《軍機處錄副奏折》，第 489 盒，第 2276–2278 號。

76　1877 年，山西、陝西、河南遭受飢荒，戶部「以一年為限，概免抽收(過境米糧)釐金」。引自安徽巡撫裕祿折，光緒四年三月十一日，《軍機處錄副奏折》，第 488 盒，第 475–476 號。1885 年，湖北「秋收欠薄，入冬以後米價漸形踴貴，全賴外來商買踴躍販運，接濟民食。臣等擬請即將此項米穀釐金暫行停收。」參見湖北巡撫譚鈞培折，光緒十一年(月份不

詳），《宮中硃批奏折》，第32盒，第732號。1888年，兩江總督曾國荃也因「江皖各屬被旱甚廣，收成薄歉，市面愈形減色，」而奏請將商運災區米穀免釐。參見兩江總督曾國荃折，光緒十四年（月份不詳），《軍機處錄副奏折》，第32盒，第1078–1079號。

77 這一官運商銷體系的詳細資料，參見Madeleine Zelin, *The Merchants of Zigong: Industrial Entrepreneurship in Early Modern China* (New York: Columbia University Press, 2005), chapter 6.

78 1911年後，丁恩爵士（Sir Richard Dane）在中國建立了鹽稅集中徵收制度，他認為四川的鹽政「或許是中國最好的」。引自Adshead, *The Modernization of the Chinese Salt Administration*, p. 123.

79 〈戶部奏折（1885年1月23日）〉，《光緒朝東華錄》，第2卷，頁1873。

80 「（該公司抽收洋藥釐稅後），而各省口岸，內地局卡及各路之巡船，均可裁撤，節省糜費，尤屬不少。」直隸總督李鴻章片，光緒七年六月十八日，《軍機處錄副奏折》，第488盒，第1327–1329號。

81 「（進口鴉片入內地，海關實總匯之區），比照運鹽就場徵課辦法，臣等悉心籌慮，欲稅釐之生色，總非杜絕走私不可；欲緝私之嚴密，非各關監督與稅司合力稽徵不可。概洋藥之為物，可整可零，其質既輕，藏匿最易。即偷漏最易，況洋人以配藥為名，任意提行，漫無限制。今惟明定新章，剋期開辦。飭各口同時舉行，每箱並徵之數，照約一百一十兩為度。於進口時即應按照新章，封存海歸准設具有保結之棧房躉船等處。必俟每箱向海關完納正稅三十兩並納釐金八十兩後，始准搬出。」總理各國事務衙門多羅慶郡王奕劻等折，光緒十二年十二月初十日，《軍機處錄副奏折》，第488盒，第2843–2847號；各省督撫對此表示贊同，例如閩浙總督楊昌濬指出，「洋藥關稅收之於輪船進口之時，其數整；華稅釐金收之於洋行分售之後，其數散。故偷漏關稅較難，偷漏釐稅則易。」參見閩浙總督楊昌濬折，光緒十三年三月初四日，《軍機處錄副奏折》，第488盒，第3005–3007號。

82 戴一峰：〈晚清中央與地方財政關係〉，《中國經濟史研究》，第4期（2000），頁53–54。

83 羅玉東認為，督撫沒有將其所收鴉片釐金，分年分款造冊專款報銷的原因，是為了阻止戶部獲得這些信息，但是這一看法並沒有事實根據。參見羅玉東：《中國釐金史》（上海：商務印書館，1936），第一卷，頁156。關於各省向戶部另冊專款造報土藥釐金的材料，參見兩廣總督李瀚章折，光緒十六年八月二十二日，《宮中硃批奏折》，第32盒，第1327–1331號；湖廣總督張之洞、湖北巡撫譚繼洵折，光緒十六年八月二十四日，《宮中硃批奏折》，第32盒，第1335–1341號。

84 林滿紅：〈晚清的鴉片稅〉，《思與言》，第16卷，第5期(1979)，頁11–59。

85 「川土入鄂南路，以宜昌、施南一帶為水陸要隘。擬於宜昌府設立土藥專局，檄委湖北候補道吳廷華總辦局務。」湖廣總督張之洞、湖北巡撫譚繼洵折，光緒十六年八月二十四日，《宮中硃批奏折》，第32盒，第1335–1341號。

86 「(土藥稅釐)如部議必欲加抽，亦須統籌全局……議定劃一章程，免致各省任意自為，既有礙民生轉無裨於國計。抑或仿照洋土辦法，徑由出產省分全數抽收一次，黏貼印花。此後所過省分不再抽收。」四川總督劉秉璋折，光緒十六年十月初四日，《宮中硃批奏折》，第32盒，第1407–1408號。

87 總理衙門會同戶部折，光緒十七年三月二十三日，《宮中硃批奏折》，第32盒，第1454–1460號。

88 有關江蘇巡撫剛毅勉強的態度，參見：〈江蘇巡撫剛毅折，光緒十六年七月十三日〉，《軍機處錄副奏折》，第489盒，第1018–1026號。

89 但五年後即1900年，因義和團事件而造成總額達4.5億兩的庚子賠款卻讓清政府徹底破產。

90 關於「自然試驗」(natural experiment) 作為歷史研究的一種方法，參見Jared Diamond and James Robinson, eds., *Natural Experiments of History* (Cambridge, MA.: The Belknap Press of Harvard University Press, 2010).

91 「總理各國事務衙門會同戶部，代中國國家向匯豐銀行商借銀款。准匯豐銀行權為中國國家經手人，代中國國家借上海規平銀一千九十萬兩，合庫平足色紋銀一千萬兩。」總理衙門折，光緒二十一年正月十二日，《軍機處錄副奏折》，第680盒，第1067–1088號。

92 「祖宗成法萬世所當遵守者也。然時勢異，宜則斟酌損益，法亦因之而變。」戶部折，光緒二十一年六月十七日，《軍機處錄副奏折》，第680盒，第1170–1177號。

93 〈上諭—令各省籌擬變法自強辦法，推行改革、自強的聖旨〉(1895年7月19日)〉，中國人民銀行參事室金融史料組編：《中國近代貨幣史資料》(2卷) (北京：中華書局，1964)，第2卷，頁636。

94 中村哲夫：「近代中国の通貨体体制の改革：中国通商銀行の創業」，『社會經濟史学』第62卷，第3期 (1996年8-9月)，頁318。

95 千家駒編：《中國公債史資料：1894–1949年》(北京：中華書局，1984)，頁1–31。

96 湖廣總督張之洞折，光緒二十一年十二月十九日，《軍機處錄副奏折》，第489盒，第2970–2973號。

97 兵部左侍郎鐵良折，光緒三十年十月二十八日，《軍機處錄副奏折》，第490盒，第2285–2288號。

98 對於1897年後的集中化進程，參見何漢威：〈清季國產鴉片的統捐與統稅〉，全漢升教授九秩榮慶祝壽論文集編輯委員會編：《薪火集：傳統與近代變遷中的中國經濟：全漢升教授九秩榮慶祝壽論文集》（板橋：稻鄉出版社，2001），頁560–570。關於各省巡撫和中央之間在如何分配收益方面的爭論，參見劉增合：《鴉片稅收與清末新政》（北京：三聯書店，2005），頁43–85。

99 Adshead, *The Modernization of the Chinese Salt Administration, 1900–1920*, pp. 52–59.

100 1906年，四川酒稅年收入為63萬兩；1902年，直隸酒稅年收入為80萬兩；1906年，奉天酒稅年收入為50萬兩。參見何漢威：〈清末賦稅基準的擴大及其局限〉，《中央研究院近代史研究所集刊》，第17卷，第2期（1988年12月），頁69–98。

101 「一切工商之業，類皆抵敵洋商，自保利權之道，誠不可不認真講求而不能漫無條理。俟銀行根基穩定，次第推廣。……如蒙特簡大臣承辦，則當於承辦之先，博考西俗銀行之例，詳稽中國票號之法，近察日本折閱復興之故，遠徵歐美顛撲不破之章，參互考證，融會貫通，擬定中國銀行辦法。」督辦軍務王大臣會同戶部折，光緒二十二年正月十一日，《軍機處錄副奏折》，第680盒，第1285–1294號。

102 有關中國通商銀行的早期歷史，參見Albert Feuerwerker, *China's Early Industrialization: Sheng Hsuan-Huai (1844–1916) and Mandarin Enterprise* (Cambridge, MA: Harvard University Press, 1958), pp. 225–241.

103 黃遵憲：《日本國志》（上海：圖書集成印書局，1898；重印，台北：文化出版社，1968），頁524。

104 「即如該將軍聲稱，日本、俄羅斯皆藉行鈔以致富強。然日本西鄉之亂，紙銀一圓不敵銅錢二百。俄國歲計亦載銀羅般一，易紙羅般十，可為成本不足，不能流通之明證，此行鈔票之難也。」戶部議覆依克唐阿請行鈔法折，光緒二十四年三月初二日，《軍機處錄副奏折》，第680盒，第1735–1739號。

105 「部鈔殷鑒未遠。」盛宣懷：〈請設銀行片〉（1896年10月31日），引自夏東元編：《盛宣懷年譜長編》（上海：上海交通大學出版社，2004），下冊，頁541。

106 「惟（銀票）以商家之規行之則利多而弊少，以官場之法行之則利少而弊多。茲復擬由戶部造票，使各省通行，並准其完糧賦、完稅釐，是直以票為銀，非僅以票取銀，正與鈔票無異。無論民間不肯相信，即勉強行

用，而受之公家仍還之公家，庫帑所儲多系空紙，情形亦極可慮。⋯⋯而目前正患銀賤錢貴，再加以盈千累萬之銀票，銀愈賤而錢愈貴，市價又何由而平？」戶部議覆翰林院代奏編修葉大遒請整頓錢法折，《軍機處錄副奏折》，第680盒，第2012–2020號。

107 十九世紀末二十世紀初，匯豐銀行紙幣在中國城市流通的情況，參見 Niv Horesh, *Shanghai's Bund and Beyond: British Banks, Banknote Issuance, and Monetary Policy in China, 1842–1937* (New Haven and London: Yale University Press, 2009).

108 浜下武志：「清末中国における「銀行論」と中国通商銀行の設立」，『一橋論叢』，第85卷，第6期（1981年6月），頁747–766。

109 〈戶部奏折（1896年3月28日）〉，中國人民銀行參事室金融史料組編：《中國近代貨幣史資料》（2卷）（北京：中華書局，1964），第2卷，頁684–685。

110 何漢威：〈從銀賤錢荒到銅元泛濫：清末新貨幣的發行及其影響〉，《中央研究院歷史語言研究所集刊》，第62卷，第3期（1993）頁432–447。

111 盛宣懷：「咨覆總理各國事務衙門王大臣」，夏東元編：《盛宣懷年譜長編》，第2卷，頁572。

112 數據引自：羅玉東著：〈光緒朝補救財政之方案〉，周康燮編：《中國近代社會經濟史論集》（2卷）（香港：崇文書店，1971），第2卷，頁205。

113 「此項攤款與尋常撥款不同，既經酌量等差奏明確數，即不得絲毫短欠。嗣後各省關解到之款，務令該關（江海關）遵照案款存儲，專備認還俄法英德之需，不得挪移通融，致滋弊混。如各省關有延欠未清，即由本部電催趕解。」戶部〈各省關籌還俄法英德借款由江海關按年造冊報部〉折，光緒二十二年八月二十八日，《軍機處錄副奏折》，第507盒，第2428–2430號。

114 兩江總督劉坤一〈江海關經理四國還款光緒二十四年收支各數〉折，光緒二十五年五月初一日，《軍機處錄副奏折》，第507盒，第2796–2798號；〈兩江總督劉坤一奏折（1900年9月21日）〉，《軍機處錄副奏折》，第507盒，第3087–3089號。

115 田永秀：〈1862–1883年中國的股票市場〉，《中國經濟史研究》，第2期（1995），頁58–59。

116 同上，頁64。

117 許滌新、吳承明編：《中國資本主義發展史》（北京：人民出版社，1990），第2卷，頁175。

118 「（福建息借商民）第尚有稍為變通者，省城當設一總局，請二、三正紳為商民所信服者，經理其事，集款交官，領息付民，必有匯總之地，府

州亦然。」閩浙總督譚鍾麟折，光緒二十年九月十三日，《軍機處錄副奏折》，第680盒，第1029–1030號；在天津，「交銀還銀概由通綱公所各總商經手，不准吏胥留難滋弊。」直隸總督李鴻章折，光緒二十年十二月二十三日，《軍機處錄副奏折》，第680盒，第1050–1054號；在江西，「選擇殷實商號經理銀錢收放等事，概既不經由藩庫，亦不假手胥吏。」江西巡撫德馨折，光緒二十一年二月二十一日，《軍機處錄副奏折》，第680盒，第1124–1127號。

119 「惟是官商銀錢往來，全在示人以信。此項息借銀兩，必須豫籌有着的款，屆期本利全還，毫無掛欠，俾名商聞而興起。」兼護湖廣總督湖北巡撫譚繼洵折，光緒二十一年二月二十七日，《軍機處錄副奏折》，第680盒，第1133–1135號。

結論

　　歷史不僅僅是供社會科學家檢驗假說和建立理論模型的「數據生成器」。相反，在解釋不同的制度發展和政治轉型的因果敘述中，歷史研究應該成為其中的有機組成部分。本書是關於英國（1642–1752）、日本（1868–1895）和中國（1851–1911）三個制度發展案例的歷史比較分析，其因果構建不是簡單地將具體歷史情境當作背景，而是通過對歷史情境的細緻分析來完成的。這一因果敘述，試圖解釋一項特定的「重大變革」（great transformation）：現代財政國家的興起。對於理解社會政治變革隨時間過程而展開的複雜的歷史因果性，這種方法也具有一定的普遍意義。特別是它試圖證明，對歷史因果性的事件分析可以將個人的能動性、社會經濟結構、以及事件的偶然性，整合到一個自恰連貫的因果故事中，從而解釋具體的新制度是如何在充滿不確定性和互動性的歷史過程中創建出來。當制度發展的軌跡既不是由社會經濟結構所決定，也不是由理性有限的決策者所主導，對事件細緻而深入的分析，可以幫助社會科學家發現一種因果機制，它既不是訴諸於

對歷史過程的粗暴簡化，也不是倒退回那種「講故事的歷史解釋」的幼稚思維。

　　近年來，歷史制度主義學者致力對特定歷史時期的制度發展或政治變革進行詳細的分析。他們強調不確定性和偶然性，以及個人能動性在制度改革和創建中的重要作用。本書對現代財政國家出現在英國和日本而不是在中國的歷史比較研究表明，對具體時段內的案例分析和對社會經濟結構的長時段變化的研究，是歷史因果性中兩個截然不同但又密切相關的組成部分。

　　在本書每一案例展開之前，英國、日本和中國在國家形成和市場經濟發展方面的類似特徵，構成了比較研究的重要前提條件。每個案例中，既有的財政制度都不再與社會經濟環境相適應，這表現在：英國斯圖亞特王朝初期領地收入的枯竭；幕府從直接管理的有限地域獲得的稅收，不足以維持十九世紀初它作為中央政權對日本的統治；清政府無法利用貨幣貶值這一貨幣政策來緩解十九世紀二十至四十年代因國內白銀匱乏而造成的嚴重通貨緊縮。同樣，每個案例中，國家當政者都極為關注如何克服財政危機。

　　然而，每個案例中，財政危機沒有導致國家的徹底崩潰。中央政府、地方官員和社會精英階層對維護社會秩序的共同關注，支撐着這三個運行良久的早期現代國家。這一政治條件對於每個中央政府得以避免即時土崩瓦解至關重要，因為它使得中央政府能夠將很多必要的國家開支轉移到地方政府，甚至由地方社會去負擔。功能失調卻又韌性十足的既有財政制度，限制了決策者設計替代方案的理性能力。諸如對商業部門徵稅、印製紙幣等新計劃，都曾被提出並討論過，但在每個案例的危機爆發前都沒有得到實施。因此，歷史情境中的個人不可能確切知道實施這些計劃是否能真正解決財政問題。1642年英國內戰、1868年日本明治維

新、1851年中國太平天國運動，都導致既有的財政制度解體；變革者不得不在極不確定而且壓力巨大的情況下開始探索新的財政制度。將導致既有制度崩潰的重大事件設置為新制度的起點，這是遵循皮爾森（Paul Pierson）的建議——要「回到歷史情境中展望」，而不要從事後結果出發進行回顧，而且這樣做，也不會陷入「因果無限回溯」的歷史無底洞。

但是，當我們真的回到充滿不確定性的關鍵節點，透過歷史行動者的眼睛向前看時，我們會發現自己處於具有多種可能結果的情境中。英國的分散型財政到了十七世紀六十年代似乎還在自我強化。即使關稅、消費稅集中徵收制度已經建立，英國的當政者還是可以選擇依靠短期信貸，或徹底清償過去的債務，而不是去尋求永久性的國債制度。同樣，明治初期的日本，許多政治家認為分散型財政似乎是更實際的選擇。即使在1871年廢藩置縣之後，很多政治實權人物仍傾向採取漸進而非急進的方式來建立財政集中的管理制度。雖然清代中國的分散型財政持續存在，但中央政府在1895年以前，就對如何利用各省督撫發展出來的直接徵收釐金的方法來集中徵收釐金表現出濃厚的興趣。

那麼，在考慮到歷史過程中可能出現的多種可能結果之後，我們應該如何來解釋最終出現的特定結果呢？以「事後諸葛亮」的智慧，我們當然可以很輕易地指出，現代財政國家制度對國家當政者有諸多吸引力。現代財政國家制度的建立，通過集中徵收間接稅來調動長期財政資源，極大提高了國家的支付能力。而「集體行動問題」的困境，又使得普通消費者難以有效地組織起來反對間接稅的高額徵收。因此，變革國家制度的精英，無論他們是擁有土地或是資本，都應該欣然接受現代財政國家制度。然而，在制度發展的不確定過程中，歷史進程中行動者不可能具備現代財政國家制度在功能和分配效應方面的知識。因此，功能主義的

解釋既無法告訴我們，為什麼這樣有效的財政制度沒有更早出現在英國或日本；也無法說明為什麼現代財政國家沒有出現在晚清中國，因為其政體同樣具備完成這一偉大變革的必要條件。

在歷史關鍵節點，個人能動性有較大的發揮空間，但這並不一定能消除不確定性。通過對歷史情境更為仔細的考察，我們發現，具有強大影響力的政治人物，常常在思想觀念上分歧嚴重。在英國和日本，對永久國債或不可兌換紙幣發行的懷疑甚至敵意，相當普遍。在晚清中國，即便傳統財政運作持續存在，一些重要官員還是倡議成立國家銀行來為政府提供貸款。

每個案例中，有影響力的國家變革者提出諸多不同的制度發展方案，因此，在解釋制度發展這一互動進程中最後的特定結果時，我們很難將觀念確定為「第一要因」（primary cause）。學習是試驗各項制度安排過程中的重要組成部分，但因為兩種原因，學習本身並不足以確定制度發展的方向。首先，已知的外國模式有着不同類型，也即意味着制度發展的不同方向。其次，將外國模式應用於國內環境，本身就是一個反複試錯的過程；而政治權力的鬥爭常會剝奪制度變革發起人從自身試錯過程中吸取經驗教訓的機會。我們不能假設，所有具影響力的政治家都有同樣的學習動機和學習能力。

那麼，結構性的因素又如何起作用呢？在每個制度發展案例開始之前的長時段社會經濟變化，以及功能失調的那些過時制度，是造成每個關鍵節點的歷史行動者不得不去面對不確定性的根本原因；而對替代制度的探索也都是在這種不確定性下開始的。多種可能的結果，也是源於社會經濟結構和那些對相關社會經濟狀況缺乏完整信息的個人之間的相互作用。即使我們給能動性的發揮留出了很大的空間，有限理性的變革者在黑暗的制度發展進程中，也不可能準確預知哪個方向最終會導致現代財政國家

的誕生。社會經濟結構為制度變革提供了舞台，但並不能決定先後順序和最終結果。

在深入分析歷史過程的基礎上展開的「事件分析法」(eventful approach)，則有助於我們解決這種單憑主體能動性和社會經濟結構都無法處理的因果不確定性。然而，我們必須清楚，發生在具體制度發展階段中的眾多歷史事件，並不具備相同的因果解釋效力。正如這項關於現代財政國家興起的比較歷史分析所表明的那樣，事件的因果槓桿效應來自事件所產生的特殊的信用危機：國家不得不依賴「空頭」信貸工具來滿足其支出需要。例如，英國發行的大量無稅收擔保的短期債券，以及日本明治政府初期對不兌換紙幣的依賴，這兩者都不是由決策者理性設計或計算出來的結果，而是出自於歷史事件的偶然意外：陷入絕望中的決策者別無其他選擇。說實在的，鑒於這些空頭票據在市場上信用程度低下，對於當時的歷史人物來說，反對在財政中使用這類「空頭」信貸工具的人似乎更有道理。

然而，這樣的信用危機一旦發生，卻能對後續制度發展的方向甚至速度，產生深刻而持久的影響。國家為滿足支付需要而發行的「空頭」信貸工具，構成了一個無論誰上台掌權都必須面對和解決的問題。國家使用強制力，不足以保障不兌換紙幣或無稅收擔保的短期債券的市場信譽。為了解決這一具體的信用危機，決策者不得不嘗試新的方法和制度要素，其中一些甚至太過冒險或遭人憎恨。由於中央政府承擔了確保這些信貸工具價值的全部風險，這樣一場信用危機，幫助國家決策者得以逃逸出分散型財政的「鎖定狀態」，迫使他們不斷尋找集中徵稅和管理財政的方法。危機的壓力促使他們制度創新，以便有效地監控徵稅代理人在集中徵收間接稅時的表現，從而更好地捍衛國家發行的信貸工具的信譽。

　　這一信用危機的特殊性，不僅可以用來檢驗正在試行的制度
要素是否有效，而且在建立全新財政制度的過程中，為有才幹的
財政官員提供了難得的脫穎而出的機會。隨着時間推移，有效的
制度因素、有能力的官員、有用的經驗不斷積累，從而逐漸消除
不確定性。而由於無法解決信用危機，原本一些替代制度或方案
則會被淘汰。隨着決策者逐漸認識到集中徵收間接稅與發行長期
信貸工具的國家制度之間有着相互促進的效用，制度發展的軌跡
便從此不可逆轉地朝向現代財政國家這一最終結果。如果沒有逼
迫政府依賴空頭信貸工具的信用危機，這一路徑依賴的制度創新
過程就不可能展開。

　　社會經濟結構為制度發展的軌跡設置了關鍵的邊界條件，但
並不決定其具體發展方向。例如，主要消費品生產的集中程度對
實施集中徵收間接稅有很大影響。英國的啤酒消費稅和日本的清
酒稅，相對於晚清中國的國產鴉片消費稅來說，更容易實現集中
徵收，這便是例證。社會經濟環境的差異，為決策者利用稅收來
確保國家長期債務提供了不同的可能。十七世紀末十八世紀初，
英國國內金融網絡欠發達，英國政府因此很難讓英格蘭銀行發行
的銀行券在整個經濟中流通。儘管如此，倫敦在英國國內和對外
貿易中的主導地位，大金融商集中在倫敦，以及眾多尋找安全投
資機會的投資群體的出現，所有這些都極大地促進了英國政府嘗
試將無稅收擔保的短期債券，轉換為由集中徵收的稅收擔保的低
利率永久年金。在這種情況下，永久國債制度顯然壓倒將國家債
務轉換成紙幣的選項。

　　相比之下，雖然日本政府在明治初期尚未建立起全國性的徵
稅制度，但活躍的國內經濟和跨區域金融網絡，有助明治政府發
行不兌換紙幣。到了1871年，不兌換紙幣已能夠在經濟中順利流
通。為了保證流通中不兌換紙幣的價值，明治政府建立了集中化

的財政制度，以管理財政和徵收間接稅。隨着財政制度的集中化以及 1882 年日本銀行的成立，明治政府不僅實現了紙幣的可兌換性，而且能夠從國內市場上募集長期國債。

作為這一比較分析中的反面案例，1851 年至 1911 年間的中國，也證明了信用危機和適當的社會經濟環境相結合對現代財政國家出現的重要性。中國國內經濟在十九世紀五十年代遭受到嚴重破壞，這對於清政府漸進、合理地推動流通紙幣的制度建設來說，是極為惡劣的環境。而咸豐朝紙幣發行的慘敗，使國家當政者不願將信貸工具重新引入政府財政運作。十九世紀七十至九十年代，在新的國內外經濟環境下，省級政府發生了重大制度變革，特別是建立了直接徵收釐金的制度；各省政府和民間金融商在匯寄稅款和政府資金方面開展合作。然而，1895 年之前，沒有任何事件促使中央政府推廣這些方法以實現中央層面的集中徵收間接稅。清政府沿用分散型的財政體系，依然能夠滿足其對外戰爭和及時返還短期外債方面的緊急需要。

從理論上講，中國在 1895 年之後向日本支付甲午戰爭賠款是一種「自然試驗」，說明了十九世紀末的清政府本可以利用已有的制度要素，與沿海城市的金融市場進行互動，從而建立以長期借貸為基礎的現代財政國家。這些已經存在的有利因素包括：確保稅收按時到達以支付長期信貸利息的行政能力；政府集中徵收國內間接稅的制度；以及通過發行小面值國債而擴大國債購買人群的主動意願。因此，中國未能建立現代財政國家的事實，也驗證了用信用危機和適當社會經濟環境的相互作用來解釋現代財政國家產生的因果機制。

現代財政國家制度一經形成，其對國家能力的增強及其利益分配的效應則進一步鞏固這一制度，因為普通消費者難以通過有組織的反抗來撼動這一國家財政制度。而現代財政國家的維持，

在很大程度上取決於國家稅收與長期債務之間的均衡。因此，國家財政的管理者，有強烈的動力去準確評估稅收的潛力和主要稅收來源的彈性。他們也有動機去鼓勵經濟規模的擴大，因為這直接意味着稅收的增加和國家調動資金能力的增強。集中的財政制度，在英格蘭銀行和日本銀行成為真正的中央銀行的過程中發揮了重要作用。這兩家銀行後來不僅為整個經濟提供貨幣，而且是國內金融市場所謂的「銀行的銀行」或「最後貸款者」。現代財政國家的興起，為現代國家通過財政和金融政策調節宏觀經濟，奠定了基本的制度基礎。

現代財政國家出現和鞏固的路徑依賴說明，即便制度發展的路徑不可逆轉地走向最終結果，也不意味着政治鬥爭的終結。相反，新確立的現代財政國家這一財政制度，成為辯論稅收和財政政策公平性以及政府支出性質的主要論壇。例如，英國政府徵收的高額消費稅，因為其「劫貧濟富」的收入分配性質，在十八世紀末至十九世紀初激起英國社會改革者的強烈不滿。同樣，十九世紀九十年代早期，日本國會議員也激烈辯論新建立的現代財政國家制度應該發揮怎樣的社會功能，到底是用來增進國內福祉還是用於軍事擴張和對外侵略？因此，現代財政國家為有關社會福祉公平和分配正義的政治活動提供了新的制度平台。然而，由此帶來的方法和實施上的持續和漸進的變革，不會改變現代財政國家的核心制度特徵，即國家以集中型財政制度來支撐其在金融市場的信用度。現代財政國家的出現，標誌着早期現代國家在財政上成為現代國家。

參考文獻

歷史檔案資料

日文

伊藤博文関係文書，書類の部，No. 502，日本国立国会図書館憲政資料室。

大隈文書，微縮膠卷。

中文

中國第一歷史檔案館 ——

軍機處錄副奏折：財政類（嘉慶朝至光緒朝），雜稅類（道光朝至光緒朝），補
　　遺二十一專題：貨幣金融（道光朝至光緒朝）

宮中硃批奏折：財政類（嘉慶朝至光緒朝），雜稅類（道光朝至光緒朝）

出版史料

日文

大久保達正等編：『松方正義関係文書』，20卷本。東京：大東文化大学東洋
　　研究所，1979–2001。

大藏省編纂，大內兵衛、土屋喬雄校：『明治前期財政経済史料集成』，21卷本。東京：明治文献資料刊行会，1962。

渋沢青淵記念財団竜門社編：『渋沢栄一伝記資料』，68卷本。東京：渋沢栄一伝記資料刊行会，1955–1971。

日本史籍協会編：『大久保利通文書』，10卷本。東京：東京大学出版会，1928。

日本経営史研究所編：『五代友厚伝記資料』，4卷本。東京：東洋経済新報社，1971。

明治財政史編纂會編：『明治財政史』，15卷本。東京：吉川弘文館，1972。

『横浜市史』，七卷本。横浜：有隣堂，1958–1982。

早稲田大学社会科学研究所編：『大隈文書』，6卷本。東京：早稲田大学社会科学研究所，1958–1963。

中文

中國人民銀行參事室金融史料組編：《中國近代貨幣史資料》，2卷本。北京：中華書局，1964。

中國第一歷史檔案館編：《清政府鎮壓太平天國檔案史料》，26卷本。北京：社會科學文獻出版社，1990–2001。

中國第一歷史檔案館編：《光緒朝硃批奏摺》，120卷本。北京：中華書局，1995–1996。

中國第一歷史檔案館編：《乾隆朝上諭檔》，18卷本。北京：檔案出版社，1998。

中國第一歷史檔案館編：《嘉慶道光兩朝上諭檔》，55卷本。桂林：廣西師範大學出版社，2000。

太平天國歷史博物館編：《吳煦檔案選編》，7卷本。南京：江蘇人民出版社，1983–1984。

王雲五編：《道咸同光四朝奏議》，12卷本。台北：台灣商務印書館，1970。

朱壽朋編：《光緒朝東華錄》，5卷本。北京：中華書局，1958。

夏東元編：《盛宣懷年譜長編》，2卷本。上海：上海交通大學出版社，2004。

國立故宮博物院故宮文獻編輯委員會編：《宮中檔光緒朝奏摺》，24卷本。台北：國立故宮博物院，1973–1975。

黃鑒暉等編：《山西票號史料》(增訂本)。太原：山西經濟出版社，2002。

論文與專著

英文

Abbott, Andrew. "Sequence Analysis: New Methods for Old Ideas." *Annual Review of Sociology* 21 (1995): 93–113.

———. *Time Matters: On Theory and Method.* Chicago: University of Chicago Press, 2001.

Acemoglu, Daron, and James A. Robinson. "Economic Backwardness in Political Perspective." *American Political Science Review* 100, no. 1 (2006): 115–131.

Acemoglu, Daron, Simon Johnson, and James Robinson. "Institutions as the Fundamental Cause of Long-run Growth." NBER Working Paper, Series 10481, 2004.

———. "The Rise of Europe: Atlantic Trade, Institutional Change, and Economic Growth." *American Economic Review* 95, no. 3 (June 2005): 546–579.

Adshead, S. A. M. *The Modernization of the Chinese Salt Administration, 1900–1920.* Cambridge, MA: Harvard University Press, 1970.

Alexander, Gerard. "Institutions, Path Dependence, and Democratic Consolidation." *Journal of Theoretical Politics* 13, no. 3 (2001): 249–270.

Allen, G. C. *A Short Economic History of Modern Japan.* 4th ed. London: Macmillan, 1981.

Andréadès, A. *History of the Bank of England, 1640–1903.* 4th ed. London: Frank Cass, 1966.

Ardant, Gabriel. "Financial Policy and Economic Infrastructure of Modern States and Nations." In *The Formation of National States in Western Europe*, edited by Charles Tilly. Princeton: Princeton University Press, 1975.

Arthur, W. Brian. *Increasing Returns and Path Dependence in the Economy.* Ann Arbor: University of Michigan Press, 1994.

Ashley, M. P. *Financial and Commercial Policy under the Cromwellian Protectorate.* London: Oxford University Press, H. Milford, 1934.

Ashton, Robert. *The Crown and the Money Market, 1603–1640.* Oxford: Clarendon Press, 1960.

———. "Revenue Farming under the Early Stuarts." *Economic History Review*, n. s., 8, no. 3 (1956): 310–322.

Ashton, T. S. *Economic Fluctuations in England, 1700–1800.* Oxford: Clarendon Press, 1959.

Ashworth, William J. *Customs and Excise: Trade, Production, and Consumption in*

England, 1640–1845. Oxford and New York: Oxford University Press, 2003.

Bailey, Jackson H. "The Meiji Leadership: Matsukata Masayoshi." In *Japan Examined: Perspectives on Modern Japanese History*, edited by Harry Wray and Hilary Conroy. Honolulu: University of Hawaii Press, 1983.

Banno Junji（坂野潤治）, *The Establishment of the Japanese Constitutional System*. Translated by J. A. A. Stockwin. London and New York: Routledge, 1992.

Bartlett, Beatrice S. *Monarchs and Ministers: The Grand Council in Mid-Ch'ing China, 1723–1820*. Berkeley: University of California Press, 1991.

Bastid, Marianne. "The structure of financial institutions of the state in the late Qing." In *The Scope of State Power in China*, edited by S. R. Schram. New York: St. Martin's Press, 1985.

Bates, Robert H., and Da-Hsiang Donald Lien. "A Note on Taxation, Development, and Representative Government." *Politics and Society* 14, no. 1 (1985): 53–70.

Baugh, Daniel A. *British Naval Administration in the Age of Walpole*. Princeton: Princeton University Press, 1965.

Baxter, Stephen B. *The Development of the Treasury, 1660–1702*. Cambridge, MA: Harvard University Press, 1957.

Beasley, W. G. *The Meiji Restoration*. Stanford: Stanford University Press, 1972.

Beckett, J. V. "Land Tax or Excise: The Levying of Taxation in Seventeenth- and Eighteenth-century England." *English Historical Review* 100, no. 395 (April 1985): 285–308.

Berger, Suzanne, and Ronald Philip Dore, eds. *National Diversity and Global Capitalism*. Ithaca: Cornell University Press, 1996.

Berry, Mary Elizabeth. "Public Peace and Private Attachment: The Goals and Conduct of Power in Early Modern Japan." *Journal of Japanese Studies* 12, no. 2 (Summer 1986): 237–271.

Binney, J. E. D. *British Public Finance and Administration, 1774–92*. Oxford: Clarendon Press, 1958.

Blyth, Mark. *Great Transformations: Economic Ideas and Institutional Change in the Twentieth Century*. Cambridge and New York: Cambridge University Press, 2002.

Bonney, Richard. "Revenues." In *Economic Systems and State Finance*, edited by Richard Bonney (London: Oxford University Press, 1995).

———, ed. *The Rise of the Fiscal State in Europe, c. 1200–1815*. Oxford and New York: Oxford University Press, 1999.

Braddick, Michael J. "The Early Modern English State and the Question of Differentiation, from 1550 to 1700." *Comparative Studies in Society and History* 38, no. 1 (1996): 92–111.

————. *The Nerves of State: Taxation and the Financing of the English State, 1558–1714.* Manchester: Manchester University Press, 1996.

————. *Parliamentary Taxation in Seventeenth-century England: Local Administration and Response.* Woodbridge, Suffolk and Rochester, NY: Royal Historical Society/ Boydell Press, 1994.

————. "Popular Politics and Public Policy: The Excise Riot at Smithfield in February 1647 and Its Aftermath." *Historical Journal* 34, no. 3 (1991): 597–626.

————. "State Formation and Social Change in Early Modern England." *Social History* 16 (1991): 1–17.

————. *State Formation in Early Modern England, c. 1550–1700.* Cambridge and New York: Cambridge University Press, 2000.

Braddick, Michael J., and John Walter, eds. *Negotiating Power in Early Modern Society: Order, Hierarchy, and Subordination in Britain and Ireland.* Cambridge and New York: Cambridge University Press, 2001.

Brewer, John. "The English State and Fiscal Appropriation, 1688–1789." *Politics and Society* 16, no. 2–3 (September 1988): 335–385.

————. *The Sinews of Power: War, Money and the English State, 1688–1783.* New York: Alfred A. Knopf, 1989.

Brooks, Colin. "Public Finance and Political Stability: The Administration of the Land Tax, 1688–1720." *Historical Journal* 17, no. 2 (1974): 281–300.

Broz, J. Lawrence, and Richard S. Grossman. "Paying for Privilege: The Political Economy of Bank of England Charters, 1694–1844." *Explorations in Economic History* 41, no. 1 (2004): 48–72.

Bubini, Dennis. "Politics and the Battle for the Banks, 1688–1697." *English Historical Review* 85, no. 337 (October 1970): 693–714.

Buchinsky, Moshe, and Ben Polak. "The Emergence of a National Capital Market in England, 1710–1880." *Journal of Economic History* 53, no. 1 (March 1993): 1–24.

Burgess, Glenn. *The Politics of the Ancient Constitution: An Introduction to English Political Thought, 1603–1642.* Basingstoke: Macmillan, 1992.

Büthe, Tim. "Taking Temporality Seriously: Modeling History and the Use of Narrative and Counterfactuals in Historical Institutionalism," *American Political Science Review* 96, no. 3 (2002): 481–493.

Campbell, John L. "An Institutional Analysis of Fiscal Reform in Postcommunist Europe." *Theory and Society* 25, no. 1 (1996): 45–84.

Capie, Forrest. "Money and Economic Development in Eighteenth-century England." In *Exceptionalism and Industrialization: Britain and Its European Rivals,* edited by Leandro Prados de la Escosura. Cambridge and New York: Cambridge University Press, 2004.

Capoccia, Giovanni, and R. Daniel Kelemen. "The Study of Critical Junctures: Theory, Narrative, and Counterfactuals in Historical Institutionalism." *World Politics* 59 (April 2007): 341–369.

Capoccia, Giovanni, and Daniel Ziblatt. "The Historical Turn in Democratization Studies: A New Research Agenda for Europe and Beyond." *Comparative Political Studies* 43, no. 8/9 (2010): 931–968.

Capp, Bernard S. *Cromwell's Navy: The Fleet and the English Revolution, 1648–1660.* Oxford: Clarendon Press, 1989.

Carruthers, Bruce G. *City of Capital: Politics and Markets in the English Financial Revolution.* Princeton: Princeton University Press, 1996.

Chandaman, C. D. *The English Public Revenue, 1660–1688.* Oxford: Clarendon Press, 1975.

———. "The Financial Settlement in the Parliament of 1685." In *British Government and Administration: Studies presented to S. B. Chrimes*, edited by H. Hearder and H. R. Loyn. Cardiff: University of Wales Press, 1974.

Chaudhry, Kiren Aziz. "The Myths of the Market and the Common History of Late Developers." *Politics and Society* 21, no. 3 (1993): 245–274.

Ch'en, Jerome. "The Hs'ien-feng Inflation." *Bulletin of the School of Oriental and African Studies* 21 (1958): 578–586.

Childs, John. *The Army, James II, and the Glorious Revolution.* Manchester: Manchester University Press, 1980.

———. *The British Army of William III, 1689–1702.* Manchester: Manchester University Press, 1987.

Christianson, Paul. "Two Proposals for Raising Money by Extraordinary Means, c. 1627." *English Historical Review* CXVII, no. 471 (April 2002): 355–373.

Chubb, Basil. *The Control of Public Expenditures: Financial Committees of the House of Commons.* Oxford: Clarendon Press, 1952.

Clapham, J. H. *The Bank of England: A History.* 2 vols. Cambridge: Cambridge University Press; New York: The Macmillan Company, 1945.

Clark, Peter. *The English Alehouse: A Social History, 1200–1830.* London: Longman, 1983.

Clay, C. G. A. *Economic Expansion and Social Change: England 1500–1700. Vol. I. People, Land, and Towns.* Cambridge and New York: Cambridge University Press, 1984.

———. *Public Finance and Private Wealth: The Career of Sir Stephen Fox, 1627–1716.* Oxford: Clarendon Press, 1978.

Cogswell, Thomas, Richard Cust, and Peter Lake. "Revisionism and Its Legacies: The Work of Conrad Russell." In *Politics, Religion, and Popularity in Early Stuart Britain:*

Essays in Honour of Conrad Russell, edited by Thomas Cogswell, Richard Cust and Peter Lake. Cambridge and New York: Cambridge University Press, 2002.

Coleby, Andrew M. *Central Government and the Localities: Hampshire, 1649–1689.* Cambridge and New York: Cambridge University Press, 1987.

Collier, David, and James Mahoney. "Insights and Pitfalls: Selection Bias in Qualitative Research." *World Politics* 49, no. 1 (1996): 56–91.

Collier, Ruth Berins, and David Collier. *Shaping the Political Arena: Critical Junctures, the Labor Movement, and Regime Dynamics in Latin America.* Princeton: Princeton University Press, 1991.

Cowan, R., and P. Gunby. "Sprayed to Death: Path Dependence, Lock-in and Pest Control Strategies." *Economic Journal* 106, no. 436 (1996): 521–542.

Cramsie, John. "Commercial Projects and the Fiscal Policy of James VI and I." *Historical Journal* 43, no. 2 (2000): 345–364.

———. *Kingship and Crown Finance under James VI and I, 1603–1625.* Woodbridge, Suffolk and Rochester, NY: Royal Historical Society/Boydell Press, 2002.

Cunich, Peter. "Revolution and Crisis in English State Finance, 1534–47." In *Crises, Revolutions and Self-sustained Growth: Essays in European Fiscal History, 1130–1830,* edited by W. M. Ormrod, Margaret Bonney and Richard Bonney. Stamford: Shaun Tyas, 1999.

Curtin, Philip D. *The World and the West: The European Challenge and the Overseas Response in the Age of Empire.* Cambridge and New York: Cambridge University Press, 2000.

Cust, Richard. *The Forced Loan and English Politics, 1626–1628.* Oxford: Clarendon Press, 1987.

Dai, Yingcong. "The Qing State, Merchants, and the Military Labor Force in the Jinchuan Campaigns." *Late Imperial China* 22, no. 2 (December 2001): 35–90.

David, Paul A. "Clio and the Economics of QWERTY." *American Economic Review* 75, no. 2 (May 1985): 332–337.

———. "Path Dependence, Its Critics and the Quest for 'Historical Economics'." In *Evolution and Path Dependence in Economic Ideas: Past and Present,* edited by Pierre Garrouste and Stavros Ioannides. Northampton, MA: Edward Elgar, 2001.

———. "Why Are Institutions the 'Carriers of History'?: Path Dependence and the Evolution of Conventions, Organizations, and Institutions." *Structural Change and Economic Dynamics* 5, no. 2 (1994): 205–220.

Diamond, Jared and James Robinson, eds., *Natural Experiments of History.* Cambridge, MA.: The Belknap Press of Harvard University Press, 2010.

Dickson, P. G. M. *The Financial Revolution in England: A Study in the Development of Public Credit, 1688–1756.* London: Macmillan, 1967.

DiMaggio, Paul J., and Walter W. Powell. "Introduction." In *The New Institutionalism in Organizational Analysis*, edited by Paul J. DiMaggio and Walter W. Powell. Chicago: University of Chicago Press, 1991.

Downing, Brian M. *The Military Revolution and Political Change: Origins of Democracy and Autocracy in Early Modern Europe*. Princeton: Princeton University Press, 1992.

Duara, Prasenjit. *Culture, Power, and the State: Rural North China, 1900–1942*. Stanford: Stanford University Press, 1988.

Dunstan, Helen. *State or Merchant?: Political Economy and Political Process in 1740s China*. Cambridge, MA: Harvard University Asia Center, 2006.

Duus, Peter. *Modern Japan*. 2nd ed. Boston: Houghton Mifflin, 1998.

Eichengreen, Barry J. *Golden Fetters: The Gold Standard and the Great Depression, 1919–1939*. Oxford and New York: Oxford University Press, 1992.

———. *Globalizing Capital: A History of the International Monetary System*. Princeton: Princeton University Press, 1996.

Elton, G. R. *England under the Tudors*. 3rd ed. London: Routledge, 1991.

Epstein, Stephan R. "The Rise of the West." In *An Anatomy of Power: The Social Theory of Michael Mann*, edited by John A. Hall and Ralph Schroeder. Cambridge and New York: Cambridge University Press, 2006.

Ericson, Steven J. "'Poor Peasant, Poor Country!': The Matsukata Deflation and Rural Distress in Mid-Meiji Japan." In *New Directions in the Study of Meiji Japan*, edited by Helen Hardacre and Adam L. Kern. Leiden and New York: Brill, 1997.

———. *The Sound of the Whistle: Railroads and the State in Meiji Japan*. Cambridge, MA.: The Council on East Asian Studies of Harvard University Press, 1996.

Ertman, Thomas. *Birth of the Leviathan: Building States and Regimes in Medieval and Early Modern Europe*. Cambridge and New York: Cambridge University Press, 1997.

Fearon, James. "Causes and Counterfactuals in Social Science: Exploring an Analogy between Cellular Automata and Historical Processes." In *Counterfactual Thought Experiments in World Politics: Logical, Methodological, and Psychological Perspectives*, edited by Philip E. Tetlock and Aaron Belkin. Princeton: Princeton University Press, 1996.

Ferber, Katalin. "'Run the State Like a Business': The Origin of the Deposit Fund in Meiji Japan." *Journal of Japanese Studies* 22, no. 2 (2002): 131–151.

Ferguson, Niall. *The Cash Nexus: Money and Power in the Modern World, 1700–2000* (New York: Basic Books, 2001).

Feuerwerker, Albert. *China's Early Industrialization: Sheng Hsuan-huai (1844–1916) and Mandarin Enterprise*. Cambridge, MA: Harvard University Press, 1958.

Fisher, Douglas. "The Price Revolution: A Monetary Interpretation." *Journal of Economic History* 49, no. 4 (1989): 883–902.

Frank, Andre Gunder. *ReOrient: Global Economy in the Asian Age*. Berkeley: University of California Press, 1998.

Furushima, Toshio. "The Village and Agriculture During the Edo Period." In *The Cambridge History of Japan, Vol. 4: Early Modern Japan*, edited by John Whitney Hall. Cambridge and New York: Cambridge University Press, 1991.

Gaddis, John L. *The Landscape of History: How Historians Map the Past*. Oxford and New York: Oxford University Press, 2002.

Gentles, Ian. *The New Model Army in England, Ireland, and Scotland, 1645–1653*. Oxford, UK and Cambridge, MA: B. Blackwell, 1992.

Gerschenkron, Alexander. Economic Backwardness in Historical Perspective. Cambridge, MA.: Belknap Press of Harvard University Press, 1962.

Goldstone, Jack A. "Efflorescences and Economic Growth in World History: Rethinking the 'Rise of the West' and the British Industrial Revolution." *Journal of World History* 13 (2002): 323–389.

———. "Initial Conditions, General Laws, Path Dependence, and Explanation in Historical Sociology." *American Journal of Sociology* 104, no. 3 (November 1998): 829–845.

———. *Revolution and Rebellion in the Early Modern World*. Berkeley: University of California Press, 1991.

———. "Urbanization and Inflation: Lessons from the English Price Revolution of the Sixteenth and Seventeenth Centuries." *American Journal of Sociology* 89, no. 5 (1984): 1122–1160.

Greif, Avner. *Institutions and the Path to the Modern Economy: Lessons from Medieval Trade*. Cambridge and New York: Cambridge University Press, 2006.

Greif, Avner, and David D. Laitin. "A Theory of Endogenous Institutional Change." *American Political Science Review* 98, no. 4 (November 2004): 633–652.

Hall, John Whitney. *Tanuma Okitsugu, 1719–1788: Forerunner of Modern Japan*. Cambridge, MA: Harvard University Press, 1955.

Hall, Peter A. "Aligning Ontology and Methodology in Comparative Research." In *Comparative Historical Analysis in the Social Sciences*, edited by James Mahoney and Dietrich Rueschemeyer. Cambridge and New York: Cambridge University Press, 2003.

Hall, Peter A., ed. *The Political Power of Economic Ideas: Keynesianism across Nations*. Princeton: Princeton University Press, 1989.

Hall, Peter A., and David W. Soskice. *Varieties of Capitalism: The Institutional Foundations of Comparative Advantage*. Oxford and New York: Oxford University Press, 2001.

Harling, Philip. *The Waning of "Old Corruption": The Politics of Economical Reform in Britain, 1779–1846*. Oxford: Clarendon Press, 1996.

Harling, Philip, and Peter Mandler. "From 'Fiscal-military' State to Laissez-faire State, 1760–1850." *Journal of British Studies* 32, no. 1 (January 1993): 44–70.

Harriss, G.L. "Medieval Doctrines in the Debates of Supply, 1610–1629." In *Faction and Parliament: Essays on Early Stuart History*, edited by Kevin Sharpe. Oxford: Clarendon Press, 1978.

———. "Political Society and the Growth of Government in Late Medieval England." *Past and Present* 138 (February 1993): 28–57.

Hart, Marjolein 't. "'The Devil or the Dutch': Holland's Impact on the Financial Revolution in England, 1643–1694." *Parliament, Estates and Representation* 11, no. 1 (June 1991): 39–52.

Haydon, Peter. *The English Pub: A History*. London: Robert Hale, 1994.

Haydu, Jeffrey. "Making Use of the Past: Time Periods as Cases to Compare and as Sequences of Problem Solving." *American Journal of Sociology* 104, no. 2 (September 1998): 339–371.

Helleiner, Eric. *The Making of National Money: Territorial Currencies in Historical Perspective*. Ithaca: Cornell University Press, 2003.

Hicks, John. *A Theory of Economic History*. Oxford: Oxford University Press, 1969.

Hill, B. W. "The Change of Government and the 'Loss of the City,' 1710–1711." *Economic History Review*, n. s. 21, no. 3 (August 1971): 395–413.

Hindle, Steve. *The State and Social Change in Early Modern England, c. 1550–1640*. New York: Palgrave Macmillan, 2000.

Holmes, Geoffrey S. *The Making of a Great Power: Late Stuart and Early Georgian Britain, 1660–1722*. London and New York: Longman, 1993.

Holmes, Geoffrey S., and Daniel Szechi. *The Age of Oligarchy: Pre-industrial Britain, 1722–1783*. London: Longman, 1993.

Hoppit, Julian. "Attitudes to Credit in Britain." *Historical Journal* 33, no. 2 (1990): 308–311.

———. "Financial Crises in Eighteenth-Century England." *Economic History Review*, n. s., 39, no. 1 (February 1986): 39–58.

———. "The Myths of the South Sea Bubble." *Transactions of the Royal Historical Society*, 6th s., 12 (2002): 141–165.

Horesh, Niv. *Shanghai's Bund and Beyond: British Banks, Banknote Issuance, and Monetary Policy in China, 1842–1937*. New Haven and London: Yale University Press, 2009.

Horsefield, J. Keith. *British Monetary Experiments, 1650–1710*. Cambridge, MA: Harvard University Press, 1960.

———. "The 'Stop of the Exchequer' Revisited." *Economic History Review*, n. s., 35, no. 4 (November 1982): 511–528.

Horwitz, Henry. *Parliament, Policy, and Politics in the reign of William III*. Newark: University of Delaware Press, 1977.

Hoskins, W. G. *The Age of Plunder: King Henry's England, 1500–1547*. London: Longman, 1976.

Howell, David L. *Capitalism from Within: Economy, Society, and the State in a Japanese Fishery*. Berkeley: University of California Press, 1995.

Hoyle, Richard W. "Crown, Parliament, and Taxation in Sixteenth-century England." *English Historical Review* 109, no. 434 (November 1994): 1174–1196.

———. "Disafforestation and Drainage: The Crown as Entrepreneur?" In *The Estates of the English Crown, 1558–1640*, edited by Richard W. Hoyle. Cambridge and New York: Cambridge University Press, 1992.

Huang, Ray. *Taxation and Governmental Finance in Sixteenth-century Ming China*. London and New York: Cambridge University Press, 1974.

Hughes, Ann. *The Causes of the English Civil War*. 2nd ed. Basingstoke: Macmillan, 1991.

Hughes, Edward. *Studies in Administration and Finance, 1558–1825, with Special Reference to the History of Salt Taxation in England*. Manchester: Manchester University Press, 1934.

Ikegami, Eiko. *The Taming of the Samurai: Honorific Individualism and the Making of Modern Japan*. Cambridge, MA: Harvard University Press, 1995.

Ishii Kanji (石井寬治), "Japan." In *International Banking, 1870–1914*, edited by Rondo Cameron, V. I. Bovykin, and B. V. Anan'ich. New York: Oxford University Press, 1991.

Israel, Jonathan I. "The Dutch Role in the Glorious Revolution." In *The Anglo-Dutch Moment: Essays on the Glorious Revolution and its World Impact*, edited by Jonathan I. Israel. Cambridge and New York: Cambridge University Press, 1991.

Jansen, Marius B. "The Meiji Restoration." In *The Cambridge History of Japan, Vol. 5: The Nineteenth Century*, edited by Marius B. Jansen. Cambridge and New York: Cambridge University Press, 1989.

Jones, D. W. *War and Economy in the Age of William III and Marlborough*. Oxford: Basil Blackwell, 1988.

Jones, J. R. *The Anglo-Dutch Wars of the Seventeenth Century*. London: Longman, 1996.

———. *Country and Court: England, 1658–1714*. Cambridge, MA: Harvard University Press, 1978.

Jones, Susan M. "Finance in Ning-po: The Ch'ien-chuang." In *Economic Organization in Chinese Society*, edited by W. E. Willmott. Stanford: Stanford University Press, 1972.

Joslin, D. M. "London Private Bankers, 1720–1785." *Economic History Review*, n. s., 7, no. 2 (1954): 167–186.

Karl, Terry Lynn. *The Paradox of Plenty: Oil Booms and Petro-States*. Berkeley: University of California Press, 1997.

Kaske, Elisabeth. "Fund-Raising Wars: Office Selling and Interprovincial Finance in Nineteenth-Century China," *Harvard Journal of Asiatic Studies* 71, no. 1 (June 2010): 69–141.

Katznelson, Ira. "Periodization and Preferences: Reflections on Purposive Action in Comparative Historical Social Science." In *Comparative Historical Analysis in the Social Sciences*, edited by James Mahoney and Dietrich Rueschemeyer. Cambridge and New York: Cambridge University Press, 2003.

———. "Structure and Configuration in Comparative Politics." In *Comparative Politics: Rationality, Culture, and Structure*, edited by Mark Irving Lichbach and Alan S. Zuckerman. Cambridge and New York: Cambridge University Press, 1997.

Kerridge, Eric. *Trade and Banking in Early Modern England*. Manchester: Manchester University Press, 1988.

King, Frank H. H. *Money and Monetary Policy in China, 1845–1895*. Cambridge, MA: Harvard University Press, 1965.

King, Gary, Robert O. Keohane, and Sidney Verba. *Designing Social Inquiry: Scientific Inference in Qualitative Research*. Princeton: Princeton University Press, 1994.

Kiser, Edgar. "Markets and Hierarchies in Early Modern Tax Systems: A Principal-Agent Analysis." *Politics and Society* 22, no. 3 (September 1994): 284–315.

Kiser, Edgar, and Michael Hechter. "The Role of General Theory in Comparative-Historical Sociology." *American Journal of Sociology* 97, no. 1 (July 1991): 1–30.

Kiser, Edgar, and Joshua Kane. "Revolution and State Structure: The Bureaucratization of Tax Administration in Early Modern England and France." *American Journal of Sociology* 107, no. 1 (July 2001): 183–223.

Knight, Jack. *Institutions and Social Conflict*. Cambridge and New York: Cambridge University Press, 1992.

Krasner, Stephen D. "Approaches to the State: Alternative Conceptions and Historical Dynamics." *Comparative Politics* 16, no. 2 (January 1984): 223–246.

Kuhn, Philip A. *Origins of the Modern Chinese State*. Stanford: Stanford University Press, 2002.

Langford, Paul. *The Excise Crisis: Society and Politics in the Age of Walpole*. Oxford: Clarendon Press, 1975.

Lee, James Z., and Wang Feng. *One Quarter of Humanity: Malthusian Mythology and Chinese Realities, 1700–2000*. Cambridge, MA: Harvard University Press, 1999.

Levi, Margaret. *Of Rule and Revenue*. Berkeley: University of California Press, 1988.

Lieberman, Evan S. "Caudal Inference in Historical Institutional Analysis: A Specification of Periodization," *Comparative Political Studies 34*, no. 9 (2001): 1011–1035.

Liebowitz, S. J. and S. E. Margolis. "The Fable of the Keys," *Journal of Law and Economics* 32, no. 1 (1990): 1–26.

Lin Man-houng (林滿紅), *China Upside Down: Currency, Society, and Ideologies, 1808– 1856*. Cambridge, MA: Harvard University Asia Center, 2006.

———. "Two Social Theories Revealed: Statecraft Controversies over China's Monetary Crisis, 1808–1854." *Late Imperial China* 12, no. 2 (December 1991): 1–35.

Lindquist, Eric N. "The Failure of the Great Contract." *Journal of Modern History* 57, no. 4 (1985): 617–651.

———. "The King, the People and the House of Commons: The Problem of Early Jacobean Purveyance." *Historical Journal* 31, no. 3 (1988): 549–570.

Luebbert, Gregory M. *Liberalism, Fascism, or Social Democracy: Social Classes and the Political Origins of Regimes in Interwar Europe*. Oxford and New York: Oxford University Press, 1991.

Lustick, Ian S. "History, Historiography, and Political Science: Multiple Historical Records and the Problem of Selection Bias." *American Political Science Review* 90, no. 3 (1996): 605–618.

Mahoney, James. *The Legacies of Liberalism: Path Dependence and Political Regimes in Central America*. Baltimore: Johns Hopkins University Press, 2001.

———. "Path Dependence in Historical Sociology." *Theory and Society* 29, no. 4 (2000): 507–548.

Mahoney, James, and Gary Goertz. "The Possibility Principle: Choosing Negative Cases in Comparative Research." *American Political Science Review* 98, no. 4 (November 2004): 653–669.

Mann, Michael. *The Sources of Social Power*. 2 vols. Cambridge and New York: Cambridge University Press, 1986–1993.

Mann, Susan. *Local Merchants and the Chinese Bureaucracy, 1750–1950*. Stanford: Stanford University Press, 1987.

Mathias, Peter. *The Brewing Industry in England, 1700–1830*. Cambridge: Cambridge University Press, 1959.

———. *The Transformation of England: Essays in the Economic and Social History of England in the Eighteenth Century*. London: Methuen, 1979.

Mathias, Peter, and Patrick K. O'Brien. "Taxation in Britain and France, 1715–1810: A Comparison of the Social and Economic Incidence of Taxes Collected for the Central Governments." *Journal of European Economic History* 5, no. 3 (1976): 601–650.

McCallion, S. "Trial and Error: The Model Filature at Tomioka." In *Managing Industrial Enterprise: Cases from Japan's Prewar Experience*, edited by William D. Wray. Cambridge, MA: Council on East Asian Studies, Harvard University, 1989.

Migdal, Joel S. *Strong Societies and Weak States: State-society Relations and State Capabilities in the Third World*. Princeton: Princeton University Press, 1988.

Mitchell, B. R. *Abstract of British Historical Statistics*. Cambridge: Cambridge University Press, 1962.

Murphy, Anne L. *The Origins of English Financial Markets, Investment and Speculation before the South Sea Bubble*. Cambridge and New York: Cambridge University Press, 2009.

Neal, Larry. "The Finance of Business during the Industrial Revolution." In vol. I of *The Economic History of Britain since 1700*, edited by Roderick Floud and Deirdre N. McCloskey. 3 vols. 2nd ed. Cambridge and New York: Cambridge University Press, 1994.

———. "The Monetary, Financial, and Political Architecture of Europe, 1648–1815." In *Exceptionalism and Industrialization: Britain and its European Rivals, 1688–1815*, edited by Leandro Prados de la Escosura and Patrick K. O'Brien. Cambridge and New York: Cambridge University Press, 2004.

———. *The Rise of Financial Capitalism: International Capital Markets in the Age of Reason*. Cambridge and New York: Cambridge University Press, 1990.

Neal, Larry, and Stephen Quinn. "Networks of Information, Markets, and Institutions in the Rise of London as a Financial Centre, 1660–1720." *Financial History Review* 8, no. 1 (April 2001): 7–26.

Nelson, Richard R. "Recent Evolutionary Theorizing about Economic Change." *Journal of Economic Literature* 33, no. 1 (March 1995): 48–90.

Nichols, Glenn O. "English Government Borrowing, 1660–1688." *Journal of British Studies* 10, no. 2 (May 1971): 83–104.

North, Douglass C. "Five Propositions about Institutional Change." In *Explaining Social Institutions*, edited by Jack Knight and Itai Sened. Ann Arbor: University of Michigan Press, 1995.

———. *Institutions, Institutional Change and Economic Performance*. Cambridge and New York: Cambridge University Press, 1990.

———. *Structure and Change in Economic History*. New York: W. W. Norton, 1981.

North, Douglass C., and Barry R. Weingast. "Constitutions and Commitment: The Evolution of Institutions Governing Public Choice in Seventeenth-Century England." *Journal of Economic History* 49, no. 4 (1989): 803–832.

O'Brien, Patrick K. "Fiscal Exceptionalism: Great Britain and its European rivals from Civil War to Triumph at Trafalgar and Waterloo." In *The Political Economy of British*

Historical Experience, 1688–1914, edited by Donald Winch and Patrick K. O'Brien. Oxford: Published for The British Academy by Oxford University Press, 2002.

———. "The Political Economy of British Taxation, 1660–1815." *Economic History Review*, n. s., 41, no. 1 (February 1988): 1–32.

O'Brien, Patrick K. and Philip A. Hunt. "England, 1485–1815." In *The Rise of the Fiscal State in Europe, 1200–1815*, edited by Richard Bonney. Oxford and New York: Oxford University Press, 1999.

———. "Excises and the Rise of a Fiscal State in England, 1586–1688." In *Crises, Revolutions, and Self-Sustained Growth: Essays in European Fiscal History, 1130–1830*, edited by W. M. Ormrod, Margaret Bonney, and Richard Bonney. Stamford: Shaun Tyas, 1999.

———. "The Rise of a Fiscal State in England, 1485–1815." *Historical Research* 66, no. 160 (1993): 129–176.

Ogborn, Miles. "The Capacities of the State: Charles Davenant and the Management of the Excise, 1683–1698." *Journal of Historical Geography* 24, no. 3 (1998): 289–312.

———. *Spaces of Modernity: London's Geographies, 1680–1780*. New York: Guilford Press, 1998.

Ogg, David. *England in the Reigns of James II and William III*. Oxford: Clarendon Press; New York: Oxford University Press, 1955.

Ohkura Takehiko (大倉健彥), and Shinbo Hiroshi (新保博). "The Tokugawa Monetary Policy in the Eighteenth and Nineteenth Centuries." *Explorations in Economic History* 15 (1978): 101–124.

Olson, Mancur. *The Logic of Collective Action: Public Goods and the Theory of Groups*. Cambridge, MA: Harvard University Press, 1965.

Ormrod, W. M. "England in the Middle Ages." In *The Rise of the Fiscal State in Europe, 1200–1815*, edited by Richard Bonney. Oxford and New York: Oxford University Press, 1999.

Outhwaite, R. B. *Inflation in Tudor and Early Stuart England*. 2nd ed. London: The Macmillan Press, 1982.

Page, Scott. "Path Dependence." *Quarterly Journal of Political Science* 1, no. 1 (2006): 87–115.

Patrick, Hugh T. "Japan, 1868–1914." In *Banking in the early stages of industrialization: a study in comparative economic history*, edited by Rondo E. Cameron, Olga Crisp, Hugh T. Patrick and Richard Tilly. Oxford and New York: Oxford University Press, 1967.

Perdue, Peter C. *China Marches West: The Qing Conquest of Central Eurasia*. Cambridge, MA: Belknap Press of Harvard University Press, 2005.

Pierson, Paul. *Politics in Time: History, Institutions, and Social Analysis*. Princeton: Princeton University Press, 2004.

————. "Increasing Returns, Path Dependence, and the Study of Politics." *American Political Science Review* 94, no. 2 (June 2000): 251–267.

————. "The Limits of Design: Explaining Institutional Origins and Change." *Governance* 13, no. 4 (October 2000): 475–499.

————. "When Effect Becomes Cause: Policy Feedback and Political Change," *World Politics* 45, no. 4 (July 1993): 595–628.

Pierson, Paul, and Theda Skocpol. "Historical Institutionalism." In *Political Science: The State of the Discipline*, edited by Ira Katznelson and Helen V. Milner. New York: W. W. Norton, 2002.

Plumb, J. H. *The Growth of Political Stability in England: 1675–1725*. London: Macmillan, 1967.

Pomeranz, Kenneth. *The Great Divergence: China, Europe, and the Making of the Modern World Economy*. Princeton: Princeton University Press, 2000.

Pratt, Edward E. *Japan's Protoindustrial Elite: The Economic Foundations of the Gōnō*. Cambridge, MA: Harvard University Asia Center, 1999.

Pressnell, L. S. "Public Monies and the Development of English Banking." *Economic History Review*, n. s., 5, no. 3 (1953): 378–397.

Price, Jacob M. "The Excise Affair Revisited: The Administrative and Colonial Dimensions of a Parliamentary Crisis." In *England's Rise to Greatness, 1660–1763*, edited by Stephen B. Baxter. Berkeley: University of California Press, 1983.

Ravina, Mark. *Land and Lordship in Early Modern Japan*. Stanford: Stanford University Press, 1999.

Reitan, E. A. "From Revenue to Civil List, 1689–1702: The Revolution Settlement and the 'Mixed and Balanced' Constitution." *Historical Journal* 13, no. 4 (1970): 571–588.

Remer, Charles F. *The Foreign Trade of China*. Shanghai: Commercial Press, 1926.

Roberts, Clayton. "The Constitutional Significance of the Financial Settlement of 1690." *Historical Journal* 20, no. 1 (1977): 59–76.

Roberts, Luke S. *Mercantilism in a Japanese Domain: The Merchant Origins of Economic Nationalism in 18th-century Tosa*. Cambridge and New York: Cambridge University Press, 1998.

Rogers, Clifford J., ed. *The Military Revolution Debate: Readings on the Military Transformation of Early Modern Europe*. Boulder: Westview Press, 1995.

Rosenthal, Jean-Laurent. "The Political Economy of Absolutism Reconsidered." In *Analytic Narratives*, edited by Robert H. Bates, Avner Greif, Margaret Levi, Jean-Laurent Rosenthal, and Barry R. Weingast. Princeton: Princeton University Press, 1998.

Rosenthal, Jean-Laurent and R. Bin Wong. *Before and Beyond Divergence: The Politics of Economic Change in China and Europe*. Cambridge, MA.: Harvard University Press, 2011.

Roseveare, Henry. *The Financial Revolution, 1660–1760*. London: Longman, 1991.

———. *The Treasury, 1660–1870: The Foundations of Control*. London: Allen and Unwin, 1973.

Rosovsky, Henry. "Japan's Transition to Modern Economic Growth, 1868–1885." In *Industrialization in Two Systems: Essays in Honor of Alexander Gerschenkron by a Group of His Students*, edited by Henry Rosovsky. New York: John Wiley & Sons, 1966.

Rowe, William T. "Money, Economy, and Polity in the Daoguang-era Paper Currency Debates," *Late Imperial China*, Vol. 31, No. 2 (2010): 69–96.

Rubinstein, W. D. "The End of 'Old Corruption' in Britain, 1780–1860." *Past and Present* 101 (1983): 55–85.

Russell, Conrad. *The Addled Parliament of 1614: The Limits of Revision*. [Reading]: University of Reading, 1992.

———. *The Causes of the English Civil War: The Ford Lectures Delivered in the University of Oxford, 1987–1988*. Oxford: Clarendon Press, 1990.

———. *The Fall of the British Monarchies, 1637–1642*. Oxford: Clarendon Press, 1991.

———. *Parliaments and English Politics, 1621–1629*. Oxford: Clarendon Press, 1979.

———. *Unrevolutionary England, 1603–1642*. London: Hambledon Press, 1990.

Sacks, David Harris. "The Countervailing of Benefits: Monopoly, Liberty, and Benevolence in Elizabethan England." In *Tudor Political Culture*, edited by Dale Hoak. Cambridge and New York: Cambridge University Press, 1995.

Samuels, Richard J. *Machiavelli's Children: Leaders and Their Legacies in Italy and Japan*. Ithaca: Cornell University Press, 2003.

———. *"Rich Nation, Strong Army": National Security and the Technological Transformation of Japan*. Ithaca: Cornell University Press, 1994.

Sargent, Thomas J., and François R. Velde. *The Big problem of Small Change*. Princeton: Princeton University Press, 2002.

Schiltz, Michael. "An 'Ideal Bank of Issue': The Banque Nationale de Belgique as a Model for the Bank of Japan." *Financial History Review* 13, no. 2 (2006): 179–196.

Schofield, Roger. "Taxation and the Political Limits of the Tudor State." In *Law and Government under the Tudors: Essays Presented to Sir Geoffrey Elton*, edited by Claire Cross, David Loades, and J. J. Scarisbrick. Cambridge and New York: Cambridge University Press, 1988.

Schremmer, D. E. "Taxation and Public Finance: Britain, France, and Germany." In *The Cambridge Economic History of Europe*. Vol. VIII, *The Industrial Economies*, edited by Peter Mathias and Sidney Pollard. Cambridge: Cambridge University Press, 1989.

Scott, Jonathan. "'Good Night Amsterdam.' Sir George Downing and Anglo-Dutch Statebuilding." *English Historical Review* CXVIII, no. 476 (April 2003): 334–356.

Scott, William R. *The Constitution and Finance of English, Scottish and Irish Joint-Stock Companies to 1720.* 3 vols. 1912; Bristol: Thoemmes Press, 1993.

Seaward, Paul. *The Cavalier Parliament and the Reconstruction of the Old Regime, 1661–1667.* Cambridge and New York: Cambridge University Press, 1989.

———. "The House of Commons Committee of Trade and the Origins of the Second Anglo-Dutch War, 1664." *Historical Journal* 30, no. 2 (June 1987): 437–452.

Sewell, William H. Jr. "Three Temporalities: Toward an Eventful Sociology." In *The Historic Turn in the Human Sciences*, edited by Terrence J. McDonald. Ann Arbor: University of Michigan Press, 1996.

———. *Logics of History: Social Theory and Social Transformation.* Chicago: University of Chicago Press, 2005.

Sharpe, Kevin. *The Personal Rule of Charles I.* New Haven: Yale University Press, 1992.

———. "The personal rule of Charles I." In *Before the English Civil War: Essays on Early Stuart Politics and Government*, edited by Howard Tomlinson. London: Macmillan, 1983.

Shils, Edward. *Political Development in the New States.* Paris: Mouton, 1968.

Silberman, Bernard S. *Cages of Reason: The Rise of the Rational State in France, Japan, the United States, and Great Britain.* Chicago: University of Chicago Press, 1993.

Skinner, Quentin. "The State." In *Political Innovation and Conceptual Change*, edited by Terence Ball, James Farr, and Russell L. Hanson. Cambridge and New York: Cambridge University Press, 1989.

Skocpol, Theda. "Bringing the State Back In: Strategies of Analysis in Current Research." In *Bringing the State Back In*, edited by Peter B. Evans, Dietrich Rueschemeyer, and Theda Skocpol. Cambridge and New York: Cambridge University Press, 1985.

———. *States and Social Revolutions: A Comparative Analysis of France, Russia, and China.* Cambridge and New York: Cambridge University Press, 1979.

Slack, Paul. *From Reformation to Improvement: Public Welfare in Early Modern England.* Oxford: Clarendon Press; New York: Oxford University Press, 1998.

Slater, Dan and Erica Simmons. "Informative Regress: Critical Antecedents in Comparative Politics." *Comparative Political Studies* 43, no. 7 (2010): 886–917.

Smith, Thomas C. *The Agrarian Origins of Modern Japan.* Stanford: Stanford University Press, 1959.

———. *Native Sources of Japanese Industrialization, 1750–1920.* Berkeley, Calif.: University of California Press, 1988.

———. *Political Change and Industrial Development in Japan: Government Enterprise, 1868–1880.* Stanford: Stanford University Press, 1955.

Stanley, C. Johnson. *Late Ch'ing Finance: Hu Kuang-yung as an Innovator*. Cambridge, MA: East Asian Research Center of Harvard University, 1961.

Stasavage, David. *Public Debt and the Birth of the Democratic State: France and Great Britain, 1688–1789*. Cambridge and New York: Cambridge University Press, 2003.

Steele, M. William. *Alternative Narratives in Modern Japanese History*. London: RoutledgeCurzon, 2003.

Sylla, Richard. "Financial Systems and Economic Modernization." *Journal of Economic History* 62, no. 2 (June 2002): 277–292.

Tamaki, Norio. *Japanese Banking: A History, 1859–1959*. Cambridge and New York: Cambridge University Press, 1995.

Tatsuya, Tsuji. "Politics in the Eighteenth Century." In *Cambridge History of Japan. Vol. 4. Early Modern Japan*, edited by John Whitney Hall. 6 vols. Cambridge: Cambridge University Press, 1991.

Thelen, Kathleen. *How Institutions Evolve: The Political Economy of Skills in Germany, Britain, the United States, and Japan*. Cambridge and New York: Cambridge University Press, 2004.

———. "How Institutions Evolve." In *Comparative Historical Analysis in the Social Sciences*, edited by James Mahoney and Dietrich Rueschemeyer. Cambridge and New York: Cambridge University Press, 2003.

———. "Historical Institutionalism in Comparative Politics," *Annual Review of Political Science* 2, no. 1 (1999): 369–404.

Thelen, Kathleen, and James Mahoney, eds. *Explaining Institutional Change: Ambiguity, Agency, and Power*. Cambridge and New York: Cambridge University Press, 2010.

Thelen, Kathleen, and Sven Steinmo. "Historical Institutionalism in Comparative Politics." In *Structuring Politics: Historical Institutionalism in Comparative Politics*, edited by Sven Steinmo, Kathleen Thelen and Frank Longstreth. Cambridge and New York: Cambridge University Press, 1992.

Thirsk, Joan. "The Crown as Projector on Its Own Estates, from Elizabeth I to Charles I." In *The Estates of the English Crown, 1558–1650*, edited by Richard W. Hoyle. Cambridge and New York: Cambridge University Press, 1992.

Thrush, Andrew. "Naval Finance and the Origins and Development of Ship Money." In *War and Government in Britain, 1598–1650*, edited by Mark Charles Fissel. Manchester: Manchester University Press, 1991.

Tilly, Charles. *Coercion, Capital, and European States, AD 990–1992*. Rev. ed. Cambridge, MA: Blackwell, 1992.

———. "Mechanisms in Political Processes." *Annual Review of Political Science* 4, no. 1 (2001): 21–41.

Tilly, Charles, ed. *The Formation of National States in Western Europe*. Princeton: Princeton University Press, 1975.

Tomlinson, Howard. "Financial and Administrative Developments in England, 1660–88." In *The Restored Monarchy, 1660–1688*, edited by J. R. Jones. Totowa, N.J.: Rowman and Littlefield, 1979.

Totman, Conrad D. *The Collapse of the Tokugawa Bakufu, 1862–1868*. Honolulu: University Press of Hawaii, 1980.

———. *Early Modern Japan*. Berkeley: University of California Press, 1995.

Trimberger, Ellen K. *Revolution from Above: Military Bureaucrats and Development in Japan, Turkey, Egypt, and Peru*. New Brunswick, N.J.: Transaction Books, 1978.

Umegaki, Michio. *After the Restoration: The Beginning of Japan's Modern State*. New York: New York University Press, 1988.

Underdown, David. "Settlement in the Counties, 1653–1658." In *The Interregnum: The Quest for Settlement, 1646–1660*, edited by G. E. Aylmer. London: Macmillan, 1972.

Vogel, Hans Ulrich. "Chinese Central Monetary Policy, 1644–1800." *Late Imperial China* 8, no. 2 (1987): 1–51.

Von Glahn, Richard. "Foreign Silver Coins in the Market Culture of Nineteenth Century China." *International Journal of Asian Studies* 4, no. 1 (2007): 51–78.

Wang Yeh-chien (王業鍵). *Land taxation in Imperial China, 1750–1911*. Cambridge, MA: Harvard University Press, 1973.

———. "Secular Trends of Rice Prices in the Yangzi Delta, 1638–1935." In *Chinese History in Economic Perspective*, edited by Thomas G. Rawski and Lillian M. Li. Berkeley: University of California Press, 1992.

Ward, W. R. *The English Land Tax in the Eighteenth Century*. London: Oxford University Press, 1953.

Weber, Max. *Economy and Society: An Outline of Interpretative Sociology*. 2 vols. Berkeley: University of California Press, 1978.

———. "Politics as a Vocation." In *From Max Weber: Essays in Sociology*, edited by H. H. Gerth and C. Wright Mills. New York: Oxford University Press, 1958.

Weingast, Barry R. "Rational Choice Institutionalism." In *Political Science: The State of the Discipline*, edited by Ira Katznelson and Helen V. Milner. New York: W. W. Norton, 2002.

Weir, David R. "Tontines, Public Finance, and Revolution in France and England, 1688–1789." *Journal of Economic History* 49, no. 1 (March 1989): 95–124.

Westney, D. Eleanor. *Imitation and Innovation: The Transfer of Western Organizational Patterns to Meiji Japan*. Cambridge, MA: Harvard University Press, 1987.

Weyland, Kurt. "Toward a New Theory of Institutional Change," *World Politics* 60 (January 2008): 281–314.

Wheeler, James S. *The Making of a World Power: War and the Military Revolution in Seventeenth-century England.* Stroud: Sutton, 1999.

———. "Navy Finance, 1649–1660." *Historical Journal* 39, no. 2 (July 1996): 457–466.

White, Eugene N. "From Privatized to Government-administered Tax Collection: Tax Farming in Eighteenth-century France." *Economic History Review* LVII, no. 4 (2004): 636–663.

White, James W. "State Growth and Popular Protest in Tokugawa Japan." *Journal of Japanese Studies* 14, no. 1 (Winter 1988): 1–25.

Will, Pierre-Étienne. *Bureaucracy and Famine in Eighteenth-century China.* Translated by Elborg Foster. Stanford: Stanford University Press, 1990.

Will, Pierre-Étienne, and R. Bin Wong. *Nourish the People: The State Civilian Granary System in China, 1650–1850.* Ann Arbor: Center for Chinese Studies, University of Michigan, 1991.

Williams, Penry. *The Later Tudors: England, 1547–1603.* Oxford: Clarendon Press, 1995.

———. *The Tudor Regime.* Oxford: Clarendon Press, 1979.

Wolffe, B. P. *The Crown Lands, 1461 to 1536: An Aspect of Yorkist and Early Tudor Government.* London: Allen and Unwin, 1970.

———. *The Royal Demesne in English History: The Crown Estate in the Governance of the Realm from the Conquest to 1509.* London: Allen and Unwin, 1971.

Wong, R. Bin. *China Transformed: Historical Change and the Limits of European Experience.* Ithaca: Cornell University Press, 1997.

Woodruff, David. *Money Unmade: Barter and the Fate of Russian Capitalism.* Ithaca: Cornell University Press, 1999.

Wootton, David. "From Rebellion to Revolution: The Crisis of the Winter 1642–3 and the Origins of Civil War Radicalism." *English Historical Review* 105, no. 416 (July 1990): 654–669.

Wright, Mary C. *The Last Stand of Chinese Conservatism: The T'ung-chih Restoration, 1862–1874.* Stanford: Stanford University Press, 1957.

Wright, Stanley F. *Hart and the Chinese Customs.* Belfast: W. Mullan, 1950.

Yamamura, Kozo. "Entrepreneurship, Ownership, and Management in Japan." In *The Cambridge Economic History of Europe. Vol. VII. The Industrial Economies: Capital, Labour, and Enterprise, Part 2: The United States, Japan, and Russia,* edited by Peter Mathias and M. M. Postan. Cambridge: Cambridge University Press, 1978.

———. "The Meiji land tax reform and its effect." In *Japan in Transition: from*

Tokugawa to Meiji, edited by Marius B. Jansen and Gilbert Rozman. Princeton: Princeton University Press, 1986.

Yasuba, Yasukichi. "Did Japan Ever Suffer from a Shortage of Natural Resources before World War II?" *Journal of Economic History* 56, no. 3 (September 1996): 543–560.

Zelin, Madeleine. *The Magistrate's Tael: Rationalizing Fiscal Reform in Eighteenth-Century Ch'ing China.* Berkeley: University of California Press, 1992.

———. *The Merchants of Zigong: Industrial Entrepreneurship in Early Modern China.* New York: Columbia University Press, 2005.

日文

Steele, M. William：『もう一つの近代：側面からみた幕末明治』。東京：ペリカン社，1998。

あ

青山忠正：『明治維新と国家形成』。東京：吉川弘文館，2000。

飛鳥井雅道：「近代天皇像の展開」，朝尾直弘等編：『岩波講座日本通史』，巻17，近代2。東京：岩波書店，1994。

足立啓二：「清代前期における国家と銭」，『東洋史研究』49，no. 4 (1991)：47–73，2–3。

い

池上和夫：「明治期の酒税政策」，『社会経済史学』，55，no. 2 (June 1989)：189–212。

池田浩太郎：「官金取扱政策と資本主義の成立」，岡田俊平編：『明治初期の財政金融政策』。東京：清明会叢書，1964。

石井寛治：『日本銀行金融政策史』。東京：東京大学出版会，2001。

石井寛治、原朗、武田晴人編：『日本経済史巻1：幕末維新期』。東京：東京大学出版会，2000。

石井孝：『戊辰戦争論』。東京：吉川弘文館，1984。

———：「廃藩の過程における政局の動向」，初刊於『東北大学文学部研究年報』，19 (July 1969)；後收入松尾正人編：『維新政権の成立』。東京：吉川弘文館，2001。

———：『明治維新と自由民権』浜：有隣堂，1993。

石塚裕道：「殖産興業政策の展開」，楫西光速編：『日本経済史大系巻5：近代』。東京：東京大学出版会，1965。

井上勝生：『幕末維新政治史の研究：日本近代国家の生成について』。東京：塙書房，1994。

井上裕正：『清代アヘン政策史の研究』。京都：京都大学学術出版会，2004。

猪木武徳：「地租米納論と財政整理」，梅村又次、中村隆英編：『松方財政と殖産興業政策』。東京：国際連合大学，1983。

伊牟田敏充：「日本銀行の発券制度と政府金融」，『社会経済史学』，38，no. 2 (1972)：116–154，249–250。

岩井茂樹：『中国近世財政史の研究』。京都：京都大学学術出版会，2004。

───：「清代国家財政における中央と地方」，『東洋史研究』，XLII，no. 2 (1983年9月)：318–346。

岩崎宏之：「国立銀行制度の成立と府県為替方」，『三井文庫論叢』，2 (1968)：167–231。

う

梅村又次：「明治維新期の経済政策」，『経済研究』30，no. 1 (1979年1月)：30–38。

え

江口久雄：「阿片戦争後における銀価対策とその挫折」，『社会経済史学』，42，no. 3 (1976)：22–40。

江村栄一：《自由民権革命の研究》。東京：法政大学出版局，1984。

お

大石嘉一郎：『自由民権と大隈・松方財政』。東京：東京大学出版会，1989。

───：『日本地方財行政史序説：自由民権運動と地方自治制』。東京：御茶ノ水書房，1978。

大石学：「享保改革の歴史的位置」，藤田覚編：『幕藩制改革の展開』。東京：山川出版社，2001。

大口勇次郎：「幕府の財政」，新保博、斎藤修編：『日本経済史，巻2：近代成長の胎動』。東京：岩波書店，1989。

───：「文久期の幕府財政」，近代日本研究会編：『年報・近代日本研究3：幕末・維新の日本』。東京：山川出版社，1981。

───：「寛政－文化期の幕府財政」，尾藤正英先生還暦記念会編：『日本近世史論叢』，巻1。東京：吉川弘文館，1984。

───：「国家意識と天皇」，朝尾直弘等編：『岩波講座日本通史』，巻15：近世5。東京：岩波書店，1995。

大久保利謙：『明治国家の形成』。東京：吉川弘文館，1986。

大倉健彦：「洋銀流入と幕府財政」，神木哲男、松浦昭編：『近代移行期における経済発展』。東京：同文館，1987。

大野瑞男：『江戸幕府財政史論』。東京：吉川弘文館，1996。

大山敷太郎：『幕末財政史研究』。京都：思文閣，1974.

岡田俊平：「明治初期の通貨供給政策」，岡田俊平編：『明治初期の財政金融政策』。東京：清明会叢書，1964。

岡本隆司：「清末票法の成立─道光期両淮塩政改革再論」，『史学雑誌』，110，no. 12 (December 2001)：36─60。

落合弘樹：『明治国家と士族』。東京：吉川弘文館，2001。

小野正雄：「大名の鴉片戦争認識」，朝尾直弘編：『岩波講座日本通史，巻15：近世5』。東京：岩波書店，1995。

か

笠原英彦：『明治国家と官僚制』。東京：芦書房，1991。

加藤幸三郎：「政商資本の形成」，楫西光速編：『日本経済史大系巻5：近代』。東京：東京大学出版会，1965。

加藤繁：『支那経済史考証』，上下巻。東京：東洋文庫，1952。

神山恒雄：「井上財政から大隈財政への転換：準備金を中心に」，高村直助編：『明治前期の日本経済：資本主義への道』。東京：日本経済評論社，2004。

───：『明治経済政策史の研究』。東京：塙書房，1995。

き

岸本美緒：『清代中国の物価と経済変動』。東京：研文出版，1997。

く

田明伸：「乾隆の銭貴」，『東洋史研究』，XLV，no. 4 (March 1987)：692–723。

こ

小風秀雅：「大隈財政末期における財政論議の展開」，原朗編：『近代日本の経済と政治』。東京：山川出版社，1986。

小松和生：「明治前期の酒税政策と都市酒造業の動向」，『大阪大学経済学』17，no. 1 (1967年6月)：37–57。

さ

斎藤修：「幕末維新の政治算術」，近代日本研究会編：『明治維新の革新と連続：政治・思想状況と社会経済（年報・近代日本研究(14)）。東京：山川出版社，1992。

佐々木克：『幕末政治と薩摩藩』。東京：吉川弘文館，2004。

―――：「大政奉還と討幕密勅」，『人文學報』80 (1997)：1–32。

佐藤誠朗：『近代天皇制形成期の研究：ひとつの廃藩置県論』。東京：三一書房，1987。

澤田章：『明治財政の基礎的研究：維新當初の財政』。東京：寶文館，1934。

し

鹿野嘉昭：「江戸期大坂における両替商の金融機能をめぐつて」，『経済学論叢』52，no. 2 (2000)：205–264。

下山三郎：『近代天皇制研究序説』。東京：岩波書店，1976。

新保博：『近世の物価と経済発展：前工業化社会への数量的接近』。東京：東洋経済新報社，1978。

―――：『日本近代信用制度成立史論』。東京：有斐閣，1968。

新保博、斎藤修：「概説：19世紀へ」，新保博、斉藤修編：『日本経済史，巻2：近代成長の胎動』。東京：岩波書店，1989。

す

杉山和雄：「金融制度の創設」，楫西光速、朝尾直弘編：『日本経済史大系，巻5：近代』。東京：東京大学出版会，1965。

鈴木栄樹：「岩倉使節団編成過程への新たな視点」，『人文学報』，78 (1996年月)：27–49。

せ

関口栄一：「廃藩置県と民蔵合併―留守政府と大蔵省―1」，『法学』，43，no. 3 (1979年12月)：295–335。

―――：「民蔵分離問題と木戸孝允」，『法学』，39，no. 1 (1975年3月)：1–60。

千田稔：『維新政権の秩禄処分：天皇制と廃藩置県』。東京：開明書院，1979。

―――：『維新政権の直属軍隊』。東京：開明書院，1978。

―――：「金札処分と国立銀行：金札引換公債と国立銀行の提起・導入」，『社会経済史学』，48，no. 1 (1982)：29–50，128–129。

―――：「明治六年七分利付外債の募集過程」，『社会経済史学』，49，no. 5（1984年12月）：445–470，555–556。

千田稔、松尾正人：『明治維新研究序説：維新政権の直轄地』。東京：開明書院，1977。

た

高橋秀直：『幕末維新の政治と天皇』。東京：吉川弘文館，2007。

―――：『日清戦争への道』。東京：創元社，1995。

―――：「廃藩置県における権力と社会」，山本四郎編：『近代日本の政党と官僚』。東京：創元社，1991。

―――：「松方財政期の軍備拡張問題」，『社会経済史学』56，no. 1（1990年4月）：1–30。

高橋裕文：「武力倒幕方針をめぐる薩摩藩内反対派の動向」，家近良樹編：『もうひとつの明治維新：幕末史の再検討』。東京：有志舎，2006。

高埜利彦：「18世紀前半の日本―泰平のなかの転換」，朝尾直弘等編：『岩波講座日本通史』，巻13：近世3。東京：岩波書店，1994。

田代和生：「徳川時代の貿易」，速水融、宮本又郎編：『日本経済史巻1：経済社会の成立，17–18世紀』。東京：岩波書店，1988。

立脇和夫：『明治政府と英国東洋銀行』。東京：中央公論社，1992。

田中彰：「幕府の倒壊」，朝尾直弘等編：『岩波講座日本歴史』，巻13：近世5。東京：岩波書店，1977。

つ

土屋喬雄、岡崎三郎：『日本資本主義発達史概説』。東京：有斐閣，1948。

靏見誠良：『日本信用機構の確立：日本銀行と金融市場』。東京：有斐閣，1991。

て

寺西重郎：「金融の近代化と産業化」，西川俊作、阿部武司編：『日本経済史，巻5：産業化の時代（下）』。東京：岩波書店，1990。

な

中井信彦：『転換期幕藩制の研究：宝暦・天明期の経済政策と商品流通』。東京：塙書房，1971。

永井秀夫：「殖産興業政策の基調―官営事業を中心として」，初版於『北海道大学文学部紀要』10（1969年11月）；後收入永井秀夫：『明治国家形成

期の外政と内政』。札幌：北海道大学図書刊行会，1990。

長岡新吉：『明治恐慌史序説』。東京：東京大学出版会，1971。

中村隆英：『マクロ経済と戦後経営』，西川俊作、阿部武司編：『日本経済史，巻5：産業化の時代（下）』。東京：岩波書店，1990。

———：「酒造業の数量史：明治—昭和初期」，『社会経済史学』55，no. 2 (June 1989)：213–241，55。

中村哲夫：「近代中国の通貨体制の改革：中国通商銀行の創業」，『社会経済史学』62，no. 3 (1996年8月/9月)：313–341，425。

中村尚史：『日本鉄道業の形成：1869–1894年』。東京：日本経済評論社，1998。

中村尚美：『大隈重信』。東京：吉川弘文館，1961。

———：『大隈財政の研究』。東京：校倉書房，1968。

中村政則、石井寛治、春日豊編：『経済構想』（日本近代思想大系8）。東京：岩波書店，1988。

に

西川俊作、天野雅敏：「諸藩の産業と経済政策」，新保博、斎藤修編：『日本経済史，巻2：近代成長の胎動』。東京：岩波書店，1989。

日本銀行統計局編：《明治以降本邦主要経済統計》。（東京：日本銀行統計局，1966）。

丹羽邦男：「地租改正と農業構造の変化」，楫西光速編：『日本経済史大系巻5：近代』。東京：東京大学出版会，1965。

———：『地租改正法の起源：開明官僚の形成』。京都：ミネルヴァ書房，1995。

は

羽賀祥二：「明治維新と『政表』の編製」，『日本史研究』388 (1994年12月)：49–74。

浜下武志：「清末中国における『銀行論』と中国通商銀行の設立」，『一橋論叢』85，no. 6 (1981年6月)：747–766。

林健久：『日本における租税国家の成立』。（東京：東京大学出版会，1965）。

速水融、宮本又郎編：『日本経済史，巻1，経済社会の成立：17–18世紀』。東京：岩波書店，1988。

原口清：「廃藩置県政治過程の一考察」，『名城商学』，第29号別冊 (1980)：47–94。

原田三喜雄：『日本の近代化と経済政策：明治工業化政策研究』。東京：東洋経済新報社，1972。

坂野潤治：『近代日本の国家構想：1871–1936』。東京：岩波書店，1996。

———：「明治国家の成立」，梅村又次、山本有造編：『日本経済史』，巻3，開港と維新。東京：岩波書店，1989。

ひ

尾藤正英：「尊皇攘夷思想」，朝尾直弘等編：『岩波講座日本歴史，巻13：近世5』。東京：岩波書店，1977。

平川新：「地域経済の展開」，朝尾直弘等編：『岩波講座日本通史』，巻15，近世5。東京：岩波書店，1995。

ふ

深谷徳次郎：《明治政府財政基盤の確立》。東京：御茶の水書房，1995。

福島正夫：《地租改正の研究》，増訂版。東京：有斐閣，1970。

福地惇：《明治新政権の権力構造》。東京：吉川弘文館，1996。

藤井譲治：「十七世紀の日本 —— 武家国家の形成」，朝尾直弘等編：『岩波講座日本通史』，巻12，近世2。東京：岩波書店，1994。

藤田覚：《幕藩制国家の政治史的研究》。東京：校倉書房，1987。

———：「十九世紀前半の日本」，朝尾直弘等編：『岩波講座日本通史』，巻15，近世5。東京：岩波書店，1995。

———：「天保改革期の海防政策について」，『歴史学研究』，469 (1979)：19–33。

藤村通：《明治財政確立過程の研究》。東京：中央大学出版部，1968。

———：《明治前期公債政策史研究》。東京：大東文化大学東洋研究所，1977。

藤原隆男：《近代日本酒造業史》。京都：ミネルヴァ書房，1999。

麓慎一：「維新政府の北方政策」，『歴史学研究』725 (1999年7月): 14–31。

ほ

細見和弘：「李鴻章と戸部」，『東洋史研究』，LVI，no. 4 (1998年3月)：811–838。

ま

牧原憲夫：『明治七年の大論争：建白書から見た近代国家と民衆』。東京：日本経済評論社，1990。

升味準之輔：『日本政治史』，四冊。東京：東京大学出版会，1988。

松尾正人：『廃藩置県の研究』。東京：吉川弘文館，2001。

―――：「藩体制解体と岩倉具視」，田中彰編：『幕末維新の社会と思想』。東京：吉川弘文館，1999。

―――：「維新官僚制の形成と太政官制」，近代日本研究会編：『年報近代日本研究8：官僚制の形成と展開』。東京：山川出版社，1986。

―――：「明治初年の政情と地方支配：『民蔵分離』問題前後」，『土地制度史学』23，no. 3 (1981)：42–57。

間宮国夫：〈商法司の組織と機能〉，《社会経済史学》，29，no. 2 (1963)：138–158。

み

三上一夫：『公武合体論の研究：越前藩幕末維新史分析』，改訂版。東京：御茶の水書房，1990。

三上隆三：『円の誕生：近代貨幣制度の成立』，増補版。東京：東洋経済新報社，1989。

宮地正人：「廃藩置県の政治過程」，坂野潤治、宮地正人編：『日本近代史における転換期の研究』。東京：山川出版社，1985。

―――：「維新政権論」，朝尾直弘等編：『岩波講座日本通史』，巻16，近代1。東京：岩波書店，1994。

宮本又郎：「物価とマクロ経済の変化」，新保博、斎藤修編：『日本経済史，巻2：近代成長の胎動』。東京：岩波書店，1989。

三和良一：『日本近代の経済政策史的研究』。東京：日本経済評論社，2002。

む

室山義正：『近代日本の軍事と財政：海軍拡張をめぐる政策形成過程』。東京：東京大学出版会，1984。

―――：「松方デフレーションのメカニズム」，梅村又次、中村隆英編：『松方財政と殖産興業政策』。東京：東京大学出版会，1983。

―――：『松方財政研究』。京都：ミネルヴァ書房，2004。

も

毛利敏彦：『明治維新の再発見』。東京：吉川弘文館，1993。

や

八木慶和：「『明治一四年政変』と日本銀行：共同運輸会社貸出をめぐって」，『社会経済史学』53，no. 5 (1987年12月)：636–660。

安国良知：「貨幣の機能」，朝尾直弘等編：『岩波講座日本通史，巻12：近

世2』。東京：岩波書店，1994。

安丸良夫：「1850–70年代の日本：維新変革」，朝尾直弘等編：『岩波講座日本通史，巻16：近代1』。東京：岩波書店，1994。

山崎有恒：「公議抽出機構の形成と崩壊」，伊藤隆編：『日本近代史の再構築』。東京：山川出版社，1993。

―――：「日本近代化手法をめぐる相克―内務省と工部省」，鈴木淳編：『工部省とその時代』。東京：山川出版社，2002。

山室信一：「明治国家の制度と理念」，朝尾直弘等編：『岩波講座日本通史，巻17：近代2』。東京：岩波書店，1994。

山本進：「清代後期江浙の財政改革と善堂」，『史学雑誌』104，no. 12 (1995年12月)：38–60。

―――：「清代後期四川における地方財政の形成―会館と釐金」，『史林』75，no. 6 (1992年11月)：33–62。

―――：『清代財政史研究』。東京：汲古書院，2002。

山本弘文：「初期殖産政策とその修正」，安藤良雄編：『日本経済政策史論（上）』。東京：東京大学出版会，1973。

山本有造：「明治維新期の財政と通貨」，梅村又次、山本有造編：『日本経済史，巻3：開港と維新』。東京：岩波書店，1989。

―――：「内ニ紙幣アリ外ニ墨銀アリ」，『人文学報』55 (1983)：37–55。

ゆ

柚木学：「兵庫商社と維新政府の経済政策」，『社会経済史学』35，no. 2 (1969)：114–136。

―――：『酒造りの歴史』。東京：雄山閣出版，1987。

よ

横山晃一郎：「刑罰・治安機構の整備」，福島正夫編：『日本近代法体制の形成』，両卷本。東京：日本評論社，1981。

葭原達之：「明治前・中期の横浜正金銀行」，正田健一郎編：『日本における近代社会の形成』。東京：三嶺書房，1995。

わ

渡辺崋山、高野長英、佐久間象山、横井小楠、橋本左内：『日本思想大系55』。東京：岩波書店，1970。

中文

三劃

千家駒編：《舊中國公債史資料：1894–1949年》。北京：中華書局，1984。

四劃

王業鍵：《清代經濟史論文集》(三冊)。板橋：稻鄉出版社，2003。

———：《中國近代貨幣與銀行的演進(1644–1937)》。台北：中央研究院經濟研究所，1981。

王爾敏：〈盛宣懷與中國實業利權之維護〉，《中央研究院近代史研究所集刊》27 (1997)：5–43。

王宏斌：〈論光緒時期銀價下落與幣制改革〉，《史學月刊》5 (1988)：47–53。

五劃

田永秀：〈1862–1883年中國的股票市場〉，《中國經濟史研究》2 (1995)：55–68。

七劃

宋惠中：〈票商與晚清財政〉，中央研究院近代史研究所社會經濟史組編：《財政與近代歷史論文集》，兩卷本。台北：中央研究院近代史研究所，1999。

李伯重：《江南的早期工業化：1550–1850年》。北京：社會科學文獻出版社，2000。

李瑚：《中國經濟史叢稿》。長沙：湖南人民出版社，1986。

李文治、江太新：《清代漕運》。北京：中華書局，1995。

汪敬虞：〈略論中國通商銀行成立的歷史條件極其在對外關係方面的特徵〉，《中國經濟史研究》3 (1988)：90–102。

何烈：《釐金制度新探》。台北：台灣商務印書館，1972。

———：清咸同時期的財政(1851–1874)。台北：國立編譯館，1981。

何漢威：〈從銀賤錢荒到銅元氾濫：清末新貨幣的發行及其影響〉，《中央研究院歷史語言研究所集刊》62，no. 3 (1993)：389–494。

———：〈清季國產鴉片的統捐與統稅〉，載於全漢昇教授九秩榮慶祝論文集編輯委員會編：《薪火集：傳統與近代變遷中的中國經濟》。板橋：稻鄉出版社，2001。

———：〈清季中央與各省財政關係的反思〉，《中央研究院歷史語言研究所集刊》72，no. 3 (2001年9月)：597–698。

───：〈清末賦稅基準的擴大及其局限〉，《中央研究院近代史研究所集刊》17，no. 2 (1988 年 12 月)：69–98。

吳承明：《中國資本主義與國內市場》。北京：中國社會科學出版社，1985。

邱澎生：〈十八世紀滇銅市場中的官商關係與利益觀念〉，《中央研究院歷史語言研究所集刊》72，no. 1 (2001)：49–119。

八劃

林滿紅：〈嘉道錢賤現象產生原因「錢多錢劣論」之商榷〉，載於張彬村、劉石吉編：《中國海洋發展史論文集》，卷5。台北：中央研究院，1993。

───：〈晚清的鴉片稅：1858–1909〉，《思與言》16，no. 5 (1979)：11–59。

───：〈銀與鴉片的流通及銀貴錢賤現象的區域分部：1808–1854〉，《中央研究院近代史所集刊》22，no. 1 (1993)：91–135。

周育民：《晚清財政與社會變遷》。上海：上海人民出版社，2000。

十劃

高王凌：《十八世紀中國的經濟發展和政府政策》。北京：中國社會科學出版社，1995。

高聰明：《宋代貨幣與貨幣流通研究》。保定：河北大學出版社，2000。

馬陵合：《晚清外債史研究》。上海：復旦大學出版社，2005。

倪玉平：《博弈與均衡：清代兩淮鹽政改革》。福州：福建人民出版社，2006。

───：《清代漕糧海運與社會變遷》。上海：上海書店出版社，2005。

十一劃

張小也：《清代私鹽問題研究》。北京：社會科學文獻出版社，2001。

張曉棠：〈乾隆年間清政府平准財政之研究〉，《清史研究集》7 (1990)：26–60。

崔之清等編：《太平天國戰爭全史》，四卷本。南京：南京大學出版社，2002。

陳昭南：《雍正乾隆年間的銀錢比價變動 (1723–95)》。台北：中國學術著作人獎助委員會，1966。

陳鋒：〈期奏銷制度的政策演變〉，《歷史研究》2 (2000)：63–74。

───：〈清代中央財政與地方財政的調整〉，《歷史研究》5 (1997)：100–114。

許大齡：《清代捐納制度》。北京：燕京大學哈佛燕京學社，1950；再版：明清史論集，北京：北京大學出版社，2000。

許滌新、吳承明編：《中國資本主義發展史》，三卷。北京：人民出版社，1990。

許壇、經君健：〈清代前期商稅問題新探〉，《中國經濟史研究》2 (1990)：87–100。

十二劃

彭信威:《中國貨幣史》,第二版。上海:上海人民出版社,1965。

彭雨新:〈清代田賦起運存留制度的演進〉,《中國經濟史研究》,4 (1992):124–133。

彭澤益:《十九世紀後半期的中國財政與經濟》。北京:北京人民出版社,1983。

黃遵憲:《日本國志》。上海:圖書集成印書局,1898;再版,台北:文海出版社,1968。

黃鑒暉:《山西票號史》,修訂本。太原:山西經濟出版社,2002。

十三劃

葉世昌:《鴉片戰爭前後我國的貨幣學說》。上海:上海人民出版社,1963。

楊端六:《清代貨幣金融史稿》。北京:三聯書店,1962。

十五劃

劉偉:〈甲午前四十年間督撫權力的演變〉,《近代史研究》,no. 2 (1998):59–81。

劉增合:《鴉片稅收與清末新政》。北京:三聯書店,2005。

———:〈光緒前期戶部整頓財政中的歸附舊制及其限度〉,《中央研究院歷史語言研究所集刊》79,no. 2 (2008年6月):235–297。

劉廣京:《經世思想與新興企業》。台北:聯經出版,1990。

十七劃

戴一峰:《近代中國海關與中國財政》。廈門:廈門大學出版社,1993。

———:〈晚清中央與地方財政關係〉,《中國經濟史研究》4 (2000):59–73。

魏光奇:〈清代後期中央集權財政體制的瓦解〉,《近代史研究》31,no. 1 (1986):207–230。

魏秀梅:〈閻敬銘在山東:同治元年十月 ～ 六年二月〉,《故宮學術季刊》24,no. 1 (2006年秋):117–153。

魏建猷:《中國近代貨幣史》。合肥:黃山書社,1986。

十九劃

羅玉東:〈光緒朝補救財政之方案〉,載於周康燮編:《中國近代社會經濟史論集》,兩卷本。香港:崇文書店,1971。

———:《中國釐金史》,兩卷本。上海:商務印書館,1936。